新能源科技译丛

热光伏发电原理与设计

(德) 托马斯·鲍尔 著

黄金柱 译

中国三峡出版传媒

中国三峡出版社

图书在版编目（CIP）数据

热光伏发电原理与设计/（德）托马斯·鲍尔（Thomas Bauer）著；黄金柱译.— 北京：中国三峡出版社，2016.7
书名原文：Thermophotovoltaics
ISBN 978-7-80223-929-6

I.①热… II.①托…②黄… III.①太阳能发电-研究 IV.①TM615

中国版本图书馆 CIP 数据核字（2016）第 140119 号

Translation from the English language edition:
Thermophotovoltaics
by Thomas Bauer
Copyright © Springer-Verlag Berlin Heidelberg 2011
Springer is part of Springer Science + Business Media
All Rights Reserved

北京市版权局著作权合同登记图字：01-2016-4971 号

责任编辑：王　杨

中国三峡出版社出版发行
（北京市西城区西廊下胡同 51 号　100034）
电话：(010) 66117828　66116228
http://www.zgsxcbs.cn
E-mail：sanxiaz@sina.com

北京市十月印刷有限公司印刷　新华书店经销
2017 年 1 月第 1 版　2017 年 1 月第 1 次印刷
开本：787×1092 毫米　1/16　印张：15
字数：275 千字
ISBN 978-7-80223-929-6　定价：58.00 元

前　言

　　热光伏（TPV）于 20 世纪 50 年代首次被提出，是一种可直接将热能转换为电能的技术。热光伏转换原理非常简单，就是将热辐射或红外辐射通过光伏（PV）电池转换为电能，就如同太阳辐射通过光伏电池转换为电能。热光伏系统一般由高温辐射器（1 000～1 700℃）、腔体内用于控制红外光谱的滤波器以及将热辐射转换为电能的光伏电池组成。与太阳能光伏发电相比，热光伏具有两大优势。首先，热光伏转换技术适用于任何高温热源，包括太阳能、燃烧热源、核能以及余热。其次，与太阳能光伏相比，通过控制光伏电池中吸收到的光谱可提高转换效率。尽管热光伏转换技术具备以上优势，目前却仍然处于研究和开发阶段。在本书撰写时，业界在热光伏转换技术上展开的研究活动有所减少。笔者希望通过本书，激起业内对该技术的开发热情，改善技术开发的经费状况。这样，人们看到的将不仅是单个的高效能组件，而是高效系统。在过去，开发该技术存在一些障碍，如缺乏合适的高效能光伏电池。笔者认为，当前热光伏设计面临的主要障碍是涉及的工程学科众多。热光伏的研究背景通常是太阳能光伏，然而高效的热光伏系统设计也需要其他学科的参与，涉及的基本工程学科包括热质传递、红外线滤波器光学、耐高温陶瓷材料、白炽灯真空设计以及辐射式燃烧器等。本书旨在强调其他学科的作用以及这些学科对热光伏系统开发的贡献，同时还对组件（滤波器、辐射器和光伏电池）材料进行了论述。

　　本书第 1 章对热光伏技术在发电领域进行了概述，以及讨论了太阳能光伏和热光伏的差异、科学文献来源、发展史以及转化效率定义。其他章节分为两部分，第一部分涉及热光伏系统的三大组件。这三大组件分别是第 2 章论述的辐射器、第 3 章论述的滤波器和第 4 章论述的光伏电池。第二部分重点在于系统。第 5 章从系统的基本原理和建模方法入手，对热传递进行了论述。第 6 章是本书的核心部分，重点关注系统的腔体设计和光谱控制。第 7 章论述竞争技术，并确定了热光伏的技术优势。第 8 章对热光伏技术的潜在应用领域进行了识别。

  本书大部分内容基于博士论文写成。笔者在此特别感谢诺森比亚大学（英国纽卡斯尔）的前任导师尼古拉·皮尔索尔教授、伊恩·福布斯博士和罗杰·彭林顿博士。

托马斯·鲍尔
2011 年 5 月于斯图加特

目 录

第一章 导 论 ……………………………………………………………………… 1
  1.1 热光伏发电的重要性 …………………………………………………… 1
    1.1.1 能源方面 ………………………………………………………… 1
    1.1.2 技术方面 ………………………………………………………… 1
  1.2 太阳能光伏和热光伏电池转换效率对比 …………………………… 2
    1.2.1 太阳能光伏发电 ………………………………………………… 2
    1.2.2 热光伏 …………………………………………………………… 3
  1.3 热光伏系统文献 ………………………………………………………… 5
  1.4 发展历史 ………………………………………………………………… 5
  1.5 通用型热光伏系统的能量平衡和效率 ………………………………… 7

第一部分 单个组件

第二章 辐射器（发射器） ………………………………………………………… 17
  2.1 概 述 …………………………………………………………………… 17
  2.2 辐射器的热稳定性 ……………………………………………………… 17
  2.3 宽频陶瓷辐射器 ………………………………………………………… 19
    2.3.1 氧化物基陶瓷 …………………………………………………… 20
    2.3.2 非氧化物基陶瓷 ………………………………………………… 20
  2.4 基于过渡金属氧化物的选择性辐射器 ……………………………… 21
    2.4.1 f-过渡金属氧化物 ……………………………………………… 22
    2.4.2 d-过渡金属氧化物 ……………………………………………… 22

  2.4.3 光学厚辐射器 ·· 22
  2.4.4 光学薄辐射器 ·· 24
 2.5 金属辐射器 ·· 25
  2.5.1 材料选择 ·· 25
  2.5.2 微结构和纳米结构 ·· 27
 2.6 其他新型辐射器材料和理念 ······································ 28
 2.7 总 结 ·· 28

第三章 滤波器 ·· 37
 3.1 概 述 ·· 37
 3.2 腔体内的绝缘体材料（隔热罩） ·································· 39
  3.2.1 晶体材料 ·· 40
  3.2.2 非晶材料（玻璃） ·· 41
 3.3 频率选择表面（FSS）滤波器 ···································· 44
 3.4 透明导电氧化物（TCO）滤波器 ·································· 45
 3.5 全介质滤波器 ·· 46
 3.6 金属-介质滤波器 ·· 47
 3.7 复合介质-TCO滤波器 ·· 47
 3.8 其他滤波器概念 ·· 48
 3.9 总 结 ·· 48

第四章 光伏电池 ·· 57
 4.1 概 述 ·· 57
 4.2 光伏电池理论 ·· 57
  4.2.1 伏安特性 ·· 58
  4.2.2 暗饱和电流密度 ·· 59
  4.2.3 收集效率 ·· 61
  4.2.4 电压因子 ·· 62
  4.2.5 填充因子 ·· 63
  4.2.6 理想的光伏电池相关效率 ···································· 65
 4.3 制造技术和外延生长 ·· 66

4.4 光伏电池的光谱控制设计 ·· 68
　　4.4.1 前表面滤波器（FSFs） ·· 68
　　4.4.2 背反射器（BSRs）和埋层反射器 ································· 68
4.5 IV族半导体 ·· 69
　　4.5.1 硅（Si） ·· 69
　　4.5.2 锗（Ge） ·· 69
　　4.5.3 硅-锗（SiGe） ··· 70
4.6 III-V族半导体 ··· 70
　　4.6.1 锑化镓（GaSb） ·· 70
　　4.6.2 铟镓砷（InGaAs） ·· 72
　　4.6.3 锑砷化铟镓（InGaAsSb） ··· 73
4.7 其他材料与方面 ··· 73
　　4.7.1 串联电池 ··· 73
　　4.7.2 可供选择的半导体，电池设计和概念 ·························· 74
　　4.7.3 光伏电池效率的测试 ·· 76
　　4.7.4 光伏电池冷却 ·· 76
　　4.7.5 辅助电子元件 ·· 77
4.8 总　结 ··· 77

第二部分　系　统

第五章　热传递理论和系统建模 ·· 95
5.1 概　述 ··· 95
5.2 热传导 ··· 96
5.3 对流热传递 ··· 97
5.4 辐　射 ··· 98
　　5.4.1 辐射的吸收 ·· 98
　　5.4.2 辐射的发射 ·· 99
　　5.4.3 表面的辐射相互作用 ··· 101
　　5.4.4 热光伏空腔内的辐射传热 ··· 102

5.4.5　参与介质的辐射传热 ……………………………………………… 103
　　5.4.6　折射率增强的辐射传热 …………………………………………… 105
5.5　复合传热模式 ………………………………………………………………… 105
5.6　总　结 ………………………………………………………………………… 106

第六章　空腔设计和光学控制 ……………………………………………………… 111
6.1　概　述 ………………………………………………………………………… 111
6.2　最终效率和功率密度（上限） ……………………………………………… 112
　　6.2.1　太阳能光伏转换 ……………………………………………………… 112
　　6.2.2　未采用光谱控制的热光伏转换系统 ………………………………… 113
　　6.2.3　采用光谱控制的热光伏转换系统 …………………………………… 114
　　6.2.4　小　结 ………………………………………………………………… 118
6.3　热光伏空腔的布置 …………………………………………………………… 119
　　6.3.1　镜面使用最小化结构 ………………………………………………… 120
　　6.3.2　配备镜面的管状与平面结构 ………………………………………… 121
　　6.3.3　空腔内的准直仪和聚光器 …………………………………………… 122
　　6.3.4　通过电介质中全内反射实现辐射引导 ……………………………… 123
6.4　隔热设计 ……………………………………………………………………… 123
　　6.4.1　隔热材料 ……………………………………………………………… 123
　　6.4.2　反射隔热设计 ………………………………………………………… 125
6.5　热光伏相关的新概念 ………………………………………………………… 126
　　6.5.1　热光子 ………………………………………………………………… 126
　　6.5.2　介电光子聚光 ………………………………………………………… 127
　　6.5.3　微型发电机 …………………………………………………………… 128
　　6.5.4　黑体泵浦激光 ………………………………………………………… 129
　　6.5.5　热光伏与其他转换器级联 …………………………………………… 129
6.6　总　结 ………………………………………………………………………… 130

第七章　其他发电技术评述 ………………………………………………………… 143
7.1　概　述 ………………………………………………………………………… 143
7.2　热机发电机 …………………………………………………………………… 143

7.2.1 内燃发电机 ·· 144

7.2.2 外燃发电机 ·· 145

7.3 电化学电池 ·· 145

7.3.1 一次性电池和蓄电池（电池） ·· 145

7.3.2 第三代电池（燃料电池） ··· 147

7.4 热-电直接转换器 ·· 148

7.4.1 热电式转换器 ·· 149

7.4.2 碱金属热-电转换器（AMTEC） ····································· 150

7.4.3 热离子转换器 ·· 152

7.5 太阳能光伏电池系统 ··· 153

7.6 热光伏的总结、讨论和比较 ·· 153

第八章 热光伏发电机的应用 ·· 163

8.1 概 述 ··· 163

8.1.1 热 源 ·· 163

8.1.2 热光伏应用的文献 ·· 163

8.1.3 应用评估的假设 ··· 165

8.2 核能发电机 ·· 169

8.2.1 核热源 ·· 169

8.2.2 核能的应用 ··· 169

8.3 太阳能发电机 ··· 170

8.3.1 太阳能热源 ··· 170

8.3.2 太阳能的应用 ·· 173

8.4 燃烧发电机 ·· 176

8.4.1 燃烧热源 ·· 176

8.4.2 燃烧应用：便携式电源 ·· 181

8.4.3 燃烧应用：不间断电源 ·· 182

8.4.4 燃烧应用：远程供电 ··· 183

8.4.5 燃烧应用：交通部门 ··· 186

8.4.6 燃烧应用：热电联产 ··· 189

8.5 余热回收发电机……………………………………………………… 194
　　8.5.1 余热来源…………………………………………………… 194
　　8.5.2 余热应用：自供电加热…………………………………… 194
　　8.5.3 余热应用：工业高温过程………………………………… 196
8.6 总　结………………………………………………………………… 199

缩略词

1D，2D，3D	一维、二维、三维
AC	交流电
AFC	碱性燃料电池
AKS	铝钾硅基化合物
AlAs	砷化铝
Al_2O_3	氧化铝、矾土、蓝宝石
AlN	氮化铝
$Al_{23}O_{27}N_5$	氮氧化铝
AlP	磷化铝
AlSb	锑化铝
AM	气团
AMTEC	碱金属热电转换器
APU	辅助动力装置
AR	抗反射
Au	金
BASE	β氧化铝固体电解质
B_4C	碳化硼
BaO	氧化钡
$BaTiO_3$	钛酸钡
BeO	氧化铍
B_2O_3	三氧化二硼
BSR	背反射器
BN	氮化硼
BP	磷化硼
C	石墨
CaO	氧化钙
CdTe	碲化镉

Ce_2O_3	二氧化铈
CeS	一硫化铈
CH_4	甲烷
CH_3OH	甲醇
CHP	热电联供
CIO	镉氧化铟
CO	一氧化碳
CO_2	二氧化碳
CTO	锡酸镉
$CuInGaSe_2$	铜铟镓硒
CVD	化学气相沉积
DC	直流电
DMFC	直接甲醇燃料电池
Er_2O_3	氧化铒
EU	欧盟
FF	填充因子
FSF	前表面滤波器
FSS	频率选择表面
GaAs	砷化镓
GaInP	镓铟磷
GaSb	锑化镓
GaTe	碲化镓
GaP	磷化镓
Ge	锗
HfC	碳化铪
HfO_2	氧化铪、二氧化铪
Ho_2O_3	氧化钬
H_xC_x	碳氢化合物
ICE	内燃机

IEEE	电气与电子工程师协会
InAs	砷化铟
InGaAs	铟镓砷
InGaAsSb	锑砷化铟镓
InAsSbP	铟砷锑
In_2O_3	氧化铟
InP	磷化铟
InSb	锑化铟
Ioffe	俄罗斯约飞物理技术研究所
IR	红外线
ISE	德国弗劳恩霍夫太阳能系统研究所
ISFH	德国太阳能研究所
ISET	德国太阳能工程技术研究所
ITO	铟锡氧化物
K_2O	氧化钾
LaF_3	氟化镧
Laser	激光
LED	发光二极管
LPE	液相外延
LPG	液化丙烷
MBE	分子束外延
MCFC	熔融碳酸盐燃料电池
MEMS	微电子机械系统
MFI	多箔绝缘
$MgAl_2O_4$	尖晶石
MgF_2	氟化镁
MgO	氧化镁
MIM	金属-绝缘体-金属
MIS	金属-绝缘体-半导体

MIT	麻省理工学院
MTPV	微米间隙或微米级热光伏系统，本书中使用该词取代"NF-TPV"和"MEMS-TPV"
Mo	钼
$MoSi_2$	二硅化钼
MOCVD	金属有机化合物气相外延
Na_2O	氧化钠
N/A	不适用
NF-TPV	近场热光伏
NREL	美国国家可再生能源实验室
NPAC	英国诺森比亚太阳能光伏应用中心
NO_x	氮氧化合物
OC	开路
PAFC	磷酸燃料电池
PCA	多晶氧化铝
PCM	相变材料
PV	光伏
psi	磅/平方英寸（1 psi = 6895 Pa）
PSI	瑞士保罗谢勒研究所
Pt	铂
ppm	百万分之一
QE	量子效率
QWC	量子阱电池
RCF	耐火陶瓷纤维
RTE	辐射传输方程
S	硫
Sb_2S_3	硫化锑
Sb_2Se_3	硒化锑
SC	短路

SERC	瑞典太阳能研究中心
SEC	单位能耗
Si	硅
SiC	碳化硅
SiGe	硅锗
SiO_2	二氧化硅（石英玻璃）
Si_3N_4	氮化硅
SnO_2	二氧化锡
SOFC	固体氧化物燃料电池
SO_x	硫氧化物
SPFC	固体聚合物膜燃料电池
$SrTiO_3$	钛酸锶
STPV	太阳能热光伏发电
Ta	钽
$TaSi_2$	硅化钽
TCO	透明导电氧化物
TE	热电
ThO_2	二氧化钍、氧化钍
TiB_2	二硼化钛
TiO_2	二氧化钛（Ti^{4+}）
TPX	热光子
TPV	热光伏
UE	最终效率
UNSW	澳大利亚新南威尔士大学
UPS	不断电电源供应器
W	钨
WC	碳化钨
YAG	钇铝榴石
YF_3	氟化钇

Y_2O_3	氧化钇
Yb_2O_3	氧化镱
ZnO	氧化锌
ZnS	硫化锌
ZnSe	硒化锌
ZrC	碳化锆
ZrO_2	氧化锆

术　语

A	面积、截面（m^2）	
A	热离子常数（$A\ K^{-2}\ m^{-2}$）	
A_a	太阳能聚光器孔径面积（m^2）	
A_r	太阳能聚光器受热面积（m^2）	
b	维恩位移定律常数 $b = 2.898 \cdot 10^{-3}\ mK$	
c	辐射在折光率为 n 的介质中的速度（$m\ s^{-1}$）	
c_0	辐射在真空中的速度 $c_0 = 2.99792 \cdot 108\ m\ s^{-1}$	
d	直径（m）	
D_e	电子扩散系数（$m^2\ s^{-1}$）	
D_h	空穴扩散系数（$m^2\ s^{-1}$）	
e_0	元电荷 $e_0 = 1.60218 \cdot 10^{-19}\ A\ s$	
f	朗缪尔方程的粘附系数	
F	摩尔熔化焓系数（1）	
F_{h-c}	热板到冷板的视角系数（1）	
h	普朗克常量 $h = 6.62617 \cdot 10^{-34}\ J\ s$	
h	对流传热的传热系数（$W\ m^{-2}\ K^{-1}$）	
h_v	光子能量（J）	
h_{vg}	带隙能（J）	
H	热通量（$W\ m^{-2}$）	
$H_{m,mol}$	摩尔熔化焓（J/mol）	
i_b	黑体总强度（$W\ m^{-2}$）	
$i_{b\lambda}$	依据波长得到的普朗克函数（$W\ m^{-2}\ \mu m^{-1}$）	
i_{bv}	依据频率得到的普朗克函数（$W\ m^{-2}\ s$）	
$I_{(v)}$	依据频率得到的辐射强度（$W\ m^{-2}$）	
I_b	黑体辐射总强度（$W\ m^{-2}$）	
$I_{b\lambda}$	依据波长得到的黑体辐射强度（$W\ m^{-2}\ \mu m^{-1}$）	
I_{bv}	依据频率得到的黑体辐射强度（$W\ m^{-2}\ s$）	
I	辐射强度（$W\ m^{-2}\ \mu m^{-1}$）	
$I_{0,\lambda}$	λ初始辐射强度（$W\ m^{-2}$）	

$I_{S,\lambda}$	经过路径长度为 S 后的辐射强度（W m^{-2}）
I_T	极限频带型热光伏系统的黑体辐射（W m^{-2}）
J	光伏电池电流密度（A m^{-2}）
J_m	光伏电池在最大功率点时的电流密度（A m^{-2}）
J_{max}	最大光电流密度（A m^{-2}）
J_{ph}	光电流密度（A m^{-2}）
J_s	暗饱和电流密度（A m^{-2}）
k	热导率（W m^{-1} K^{-1}）
k	玻耳兹曼常量 $k = 1.38066 \cdot 10^{-23}$ J K^{-1}
k_R	罗斯兰近似法的辐射传导率（W m^{-1} K^{-1}）
$k_{(\lambda)}$	消光系数（1）
L	厚度（m）
L_e	电子扩散长度（m）
L_h	空穴扩散长度（m）
L_p	分子平均自由程（cm）
M	分子量（g/mol）
m	质量（kg）
m_e	电子质量 $m_e = 9.1094 \cdot 10^{-31}$ kg
m^*	有效质量（kg）
n	折射率（系数）（1）
n_i	本征浓度（m^{-3}）
n_{ph}	光子数量（1）
N	数量、载流子量（1）
N_A	受主杂质浓度（m^{-3}）
N_D	施主杂质浓度（m^{-3}）
p_v	蒸汽压（torr）
p	压力（torr）
P	功率（W）、功率密度（W m^{-2}）、传热率（W）
P_{el}	光伏电池在最大功率点时的电力输出功率（W）
$P_{el, net}$	P_{el} 减去内部运行功率（W）
$P_{el, meas}$	光伏电池电功率密度的测定值（W m^{-2}）

符号	含义
P_{heat}	光伏电池的热功率（W）
P_{input}	热光伏系统的总输入功率（W）
P_{net}	到达辐射器的净传热（W）
P_{PV}	光伏电池通过传导/对流的净吸收功率（W）
$P_{PV\#}$	光伏电池的净吸收辐射功率（W）
P_{solar}	太阳能光伏转换的最终功率密度限值（W m^{-2}）
P_{TPV}	热光伏转换的最终功率密度限值（W m^{-2}）
Q	透明导电氧化物滤波器的品质因子
Q_s	太阳能光伏中，能量大于 hv_g 的光子数（m^{-2} s^{-1}）
Q_T	热光伏系统中，能量大于 hv_g 的光子数（m^{-2} s^{-1}）
r_s	太阳的半径 $r_s = 6.96 \cdot 10^8$ m
r_{se}	日地距离 $r_{se} = 1.50 \cdot 10^{11}$ m
r_{large}	热传递的大半径（m）
r_{small}	热传递的小半径（m）
$r+$	上光谱带除以高于 x_g 的总辐射的比值（1）
$r-$	下光谱带除以低于 x_g 的总辐射的比值（1）
R	摩尔气体常数 $R = 8.314472$ J/(mol·K)
R_L	负载电阻（Ω）
$R_{(v)}$	根据辐射频率得到的反射率（1）
R_{th}	热变电阻（K/W）
$\vec{S}$	辐射传递方程的方向向量（1）
S	路径长度（m）
S	塞贝克系数（V K^{-1}）
S	传导传热的形状系数（m）
$SR_{(v)}$	光谱响应（A W^{-1}）
T	温度（K）
T_a	吸收器温度（K）
T_{AV}	平均温度（K）
T_c	冷端温度（K）
T_{cell}	光伏电池温度（K）
T_F	对流传热的流体温度（K）

T_h	热端温度（K）
T_m	熔化温度（K）
T_s	源温度、太阳表面温度（K）
T_w	对流传热的壁温（K）
v	频率（s^{-1}）
$v-$	低于 v_g 的频带限制（s^{-1}）
$v+$	高于 v_g 的频带限制（s^{-1}）
v_g	带隙频率（s^{-1}）
v_p	等离子体频率（s^{-1}）
V	电压（V）
V_c	热电压 $V_c = (kT_{cell})/e_0$（V）
V_g	带隙电压 $V_g = (hv_g)/e_0$（V）
V_m	光伏电池在最大功率点时的电压（V）
V_{oc}	开路电压（V）
W	蒸发率（g cm^{-2} s^{-1}）
x	置换 $x = (hv)/(kTs)$（1）
$\tilde{x}$	置换 $\tilde{x} = (hc_0)/(kT_s n\lambda)$（1）
x_g	标准化带隙 $x_g = (hv_g)/(kT_s)$（1）
$x-$	低于 x_g 的频带限制（1）
$x+$	高于 x_g 的频带限制（1）
Y	半导体弛豫频率（s^{-1}）
Z	热电发电机的品质因子（K^{-1}）
α	吸收系数（m^{-1}）
β	饱和暗电流密度参数（A cm^{-2}）
ε	辐射率（1）
ε_0	真空介电常数 = $8.85418 \cdot 10^{-14}$ F m^{-1}
ε_b	半导体介电常数（1）
η	效率（1）
η_{cavity}	空腔效率（1）
η_{source}	热源效率（1）
$\eta_{TE,max}$	热电发电机最大效率（1）
η_{PV}	光伏电池传导和对流效率（1）

η_{TPV}	热光伏的电效率（1）
$\eta_{TPV,CHP}$	热电联供热光伏的效率（1）
η_{house}	内部运行电源的效率（1）
η_{sys}	热光伏系统的电效率（1）
$\eta_{sys,CHP}$	热光伏系统的热电联供效率（1）
η_{Carnot}	卡诺效率（1）
η_{OC}	电压因子（1）
$\eta_{OC,FF,QE}$	理想光伏电池的相关效率（1）
η_{QE}	收集效率（1）
$\eta_{QE,ext(v)}$	依据频率得到的外量子效率（1）
$\eta_{QE,int(v)}$	依据频率得到的内量子效率（1）
η_{FF}	填充系数（1）
η_{UE}	最终效率（1）
$\eta_{UE,TPV}$	热光伏系统的最终效率（1）
$\eta_{UE,solar}$	太阳能光伏的最终效率（1）
η_{Array}	光伏电池方阵效率（1）
θ	角度、天顶角（°）
θ_s	太阳照射至地球表面的半孔径角（°）
λ	波长（μm）
λ_{max}	普朗克函数最大时的波长（μm）
μ	半导体电子迁移率（m^2 V^{-1} s^{-1}）
π	常数 $\pi = 3.14159$（1）
ρ	反射（1）
$\rho_\perp$	偏振垂直于入射面时的反射（1）
ρ_{II}	反射，偏振方向垂直于入射面（1）
σ	斯忒藩-玻耳兹曼常数 $\sigma = 5.670 \cdot 10^{-8}$ W m^{-2} K^{-4}
σ	导电率（S m^{-1}）
Φ	功函数（J）

第一章 导 论

1.1 热光伏发电的重要性

1.1.1 能源方面

在现代工业社会中，交通、建筑和工业部门消耗了大部分能源，且这些能源主要来自化石燃料。化石燃料的使用已经引起全球对以下几个方面的关注，即能源供给安全、能源需求增加、资源限制及对地区和全球环境造成的影响（例如酸雨和气候变化）。因此，人们将目光转向非化石燃料和高效利用化石燃料领域。热光伏系统（TPV）可直接将热能转换为电能，在非化石燃料能源（例如辐射热、太阳能和生物燃料）和高效利用化石燃料等所有主要能源领域，均对热光伏系统进行了检验。热光伏系统具有以卡诺循环效率将热能转换为电能的潜力，在替代现有发电技术方面具有很大的吸引力。在现阶段研究中，热光伏系统的高效性还未得到证实，也不确定其实际能够达到的效率。然而，在热电联供（CHP）、便携式电源和余热回收等高效利用化石燃料领域，热光伏技术的热电转换效率已得到部分证实，这使其在上述领域具有广阔的应用前景。目前，热光伏发电系统主要是围绕采用化石燃料为能源的燃烧应用的开发。然而与其他技术（例如燃料电池）相比，热光伏发电系统的燃料更具适应性，未来可采用生物燃料替代化石燃料。因此，如果能够攻克市场和技术难关，那么热光伏转换技术就能解决化石燃料的一些限制问题。

1.1.2 技术方面

热光伏转换本身具有某些优于现有发电技术的技术特性，目前有两种主要途径获取电力，即大型并网供电和小型电池市场。

在工业化国家中，大量的电能由大型电厂集中供应。这些电厂通常用外燃机和内燃机（例如燃气轮机和蒸汽轮机）带动发电机发电，随后通过电网传输、分配到各地。集中供电的主要缺点之一是会产生大量的余热，即使是在现代化化石燃料驱动的联合循环电厂中，其排放的余热也会达到输入能量的一半。其他缺点包括系统复杂、供电安全问题（例如大停电）和分配与传输损失，因此分布式发电和供热可能更加合适。然而中央发电技术的规模缩小后会出现效率下降、维护度和噪音升高等关键问题。可再生能源发电（例如风能和太阳能光伏）可以取代大型化石燃料电厂，但是该类技术的普及需要经济型的高功率和高电量存储系统，这在目前还无法实现。另一种可能的方案是，在更加偏远的地方利用稳定的可再生能源，如离岸风电场和太阳能热电站。后者的优势在于可以使用经济适用的蓄热系统，该系统可以使电站运行数小时之久。离岸风和太阳能热电站等大型技术需要在输电网络上（例如高压直流输电线路）投入大量资金。

在数毫瓦到数百瓦之间的较小功率范围内,(可充电)电池可提供大量独立于电网的电力，但是电池存在寿命有限、充电过程慢、重量能量密度低（MJ/kg）等缺点。与之相比，碳氢化合物燃料的重量能量密度要高出100多倍，同时还具有存储简便和供应快速等优点[1]。即使是效率较低的热光伏系统，也具有比电池优良的性能，因此热光伏转换在将碳氢化合物转换为电力方面具有广阔的前景。通过这种方式，可能会研制出一种轻量、可快速充电的便携式发电机。

由此得出结论，电池和使用电网的大型电厂在供电时各具优势。作为其他几种处于研发阶段的发电技术之一，热光伏转换优于现有的供电设施，尤其是在中等功率范围内（约10W~10kW）。热光伏转换具有较高的可靠性、较低的噪音、较高的重量和体积能量密度、便携性和长时间运行等优点，因此未来有望在中等功率范围内取代现有的某些电网和电池供电设施。

1.2 太阳能光伏和热光伏电池转换效率对比

太阳能光伏（PV）和热光伏（TPV）技术都是将受热高温热源的辐射通过光伏电池转化成电能的技术，它们主要的差异在于几何构造和热源温度不同[2]。

1.2.1 太阳能光伏发电

太阳表面温度大体上接近5 800K的黑体。太阳光辐射到达地球表面的辐射能流密度最大约为$0.1W/cm^2$（图1-1上半部分）[3,4]。由普朗克辐射定律可知，太阳辐射能量主要集中在可见光波段内。太阳能光伏系统在运转过程中，由于受到地点（经纬度）、不同周期（太阳能、年份、季节、日期）、云量以及大气吸收等因素的影响，其光照强度、光谱和太阳辐射的角度波动较大。太阳能光伏系统的另一个可变参数是光伏电池的温度。非聚光光伏电池的温度通常不受人为控制，而是受到环境的影响。低温时，电池效率增加，反之则降低。冷却热电池的复杂系统的复杂性使其不具备经济效益。

对于太阳能光伏电池而言，太阳光辐射强度是一种已知光度和光谱的边界条件。考虑到地球大气对太阳辐射的散射和吸收，我们使用不同的标准光谱（AM0，AM1，AM1.5）[5]。假设一种太阳光谱，便能确定其理想的光伏电池能带隙。要注意的是，在与热光伏电池转换进行对比时，理想的能带隙会使电池效率和功率密度最大化。假设标准的太阳能辐射强度为 0.1W/cm^2，且其转换效率为 20%，那么其功率密度最大约为 0.02W/cm^2。对于非聚光太阳能光伏电池，通常不采用热电联供（CHP）的形式，所以会导致余热散失（假设 0.08W/cm^2）。

1.2.2 热光伏

在热光伏转换系统中，可以使用各种各样的热源来加热辐射器（也叫发射器），辐射器的标准温度 T_s 在 1 300～2 000K 之间（图 1-1 下面部分）。在加热过程中，我们并不需要那些可以直接进行火焰辐射转换和将废热转换的辐射器，这个过程中就已经发射出了合适的光谱。根据斯蒂芬-玻尔兹辐射定律（σT_s^4），在标准温度范围内，单位面积的半球总辐射在理论上约为 16～91W/cm^2。由普朗克辐射定律得知，这种辐射的光线主要在红外光谱范围内。由于辐射器与光伏电池距离较近，因此在理想的情况下，不会发生辐射损失，这使得光伏电池的电功率密度超过 2.5W/cm^2。热光伏电池系统在运行过程中，其光照强度、光谱、辐射角度和光伏电池温度方面通常都很稳定。例如，在废热回收利用过程中，这些系统每天 24 小时、每年 365 天都稳定运行（由于热光伏电池系统的磨损和老化，其运行参数可能会发生改变）。与太阳能光伏相比，界定热光伏电池的效率更为复杂。例如，其总输入量可以定义为燃料热值或热通量等。热光伏电池转换的高功率密度使热电联供（CHP）系统成为可能，这样可以有效输出纯粹的电能或同时输出电能和热能。所以，将热光伏电池效率定义为有用输出与总输入的比是不准确的。

热光伏系统的设计通常需要考虑到光谱控制器的概念，并依照热源、辐射器和光伏电池各自的限制和品质进行选择和设计。图 1-1 以示例方式展现了各种概念和组件的选择。根据电池能带隙，光谱控制器可用来实现光伏电池的吸收功率在光谱上的相匹配，通常还包括额外的组件，如滤波器。另外，选择性辐射器及光伏电池中的滤波器和镜面可对光谱进行控制。以太阳能光伏为例，能量低于光伏电池带隙

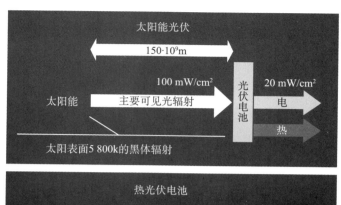
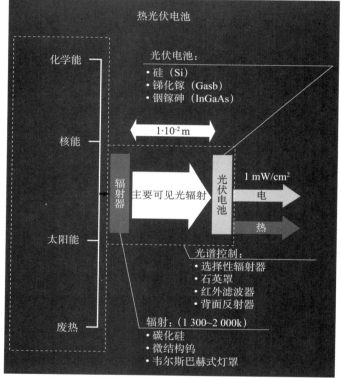

图 1-1 非聚光太阳能光伏电池发电与热光伏电池转换原理对比图

图中以热光伏电池系统为例,展示了其潜在热源和主要组件。

宽度(带外辐射)的光子不能被吸收。然而热光伏电池系统可以通过某种形式的光谱控制来抑制或反射这些光子,从而提高热电转换效率。与太阳能光伏转换相比,这种光谱控制有可能会提高热光伏电池的转换效率。然而热光伏电池效率的增加只部分表现在了组件上,整个系统的输出功率并没有受到影响。热电联供模式已经被证明在系统层面和综合效率方面具有应用前景,如国内微型热电联供系统。

因此,我们可以得出结论:与太阳能光伏相比,热光伏系统的设计更为复杂,但是它具有运行稳定、较高的转换效率以及广泛的热源等优点。此外，热光伏转换可提供有效热电联供，而且与非聚光太阳能光伏相比，热光伏系统具有较高的电功率密度。

1.3 热光伏系统文献

图书和文献章节是介绍热光伏技术的有效来源，尤其是由 Coutts 撰写的章节[6,7]。Chubb 在一本书中详细地介绍了辐射热传递和滤波器的理论背景[8]。其他的文献章节着重于介绍太阳能热光伏（STPV）转换，如 Fahrenbruch 和 Bube[9]、Green[10] 和 Wtirfel[4] 的著作。此外，文献中有关能量直接转换的章节也对热光伏电池转换进行了简要讨论，如 Decher[11] 的著作。还有一本较早的著作，其作者是 Angrist[12]。

1995 年，Broman 出版了一本热光伏电池的参考书目，其中记录了从 1950 年到 1994 年期间共计 180 条热光伏电池能量转换的词条[13]。Coutts 在 1999 年发表了一篇综合性热光伏电池的评论文章，其内容十分有用[2]。Basu 等人针对不同组件的设计发表了一篇有关微量辐射原理的评论文章[14]。

目前，热光伏发电会议是研究热光伏电池的主要国际盛会。前四届大会由国家可再生能源实验室（NREL）赞助，在美国科罗拉多州举办。此后的会议在欧洲举办。第五届大会于 2002 年在罗马举办，第六届大会于 2004 年在德国弗莱堡举办，第七届大会于 2007 年在马德里举办，第八届大会于 2008 年在加利福尼亚州举办。其他有益于热光伏电池研究的会议主要包括欧洲光伏太阳能会议、IEEE 光伏专家会议和学会间能量转换工程会议。

我们可以在各种太阳能光伏、物理、材料和能源期刊上找到有关热光伏电池的文章。2003 年，《半导体科学与技术》杂志发布了一篇由 Barnham、Connolly 和 Rohr 撰写的关于热光伏电池特殊问题的文章[15]。在撰写本书时，已有上千部出版物发行，如杂志、会议论文以及报告。在世界范围内，热光伏电池组件或系统领域已申请了上百个专利，博士和硕士论文的数量至少占全世界的百分之几十。尽管有大量出版物存在，但关于系统设计的基本原则、关键方面和经验教训的文献依然有限。

1.4 发展历史

下面的段落简要介绍了热光伏电池转换发电的发展历史。其他作者也给出了更详细的讨论，其中包括 Fraas[16]、Coutts[2]、Ralph 和 FitzGerald[17]、Noreen 和 Hong-

热光伏发电原理与设计

hua[18]以及Nelson[1,19]。

热光伏电池的发明可追溯到1956年左右。大多数文献引证Aigrain为热光伏电池的发明者，他于1956年在麻省理工学院举办的一系列讲座上提出了这一概念[2,20]。Kolm在麻省理工学院的林肯实验室里对热光伏电池系统进行了证明。Nelson对此进行了报道，并在同年出版了题为《太阳能电池电源（Solar-battery power source）》的文章[19,21]。直到20世纪70年代中期，美国的早期研究还集中在使用矿物燃料且噪音低的独立军用发电机上。在早期阶段，人们便已认识到三个主要热源（太阳能、核能和燃烧能）和光谱控制器（选择性辐射器、滤波器、光伏电池前后表面反射器）这些概念[19,22-24]。将硅和锗作为光伏电池材料，都存在开发难点。硅的高能带隙通常需要辐射器温度较高，因此存在设计困难。锗光伏电池需要较低的辐射器温度，但这种电池的性能较低[2]。在20世纪70年代中期，美国陆军利用热电技术发电，加之石油危机期间给商业带来了挑战，通用汽车中断了对热光伏电池的研究，导致热光伏电池的发展速度明显放缓[19]。

然而在能源危机后，研究工作推动了热光伏电池研究的发展。太阳能被视为重要的非化石燃料来源。太阳能热光伏电池（STPV）的研究在美国和欧洲取得了进展。光伏电池的发展为热光伏电池技术提供了契机。III-V族化合物材料的光伏电池和光伏聚光系统得到了改善，如锑化镓（GaSb）和铟砷化镓（InGaAs）这类III-V族化合物材料的光伏电池，现如今都是热光伏电池系统的常用材料[19]。此外，高辐射密度的光伏聚光系统的开发经验可应用于热光伏电池系统（例如光伏电池设计和冷却）。有效利用化石燃料的研究也推动了热光伏电池的研究，尤其是在高效耐用的辐射燃烧器供暖领域。例如，纤维稀土氧化物燃烧器[25]和陶瓷辐射管燃烧器[26]的发明在最初是用于其他目的。这些燃烧器已经应用于以燃烧为动力的热光伏电池系统，并能有效地将燃料转化为辐射。

在20世纪90年代早期，美国军事和空间部门又重新提起了对热光伏电池的兴趣。这个时候，两家衍生公司（JX-Crystals和EDTEK）成立并获得波音公司许可生产锌扩散制备锑化镓（GaSb）电池。JX-Crystals公司开发了一个由丙烷作为动力的热电联供燃烧器（Midnight Sun®）。1998年到2001年间，该公司售出了20台燃烧器以进行贝塔测试。该设备的燃料输入功率为7.5kW，其电力输出功率为150W[27,28]。使用放射性同位素作为热源的热光伏电能发电机被用于航天任务，由于太空中光度低，太阳能光伏电池并不具有吸引力。西华盛顿大学的车辆研究所成功证明了燃烧热光伏电池发电机可用于混合动力汽车[29,30]。

20世纪90年代后期，Coutts[2]提出利用热光伏电池转换技术将工业废热回收利用，这是一项充满前景的应用和研究领域（见章节8.5）。同时，20世纪90年代后期，有学者对近场热光伏电池（NF-TPV）领域展开了基础性的研究。近场热光伏电池的辐射器与电池之间的距离缩小到次波长维度。经典辐射传热理论无法描述辐射器和电池之间的辐射传热。微尺度辐射理论预测，辐射传热可以得到显著增强（见章节6.5.2）。

21世纪早期，电功率低于10W的小型热光伏电池发电机加速发展。微电子机械系统或微机电系统（MEMS）成为一个日益发展的研究领域，其研究旨在开发带有机械原件、传感器、制动器和使用微加工技术的电子产品的微尺度设备。凭借微型化，可满足用氢或碳氢化合物作为燃料的转化技术替代低能量密度电池的需求。热光伏电池发电机与其他备选方案（如燃料电池、微型涡轮机）同样要经过检测。一些热光伏电池发电机是以微加工技术为基础生产的。

1.5 通用型热光伏系统的能量平衡和效率

热光伏系统的效率通常取决于边界的定义。图1-2以图示方式探讨了通用型热光伏系统中的能量流。

效率通常被定义为有效输出量和总输入量的比值。热光伏系统的有效输出量可以是生成的电力，还可以是热电联供中的电能和有效热量。这使得纯粹使用电力的热光伏系统效率在本质上低于热电联供系统。此外，输出功率可能包括或不包括维持系统运行所需的功率（例如燃油泵或电气控制）。总输入量的大小主要取决于热源，热源不同，则总输入量不同。我们将热源划分为4种类型，即化学能（例如碳氢化合物燃烧）、核能（例如放射性同位素热能）、太阳能和余热（例如来自工业高温加工过程）。以放射性同位素、太阳能或余热为能源的热光伏系统的总输入量可依据热通量（W/m^2）来确定，此时的热损失通常较小。对于太阳能热光伏系统，集热器的光学效率可依据热源效率确定。碳氢化合物燃烧系统的总输入量可依据燃料流量（例如kg/h）来确定。可通过假定燃料的总发热值或净发热值，将这一流量换算为输入功率（W），8.4.1部分已给出一些燃料的热值（MJ/kg）。例如，以天然气为燃料的高效高温辐射燃烧器的热损失约为20%[26]。该热损失主要来自高温废气。这一损失率表明，可配置高效碳氢化合物驱动的热光伏系统。另一方面，可看出以放射性同位素和余热为能源的热光伏系统效率在本质上高于燃烧系统。热源效率可被定义为辐射器净传热与总输入量的比值（例如燃料流量和热值的乘积），如

热光伏发电原理与设计

图 1-2 中公式所示。

$$\eta_{\text{source}} = \frac{P_{\text{net}}}{P_{\text{input}}} \tag{1.1}$$

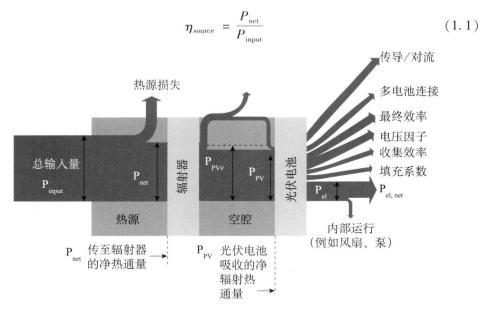

图 1-2 通用型热光伏系统的能量流动图

各能量流通道的厚度与其大小不成比例。

  腔体内的传热过程主要为辐射传热。应最大限度地减少寄生的热对流和热传导。空腔内的部件，如隔热屏、反射镜和光伏电池等可吸收、反射辐射，并对其进行重新发射。在稳定状态下，净热流的状况应如图 1-2 中所示。光伏电池吸收的净辐射热流量（P_{PV}）中包括可被光伏电池转化的短波辐射（带内辐射）和无法转化的长波辐射（带外辐射）。

  光伏电池可通过寄生对流和导热吸收额外的热量。光伏电池吸收的总净热通量 $P_{\text{PV\#}}$ 既包括辐射，也包括寄生的对流和导热（图 1-2）。向光伏电池传导热量的两种常见方式是可以区分开的。首先，辐射器可通过空腔气体（例如空气或惰性气体）直接向光伏电池进行寄生传热，传热方式为气体导热和可能的自由对流。通过使用适宜的气体或减少空腔中的压力（真空），这种方式的传热可以降到最小。辐射器与光伏电池之间的另一寄生传热途径通常形成（反射性）隔层。例如，镜面通过这一途径吸收的寄生辐射等会造成更大的损失。最终，热光伏系统通过与周围环境的隔层产生空腔热损失（图 1-2 中的空腔热损失）。由于较大的表面积-体积比，小型系统尤其容易向环境中散失热量。

  腔体效率可定义为光伏电池净吸收的辐射热通量 P_{PV} 和辐射器的净热传递量 P_{net}

的比值（公式1.2）。该腔体效率是两个局部腔体效率的乘积，并考虑到通过隔离层向环境中散失的热量和辐射器向光伏电池传热时寄生的直接或间接传导/导热引起的损失（公式1.2）。

$$\eta_{\text{cavity}} = \underbrace{\frac{P_{\text{PV\#}}}{P_{\text{net}}}}_{\text{隔离}} \cdot \underbrace{\frac{P_{\text{PV}}}{P_{\text{PV\#}}}}_{\text{传导\&对流}} = \frac{P_{\text{PV}}}{P_{\text{net}}} \tag{1.2}$$

在某些情况下，我们很难将热源和空腔损失分开，如图1-2所示。燃烧型热源和空腔在空间上未隔开［例如，使用韦尔斯巴赫灯罩（Welsbach mantle）辐射器的碳氢化合物燃烧型热源］。

表1-1　热光伏系统的实际和预计性能示例

系统：辐射器/电池类型	氧化镱/硅[31]	W型/锑化镓[28,32,33]	碳化硅/锑化镓午夜光线[27,28]	W型/铟砷化镓[34]
热源	丁烷燃烧	丙烷或JP8燃烧	丙烷燃烧	放射性同位素模块
输入功率	2.0kW	4.4kW	5.0kW	0.5kW
辐射器材料	氧化镱（Yb_2O_3）韦尔斯巴赫灯罩	碳化硅（SiC）表面有防反射（AR）涂层的钨箔	碳化硅辐射器	钨
辐射器温度	1 462℃	1 275℃	1 200℃	1 077℃
光伏电池类型	硅（红色增强型）	锑化镓	锑化镓	0.6eV 铟砷化镓 MIM 结构
电池制造商	UNSW	JX-Crystal	JX-Crystal	Emcore
电池温度	14℃	25℃	75℃	50℃
光伏电池冷却方式	强制水冷	强制水冷	强制风冷	辐射
电池功率	48W	700W	100W（净80W）	100W
电池面积	481cm^2	470cm^2	250cm^2	200cm^2
功率密度	0.1W/cm^2	1.5W/cm^2	0.4W/cm^2	0.5W/cm^2
有效空腔设计和光谱控制方法	选择性辐射器 石英玻璃管 镀金玻璃反射器	具有AR涂层的选择性钨辐射器 石英玻璃管 电池顶部的介质滤波器 填充惰性气体	介质滤波器 玻璃管	光伏电池上的TCO-介质滤波器 可选背反射器（BSR） 腔体多层隔离 内部真空

热光伏发电原理与设计

续表

系统：辐射器/电池类型	氧化铱/硅[31]	W 型/锑化镓[28,32,33]	碳化硅/锑化镓 午夜光线[27,28]	W 型/铟砷化镓[34]
η_{source}	低，无同流换热器	75%（测量值）	低，无同流换热器	100%
$\eta_{source} \times \eta_{TPV}$	2.4%（测量值）	16%（预计值）	2.0%（测量值）	20%（预计值）
$\eta_{source} \times \eta_{TPV} \times \eta_{house}$	N/A	N/A	1.6%（测量值）	N/A

光伏电池效率可定义为输出电力 P_{el} 与吸收的辐射热通量 P_{PV} 的比值（公式 1.3）。其效率取决于若干运行条件，包括光伏电池温度、辐射强度与光谱角度和空间辐射分布。目前，还未将热光伏系统中光伏电池的运行条件标准化，因此必须结合热光伏系统中的运行条件以确定光伏电池的效率。例如，在辐射器和电池的光谱范围匹配时，可预计某一光伏电池具有高效率，不匹配时，则效率低。

$$\eta_{PV} = \frac{P_{el}}{P_{PV}} \tag{1.3}$$

实际上，可通过测定光伏电池的总输出电力 P_{el} 和热量 P_{heat}，确定光伏电池的总净吸收热通量（公式 1.4）。需要将光伏电池效率包括寄生传导/对流部分考虑在内，并且这部分又取决于空腔的设计。因此，为将上述寄生热传递降至最低程度，光伏电池在真空传递中的特征是具有热隔离。

$$\eta_{PV\#} = \frac{P_{el}}{P_{PV\#}} = \frac{P_{el}}{P_{heat} + P_{el}} \tag{1.4}$$

使用内部运行效率表示因内部运行功率导致的减少量（公式 1.5）。

$$\eta_{house} = \frac{P_{el,net}}{P_{el}} \tag{1.5}$$

热光伏系统的整体功率为各部分功率的乘积。因此，提高系统效率需要将各部分的功率最大化（公式 1.6）。

$$\eta_{sys} = \eta_{source} \cdot \eta_{cavity} \cdot \eta_{PV} \cdot \eta_{house} = \eta_{source} \cdot \eta_{TPV} \cdot \eta_{house} = \frac{P_{el,net}}{P_{input}} \tag{1.6}$$

表 1-1 给出 3 种燃烧系统和 1 种放射性同位素热光伏系统性能方面的概述。对系统效率进行直接比较具有误导性，因为许多因素可影响系统效率：热源类型、系统尺寸、辐射器运行温度和光伏电池温度。还需考虑到功率密度会随着辐射器温度上升而上升。

参考文献

[1] Nelson R (2003) TPV Systems and state-of-the-art development. In: Proceedings of the 5th conference on thermophotovoltaic generation of electricity, American Institute of Physics, Rome, pp 3~17, 16—19 Sep 2002

[2] Coutts TJ (1999) A review of progress in thermophotovoltaic generation of electricity. Renew Sustain Energy Rev 3 (2~3): 77~184

[3] Sze SM (1981) Physics of semiconductor devices, 2nd edn. Wiley, New York

[4] Würfel P (1995) Physik der Solarzellen (in German), 2nd edn. Spektrum Akademischer Verlag, Heidelberg

[5] Partain LD (1995) Solar cells and their applications. Wiley Interscience, New York

[6] Coutts TJ (2001) Thermophotovoltaic generation of electricity. In: Archer MD, Hill R (eds) Clean electricity from photovoltaics, Chap 11, vol 1. Series on photoconversion of solar energyImperial College Press, London

[7] Benner JP, Coutts TJ (2000) Thermophotovoltaics. In: Dorf RC (ed) The electrical engineering handbook. CRC Press, Boca Raton

[8] Chubb D (2007) Fundamentals of thermophotovoltaic energy conversion. Elsevier Science, Amsterdam

[9] Fahrenbruch AL, Bube RH (1983) Concentrators, concentrator systems, and photoelect-rochemical cells. In: Fahrenbruch AL, Bube RH (eds) Fundamentals of solar cells, Chap 12. Aademic Press, Orlando, pp 505~540

[10] Green MA (2003) Thermophotovoltaic and thermophotonic conversion. In: Green MA (ed) Third generation photovoltaics—advanced solar energy conversion, Chap 9. Springer, Berlin, pp 112~123

[11] Decher R (1997) Direct energy conversion fundamentals of electric power production. Oxford University Press, London

[12] Angrist SW (1976) Direct energy conversion, 3rd edn. Allyn and Bacon, Newton, MA

[13] Broman L (1995) Thermophotovoltaics bibliography. Prog Photovolt Res Appl 3 (1): 65~74

[14] Basu S, Chen Y-B, Zhang ZM (2007) Microscale radiation in thermophotovoltaic

devices- A review. Int J Energy Res 31 (6~7): 689~716

[15] Barnham K, Connolly J, Rohr K (2003) Special issue on thermophotovaltaics (TPV), complete volume with 19 papers. Semiconductor science and technology 18: 5 http://iopscience.iop.org/0268~1242/18/5

[16] Fraas L, Minkin L (2007) TPV History from 1990 to Present & Future Trends. In: Proceedings of the 7th world conference on thermophotovoltaic generation of electricity, Madrid, 25—27 Sept 2006, American Institute of Physics, pp 17~23

[17] Ralph EL, FitzGerald MC (1995) Systems/marketing challenges for TPV. In: Proceedings of the 1st NREL conference on thermophotovoltaic generation of electricity, Copper Mountain, Colorado, US, 24—28 July 1994, American Institute of Physics, pp 315~321

[18] Noreen DL, Honghua D (1995) High power density thermophotovoltaic energy conversion. In: Proceedings of the 1st NREL conference on thermophotovoltaic generation of electricity. Copper Mountain, Colorado, US, 24—28 July 1994, American Institute of Physics, pp 119~132

[19] Nelson RE (2003) A brief history of thermophotovoltaic development. Semicond Sci Technol 18: 141~143

[20] Aigrain P (1956) Thermophotovoltaic conversion of radiant energy, Lecture. Massachusetts Institute of Technology, Cambridge

[21] Kolm HH (1956) Solar-battery power source. Quarterly Progress Report, p 13

[22] Wedlock BD (1963) Thermal photovoltaic effect. In: Proceedings of the 3rd IEEE photovoltaic specialists conference, IEEE, pp A4.1~A4.13

[23] Guazzoni GE (1972) High-temperature spectral emittance of oxides of erbium, samarium, neodymium and ytterbium. Appl Spectrosc 26: 60~65

[24] Werth JJ (1963) Thermo-photovoltaic converter with radiant energy reflective means. US Patent 3331707

[25] Nelson RE (1992) Fibrous emissive burners Selective and Broadband. Annual Report, Gas Research Inst., GRI-92/0347

[26] Fraas L, Avery J, Malfa E, Wuenning JG, Kovacik G, Astle C (2003) Thermophotovoltaics for combined heat and power using low NOx gasfired radiant tube burners. In: Proceedings of the 5th conference on thermophotovoltaic generation of elec-

tricity, Rome, 16—19 Sept 2002, American Institute of Physics, pp 61~70

[27] Fraas LM, Avery JE, Huang HX, Martinelli RU (2003) Thermophotovoltaic system configurations and spectral control. Semicond Sci Technol 18: 165~173

[28] Carlson RS, Fraas LM (2007) Adapting TPV for use in a standard home heating furnace. In: Proceedings of the 7th world conference on thermophotovoltaic generation of electricity, Madrid, 25—27 Sept 2006, American Institute of Physics, pp 273~279

[29] West EM, Connelly WR (1999) Integrated development and testing of multi-kilowatt TPV generator systems. In: Proceedings of the 4th NREL conference on thermophotovoltaic generation of electricity, Denver, Colorado, 11—14 Oct 1998, American Institute of Physics, pp 446~456

[30] Morrison O, Seal M, West E, Connelly W (1999) Use of a thermophotovoltaic generator in a hybrid electric vehicle. In: Proceedings of the 4th NREL conference on thermophotovoltaic generation of electricity, Denver, Colorado, 11—14 Oct 1998, American Institute of Physics, pp 488~496

[31] Bitnar B, Durisch W, Mayor J-C, Sigg H, Tschudi HR, Palfinger G, Gobrecht J (2003) Record electricity-to-gas power efficiency of a silicon solar cell based TPV system. In: Proceedings of the 5th conference on thermophotovoltaic generation of electricity, Rome, Italy, 16—19 Sept 2002, American Institute of Physics, pp 18~28

[32] Fraas L, Samaras J, Avery J, Minkin L (2000) Antireflection coated refractory metal matched emitters for use with GaSb thermophotovoltaic generators. In: Proceedings of the 28th IEEE photovoltaic specialists conference, pp 1020~1023

[33] Fraas LM, Samaras JE, Huang HX, Minkin LM, Avery JE, Daniels WE, Hui S (2001) TPV Generators using the radiant tube burner configuration. In: Proceedings of the 17th European photovoltaic solar energy conference, Munich, 22—26 Oct 2001, WIP, pp 2308~2311

[34] Wilt D, Chubb D, Wolford D, Magari P, Crowley C (2007) Thermophotovoltaics for space power applications. In: Proceedings of the 7th world conference on thermophotovoltaic generation of electricity, Madrid, 25—27 Sept 2006, American Institute of Physics, pp 335~345

第一部分　单个组件

第二章 辐射器（发射器）

2.1 概 述

根据以下几个方面，可对辐射器（也可称为发射器）进行分类：
- 光学性能（如发射率：频谱和角度、透明度）。
- 热性能（如工作温度上限、蒸发率、热膨胀、抗热震性及热导率）。
- 电气性能（如导电性：金属、半导体和非金属）。
- 材料成分。
- 物理结构（如体积、孔隙、灯丝、薄膜及微结构表面）。
- 实用性和经济性。

Coutts[1]、Gombert[2]、Licciulli 等人[3]、Adair 等人[4]和 Nelson[5]已经对热光伏辐射器进行了研究。对于辐射器材料的选择，需要满足几项要求。辐射器材料应在所选的环境（如空气、惰性气体或真空）中具有热稳定性。在光伏系统的启动和冷却过程中，优良的抗热震性是很重要的，而好的抗热震性则通常要求材料具有低热膨胀性。高热导率可以使辐射器的温度分布均匀。对于带内短波辐射来说，具有较高发射率的辐射器可以实现较高的辐射热传导率，这一点是十分重要的。而较高的辐射热传导率可以使系统的电功率密度较高。此外，设计出合适的辐射器还需要考虑到以上列表中所示的其他参数（如合适的热性能）。

从广义上可将辐射器分为宽频辐射器和选择性辐射器，或可以将其分为金属辐射器和陶瓷辐射器。辐射器的材料成分和物理结构可以使发射率发生改变。辐射器的发射率不仅与光谱有关，与角度和温度也有关。

在下一节我们将首先回顾有关辐射器蒸发的一些理论，然后将辐射器的概念划分为宽频陶瓷辐射器（2.3 小节）、选择性陶瓷辐射器（2.4 小节）和金属辐射器（2.5 小节）。

2.2 辐射器的热稳定性

一般来说，有关热光伏系统腔体内的高温辐射器和光伏电池或其他部件（如隔热板）之间质量传递的相关文献有限。有人指出，在 1 500K 以上，包括稀土氧

热光伏发电原理与设计

化物在内的大多数材料其层厚蒸发率为每年100μm以上[6],并且有可能污染光伏电池和玻璃护罩。Fraas计算出了碳化硅辐射器在1 052℃的真空条件下,不可接受的光伏电池的沉积速率[7]。金属辐射器(如钨)表面有防反射涂层,可以提高短波长范围内的发射率。该涂层的蒸发能够使发射率增强的峰值转移至其他波长。因此,涂层的稳定性也有重要影响[8]。如果给惰性气体中1 250℃辐射器使用二氧化铪涂层是可行的,那么Fraas等人认为防反射涂层镀钨辐射器是可以长期运行的[7]。

朗格缪尔方程(Hertz-Langmuir)已被用于热光伏系统中。该方程可以预测从辐射器固体表面进入真空的最大蒸发率,公式2.1中,W表示蒸发率(g/cm²s),p_v表示蒸汽压力[Torr,托。1托 = 1毫米汞柱(mmHg)= 133.3帕],T表示绝对温度(K),M表示摩尔量(g/mol),f表示黏附系数[8-11]。增加的气体压力下的蒸发率低于真空条件下的蒸发率[11]。对于热光伏应用,公式2.1表明,一般具有低蒸汽压力的辐射器材料比较好,例如钨。其中蒸汽压力一般随温度而增加,并且通常会限制热光伏辐射器的上限温度。黏附系数f在1E-2到1E-6的较大范围内变化,在实验中,由于材料的不同,该系数也有差异[9]。

$$W = 5.83 \cdot 10^{-2} \cdot p_v \cdot f \cdot \sqrt{M/T} \tag{2.1}$$

有关蒸发率的知识也可从其他研究领域获得。例如,薄膜的蒸汽沉积需要质量传递[12]。白炽灯就是一个很好的例子,即可以成功抑制不需要的质量传递。并且,灯丝蒸发会造成灯泡玻璃壁发生不必要的黑化,需要将这种情况降低到最小。Hofler、Fraas、Andreev、Luque及其他人意识到,有关灯泡的知识,还有很多有待我们去了解[7,8,13,14]。

灯泡设计主要取决于适当的材料和成千上万小时内高温传输化学过程的控制[15]。在白炽灯内,通过加热盘绕的钨丝,电能被转化为热辐射。在较小的真空灯内,温度可以达到1 700℃;在惰性气体填充的灯内,温度可以达到2 400℃;在卤素白炽灯内,温度高达3 000℃。卤素灯利用再生卤素(主要是碘)循环使已蒸发的钨返回至灯丝。惰性气体的压力随着灯泡温度的升高而增加,从而减少钨的蒸发[15]。另一方面,由于从较热一侧至较冷一侧的寄生热损失,较高的(惰性)气体压力会使效率降低[8,16]。因此,需要在寄生损失和辐射器蒸发率之间做出权衡。另一个值得关注的是白炽灯内的杂质量和相关的传输化学过程。由于经过排气或灯泡组件(如玻璃水)受到污染后灯泡中有残余的气体,因此产生了少量杂质源。例如,由于水蒸气循环,残余的水蒸气可以使灯壁变黑[15]。通常使用吸气材料来控制气体杂质的化学过程,吸气材料可以确保灯泡在使用寿命期内获得并保持合适的气体成分。一般情况下,白炽灯灯丝材料(如钨)的蒸汽压力在工作温度下小于0.5E-2(0.5×10⁻²)Pa,以避免物理传输机制引起的灯壁变黑问题[15]。

表 2-1 列出了一些材料的熔点及其在蒸汽压力为 1.33E-2 Pa 时的温度。与安全的灯泡设计的蒸汽压力（0.5E-2 Pa）相比，1.33E-2 Pa 这一数值更大。表 2-1 给出的数据按照蒸汽压力温度的大小进行排列。对于辐射器长期运行的最高温度和材料选择，该表也可以给出一些指导。表格上半部所示为最重要的材料。为便于比较，该表也涵盖了材料的熔点和沸点。相对于临界蒸汽压力温度，大部分材料表现出更高的熔化温度。而黄金是罕见的个例，其熔化温度变成了限制因素。为了计算蒸发率，还要将分子量和密度值制成表格。

一些作者提出大部分热光伏系统含有玻璃护罩，并且可以用接近普通灯泡的、非常低的成本更换被污染的玻璃护罩[7,14]。

2.3 宽频陶瓷辐射器

对于短波长来说，陶瓷往往具有十分恒定的中级发射率，当波长急剧增加到 4~10μm 左右时，晶格和分子振动将与长波长光子产生谐振[3,19]。一般情况下，陶瓷发射率与温度的关系不大[19]。耐高温陶瓷可被划分为氧化物基陶瓷（2.3.1 小节）和非氧化物基陶瓷（2.3.2 小节）。

表 2-1 所选高温材料在 1.33E-2Pa 压力下的蒸汽压力和熔化温度，并根据温度对这些数值进行排列（该表由作者根据不同的文献资源[8,9,17,18]制成）

材 料	化学符号	温度（℃）P_v = 1.33E-2Pa	熔点（℃）	沸点（℃）	摩尔量（g/mol）	室温下密度（g/cm³）
氮化硅	Si_3N_4	~800	1 900	N/A	140.284	3.2
碳化硅	SiC	~1 000	2 830	N/A	40.097	3.2
氧化硅（IV）	SiO_2	~1 025	~1 700	2 950	60.085	2.2~2.6
金	Au	1 132	1 064	2 856	196.967	19.3
氧化镁	MgO	~1 300	2 825	3 600	40.304	3.6
钛（IV）氧化物	TiO_2	~1 300	~1 800	~3 000	79.866	4.2
硅	Si	1 337	1 414	3 265	28.086	2.3
氧化镱	Yb_2O_3	~1 500	2 355	4 070	394.08	9.2
氧化铝	Al_2O_3	1 550	2 054	2 977	101.961	4.0
氧化铒	Er_2O_3	~1 600	2 344	3 920	382.516	8.6
氧化钬	Ho_2O_3	N/A	2 330	3 900	377.859	8.4
铂	Pt	~1 747	1 768	3 825	195.084	21.5
氧化钇	Y_2O_3	~2 000	2 439	N/A	225.810	5.0
钼	Mo	~2 117	2 623	4 639	95.94	10.2
石墨	C	2 137	#	3 825	12.011	2.2
氧化锆	ZrO_2	~2 200	2 710	4 300	123.223	5.7
二氧化铪	HfO_2	~2 500	2 800	~5 400	210.49	9.7

续表

材料	化学符号	温度（℃）Pv=1.33E-2Pa	熔点（℃）	沸点（℃）	摩尔量（g/mol）	室温下密度（g/cm³）
碳化锆	ZrC	~2 500	3 532	N/A	103.235	6.7
钽	Ta	2 590	3 017	5 458	180.95	16.4
碳化铪	HfC	~2 600	~3 000	N/A	190.50	12.2
钨	W	2 757	3 422	5 555	183.84	19.3

#在大气压强下，石墨蒸发而没有熔化

2.3.1 氧化物基陶瓷

标准的氧化物基陶瓷在氧化气氛[20]中性质稳定，这类氧化物包括：氧化铝（Al_2O_3）、稳定氧化锆（ZrO_2）、氧化镁（MgO）、二氧化硅（SiO_2）、氧化铍（BeO）、二氧化铪（HfO_2）、氧化钍（ThO_2）和氧化钇（Y_2O_3）。高温氧化物基陶瓷可能含有其中的一种或多种氧化物，如多铝红柱石（$3Al_2O_3 \cdot 2SiO_2$）、堇青石（$2MgO \cdot 2Al_2O_3 \cdot 5SiO_2$）或滑石（$MgO \cdot SiO_2$）[21]。氧化铝是高温氧化物基陶瓷中最常用的物质。在高达1 900℃的氧化气氛中（此温度已接近氧化铝的熔化温度2 050℃），氧化铝的性质依然稳定。同样的，二氧化铪陶瓷能够抵抗高温氧化气氛，它的熔化温度为2 600℃[20,21]。经检验，二氧化铪可作为电阻加热材料使用[22]。理论研究考虑用氧化铝和二氧化铪来制作热光伏系统的宽频辐射器，但实际研究表明，这些材料在应用中存在困难，主要原因是抗热震性差和放射率低[23]。

2.3.2 非氧化物基陶瓷

常见的耐高温非氧化物基陶瓷包含的物质有碳化物族（如石墨、碳化硅、碳化硼、碳化钨和氢氟烃）和氮化物族（如氮化硅、氮化硼和氮化铝），而硼化物（如二硼化钛）、硫化物（如铈化硫）和硅化物（如二硅化钽、二硅化钼）在非氧化物基陶瓷中并不常见[8,21-24]。

氮化硅（Si_3N_4）在1 200~1 500℃左右的高温环境中会发生氧化。曾有人提出将其作为热光伏系统的宽频辐射器[23,24]，但在热光伏系统的开发中还未见有人使用。

石墨（C）的热导率高且抗热震性良好[20]，它的发射率高可超过宽光谱范围，并且易于加工成符合要求的形状[12]，但只能在大约400℃的氧化气氛中使用[24]。因此，石墨适用于非氧化气氛，如宇宙空间系统[7]。石墨的热电阻元件可在高达3 000℃的氮气、氢气和稀有气体中工作。以碳灯丝为基础的抗电阻红外辐射器可在约为1 200℃的石英管中使用，且在市场上就可买到[25]。在最高工作温度下，石墨不会熔化，但会升华[22]。石墨的表面转化为碳化硅，这使其可在更高温度的氧化气氛中工作[20]。

碳化硅（SiC）有一层由二氧化硅（钝性氧化）组成的保护性氧化层，这使它能在1 650℃左右的氧化气氛中使用[20,22,24]。在惰性气体中，其最高工作温度会降低。例如，在氮气中的最高工作温度建议为1 350℃[22]。碳化硅在真空中的最高工作温度甚至更低，规定为1 100℃（1E-3 Torr）和900℃（1E-5 Torr）（参见表2-1中的蒸汽压力）[22]。在含有水蒸气的环境中，碳化硅的抗氧化性能会降低[23]。在极少数情况下，一氧化硅气体会在低氧分压（活性氧化）的大气中形成并使碳化硅发生氧化[20]。碳化硅的发射率通常较高，在1~3 μm波长范围内，其值域从0.7到0.94不等，其结果取决于操作人以及测量方法[26]。碳化硅的热导率通常较高，但小于石墨的热导率[20]。碳化硅已被用来制作在高温环境下使用的热交换器、燃气轮机部件和加热元件（电或天然气加热）[20]。例如，在1940年以前，美国便制造出了电动碳化硅电热元件[22]。碳化硅的制造方法包括陶瓷结合、感应结合、氮化硅结合、碳结合、重结晶、烧结、热压和化学气相沉积（CVD）[24]。作为宽频辐射器的碳化硅已广泛应用于热光伏系统。碳化硅的蒸发速度较快。根据Fraas的计算，在温度为1 150℃的真空中，辐射器对光伏电池的质量传输速率为1μm/300h[7]。Guazzoni也提出了一些可抑制中红外辐射的操作——在碳化硅辐射器表面镀膜[27]。

我们所讨论的硅化物并不是指陶瓷，而是指金属陶瓷或其他金属陶瓷（如二硅化钽、二硅化钼），特别是作为电阻加热元件并已经用于商业用途的二硅化钼（$MoSi_2$）。二硅化钼的熔化温度为2 050℃[21]，在高于1 000℃的空气中形成的保护性二氧化硅层使其具有抗氧化性。报告中已注明其在氧化气氛下的最高工作温度在1 650℃和1 850℃之间[28,29]。在高于1 500℃的条件下，玻璃结合型二硅化钼具有可塑形性[24]。由于保护性二氧化硅层的蒸发，其在真空中的工作温度将会受到限制。二硅化钼的脆性是它的一个缺点。在热光伏系统辐射器的开发中，我们对耐基质（如碳化硅）上的二硅化钽（$TaSi_2$）涂层进行了讨论[3]。

2.4 基于过渡金属氧化物的选择性辐射器

在元素周期表中，过渡金属可进一步分为内过渡元素（或稀土元素），其中包括镧系元素和锕系元素。热光伏选择性辐射器可以使用一些镧系元素（f-过渡金属元素）和元素号为21到30（d-过渡金属元素）的元素。在表2-2中，我们将这些元素和它们未填充满的3d~4f壳层标注为灰色。

2.4.1 f-过渡金属氧化物

f-过渡金属元素部分填充在4f壳层中,并被外层充满的轨道屏蔽(表2-2)。也正是因为这一点,4f壳层中的电子与相邻的离子相互影响较小。它的辐射类似于气体(谱线辐射)。谱线辐射是由分立能级造成的,可通过量子力学对其进行描述。Dieke对晶体中稀土离子的光谱和分立能级的研究工作进行了总结[30,31]。f-过渡金属的化学性质相似,普遍拥有三价电子($6s^2$, $5d^1$)[3]。Guazzoni首次提出在热光伏转化中使用Er、Sm、Nd和Yb的氧化物的单片陶瓷耐高温光谱选择性红外发射器[5,32]。此后,大部分工作便集中在Ho、Er和Yb上[1]。表2-3总结了发射峰的波长。

2.4.2 d-过渡金属氧化物

d-过渡金属具有与f-过渡金属相似而又独特的电子排布。它们部分填充在3d轨道上,并被4s轨道屏蔽(表2-2)。与d-过渡金属相比,通常情况下,f-过渡金属在窄线光谱中发射,它受基材的影响也更小[34]。热光伏技术使用的基材是由钴(Co)、镍(Ni)和镁(MgO)组成的。我们观察了其在 $1.13\mu m$、$1.27\mu m$ 和 $1.49\mu m$(氧化镁中的钴)以及 $1.12\mu m$、$1.26\mu m$ 和 $1.41\mu m$(氧化镁中的镍)的发射峰值[34]。

2.4.3 光学厚辐射器

光学厚度是指吸收系数 α 和路径长度为 S 的乘积。我们将 $\alpha(\lambda) \cdot S$ 光学厚度分为三种情况[35]:

- 不透明或光学厚:$\alpha(\lambda) \cdot S \gg 1$。
- 透明或光学薄:$\alpha(\lambda) \cdot S \ll 1$。
- 半透明:其他所有情况下的 $\alpha(\lambda) \cdot S$。

Guazzoni做了一份关于单片f-过渡金属元素陶瓷氧化物的选择性发射的报告[32]。陶瓷具有光学厚度(样本中没有发射过火焰辐射),且铒和镱元素表现出选择性辐射改进,在峰值波长处增强的发射率为0.6左右。然而,在 $0.5\sim5\mu m$ 的总波长范围内,值域从0.2~0.3的发射率通常较高[32]。到目前为止,仍未发现更长波长的发射率。但众所周知,由于晶格振动,波长大于 $5\mu m$ 左右的耐高温玻璃和陶瓷的吸收系数通常会大大增加[3,34,36]。因此,这些材料也会发射长波段的辐射,而通常,这对热光伏技术的操作来说并不可取[3]。单片f-过渡金属陶瓷氧化物的抗热震性差是开发的另一个难点。

第二章 辐射器(发射器)

表2-2 我们将轨道填充的基态、f-过渡金属元素和d-过渡金属元素标注为灰色。箭头表示前十个元素的自旋方向

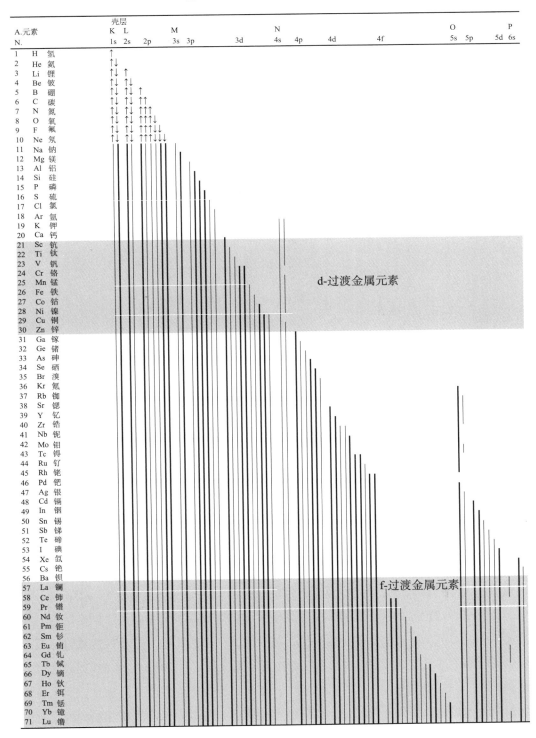

Nakagawa 等人针对 $Al_2O_3/Er_3Al_5O_{12}$ 共晶陶瓷进行了报告。起初，开发这些材料是为了将其用作飞机发动机和燃气涡轮机的结构材料。使用 Bridgman 型单向凝固装置来应对材料的熔体生长，其良好的高温性能以及在高达 1 700℃ 的空气中的热稳定性已广为人知，与单晶 $Er_3Al_5O_{12}$ 相比，其 1.55μm 左右的辐射选择性较低[36-40]。

尽管大多数 f-过渡金属陶瓷氧化物显示出了光谱选择性发射率，但通常，其中也存在一大部分并不需要的长波段辐射[4]。

表 2-3　f-过渡金属的发射波长

稀土掺入物的种类	峰值波长（μm）	参　照
Nd	2.5	[30, 32]
Sm	从 1.8～5.0 的高发射率	[32]
Ho	(1.2) 2.0～2.1	[2, 3, 30]
Er	1.55	[2, 3, 5, 30, 32, 33]
Tm	1.8	[3]
Yb	0.98	[3, 5, 30, 32, 33]

2.4.4　光学薄辐射器

我们进行了多次尝试来克服热冲击和应对单片辐射器的带外发射率的挑战，总结如下：

韦尔斯巴赫式灯罩是使用 f-过渡金属元素的经典光学薄陶瓷氧化物辐射器。我们已经将氧化镱（Yb_2O_3）和氧化铒（Er_2O_3）应用于热光伏技术。文献中有提及具有光谱选择性发射的高温稳定灯罩（如大于 1 700K）[41]。然而，其他来源的报告称，这种韦尔斯巴赫式灯罩在结垢、脆性和耐用性上存在问题[2,3,42,43]。因此，我们对各种含有 f-过渡金属元素的其他光学薄氧化陶瓷辐射器结构进行了研究[3,44]。其中包括陶瓷泡沫[45]、长纤维构造矩阵[3,4,46,47]、支撑纤维[5,48]、短纤维陶瓷[42]、（多晶）蓝宝石膜[49]、掺杂石英玻璃[3,50]、掺杂石榴石[51-53]和悬浮在热载气体中、附着于蓝宝石管上的微粒稀土氧化物[46,54]。使用掺杂了 d-过渡金属（钴和镍）的氧化镁可生产出光学薄陶瓷带[34,44,55]。

正如已经讨论过的，光学薄辐射器必须在燃烧区或热气流中运行。同时，它们需要透明罩的保护，并发出不需要的火焰辐射。因此，不透明基材是更好的选择。我们可以将含有 f-过渡金属元素的多孔敷层镀在具有宽波段辐射的热稳定陶瓷(如碳化硅或氧化铝)上。在这种方法中，涂层的厚度十分重要。如果涂层过薄，基底会通过涂层放射出并不需要的辐射[3]。相反，如果涂层过厚，会形成光厚，而且涂层内外会有温差。通常在这种情况下，低温区的辐射量是不可取的。大约十到几百微米的氧化铒、钴氧化物[56]以及多孔铒铝石榴石[57]涂料已应用于碳化硅基底。实践证明，多孔敷层的内散射可以加强对基底辐射的抑制作用[3,57]。

一般金属本身就具有所需的光谱选择性，对于短波长具有中级发射率，长波长发射率低。光学光滑的金属表面上的全波发射率较低，因此可将其用作反射镜[56]。如铂[36,56]或钼[8,58]等金属薄膜已被用作 f-过渡金属和 d-过渡金属陶瓷氧化膜的基底。在这个结构中，氧化膜通过金属基底被传导加热。此时，基底辐射较低是由于较高的金属反射率，氧化膜材料包括氧化铒、氧化铥、氧化钬以及掺杂有尖晶石[56]，氧化镱[8,58]和铒、钬和铥铝石榴石[36,59]的钴。我们发现后者薄膜厚度、材料成分、薄膜的内散射及其温差都会影响到辐射器的（光谱）发射率。

单个 f-过渡元素的辐射带宽相对狭窄，这会导致电能密度较低[3]。经检验，不同的 f-过渡元素发射率的叠加可拓宽光谱辐射的输出[3,60]。

从这部分的文献讨论中我们能够得出这样的结论：一般来说，我们会基于选择性陶瓷辐射器的耐用性和蒸发率来执行有限的工作，但仍需要设计出持久运行的系统。

2.5 金属辐射器

对于短波长（通常为 $1\sim2\mu m$）来说，纯抛光金属往往具有高发射率，而在中远红外线中，纯抛光金属往往具有低发射率。长波长发射率与 T/λ 的方形路径近似成正比[19]。这种光谱选择性使金属适用于热光伏辐射器。另一方面，等式还表明，长波长发射率随温度而增加[2]。金属的优点是具有高热导率，而高热导率可以使辐射器内的温度均匀。

2.5.1 材料选择

贵重金属因其在空气中的高抗氧化性而被熟知，而其他大多数金属在高温氧化气氛中不稳定。黄金具有高反射率，并且在高达 1 064℃ 的熔点温度不发生氧化，但在高温时不能承受自身的质量[61,62]。

铂族元素（铂、钯、铱、铑、锇及钌）具有抗氧化性和高熔点，并且在高温时具有高强度[61]。对于热光伏系统来说，铂已被用作辐射器[63]，其熔点温度为 1 768℃。而且，铂异常稳定，不会形成保护性氧化层，因此可以在高达 1 600℃ 的氧化气氛中使用。铂-铑合金是常见的合金，与纯铂相比，该合金具有更高的热稳定性[22]，而铂的主要缺点是材料成本过高。

难熔金属具有高熔点和高热稳定性，但是其高温抗氧化性较差，如钼、钽和钨，因此这三种材料在空气中的最高工作温度被限制在500℃左右。这三种材料在真空中或保护气氛中被用作电加热中的电阻元件以防止氧化。在上述应用中，钼、钽和钨的最高建议工作温度分别为1 900℃、2 200℃和2 500℃。钼和钨几乎可被用于能够防止其氧化的任何气氛中，而钽较为挑剔，不能被用于含有氧气、氮气、氢气及碳的气氛中。这三种材料都表现出了与氧化铝（高达1 900℃）、高铝红柱石（高达1 700℃）等高纯度结构材料的良好兼容性[22]，因此在热光伏系统的文献中报告了利用钽作为辐射器的试验装置[64]。

在所有金属中，钨的最高熔点为3 422℃，并且其蒸汽压力低（或蒸发率低）[2,8,61]。因此，使用钨作为辐射器的热光伏系统可以在真空或惰性气体气氛中运行以避免氧化。典型的钨丝白炽灯在可见波长范围内（0.38～0.76μm）的辐射约为8%，约60%的输入功率为红外线辐射（0.76～2.8μm）。2.8μm以上及管壁的辐射损失约占32%。使用更具选择性的材料代替白炽灯内钨丝的尝试都宣告失败[15]，学者已经开发了几套在惰性气氛中使用钨的热光伏原型系统。

论述表明，具有成本效益的单种金属元素不能在热光伏辐射器要求温度下的氧化环境中工作，因此金属合金不失为更好的选择。一些耐高温合金可以在其表面形成氧化层，以防止进一步氧化。这些合金可以在1 000℃以上的空气中工作，其商业应用包括电阻加热领域[28]和金属纤维燃烧器领域。这些合金以不组分的铁、铬、铝和镍等主要元素为基础，其商业名称如Inconcel合金、Rescal合金、Kanthal合金[28,65]。这些合金的优点是，可以使用传统的金属加工方法制成。此外，这些合金也有光谱选择性，具有高热导率，以使温度均匀。

传统上，各种镍铬合金和铁镍铬合金已被用作电阻加热材料。在这一应用中，合金在空气中的最高工作温度为1 100℃至1 200℃。这些合金可以在高温氧化气氛中形成保护性氧化铬（CrO_2）。随着时间的推移和氧化层的剥落，氧化层的厚度至关重要。另一族合金以各种成分的铁、铬、铝等主要元素为基础。铁-铬-铝合金可以在高温氧化环境中形成氧化铝（Al_2O_3）保护层，因此可被用作高达1 300℃下的电阻加热元件。和氧化铬保护层相比，氧化铝保护层往往具有更好的黏性。另一方面，氧化铬保护层的发射率高于氧化铝保护层的发射率。总之，我们可以说，有氧化层表面的合金与无氧化层表面的合金具有不同的发射率。可以在文献中查阅一些氧化层表面的发射率数据[66]。在温度高达1 200℃的燃烧区中，这些高温合金已经以丝材的形式被用作辐射器[39,67-69]，这样就可以制成煤气燃烧式金属辐射燃烧器。Doyle 等人之前的报告称，这些合金被用作小型热光伏系统间接辐射燃烧器中辐射器管的结构材料[63]。总之，我们可以说这些市售合金是低温辐射器的更好选择。但是，在不考虑辐射器蒸发引起污染的情况下，需要评估这些合金长期工作的最高温度。

2.5.2 微结构和纳米结构

使用抗反射（AR）涂层可以提高钨的近红外光谱内的中级发射率。在 $1 \sim 1.7 \mu m$ 的波长范围内，学者已经使用厚度约为 140nm 的抗反射涂层计算出其理论发射率高达 95%[2]。一般情况下，抗反射涂层材料包括氧化铝（Al_2O_3）、氧化钍（ThO_2）、氧化锆（ZrO_2）和二氧化铪（HfO_2）[6,8,63,70,71]。此外，抗反射涂层可以对一些光谱发射特性和角度进行控制[72]。在 1 250℃ 的惰性气体中，二氧化铪涂层的耐久性可以更高，但是尚未得到长期测试的确认[7]。

学者已经利用钨[2,73-75]和其他材料[76]制成了微米级周期性表面光栅。表面等离子共振、深腔及亚波长抗反射光栅内的垂直驻波等多个现象可以影响这些辐射器光谱发射率[2]。对于高带内辐射和低带外辐射来说，可以通过为这些结构建模（如严格的耦合波分析）得出表面光栅的最佳尺寸。钨表面光栅的耐久性受到表面扩散的限制，如果温度持续几个小时保持在 1 300℃ 以上，则光栅几乎可以变成平面[2]。据发现，25nm 厚的二氧化铪表面涂层可以极大地降低表面扩散[2,74]。而且人们注意到，钨丝电灯泡需要保留其纤维晶粒微观结构，以适应 2 200 ~ 3 100℃ 工作温度下的应力与应变。在铝、钾和硅[12]的基础上增加二氧化钍或混合物可以实现这种稳定性，后者也被称为 AKS 掺杂剂 ［其中表示德语元素"Kalium"（钾）］。因此，人们期望利用电灯泡发展的知识解决热光伏辐射器在低温下的热稳定性。

在基础研究层面，光子带隙晶体是热光伏转换的更好选择。在光子带隙晶体中，晶格结构与可见光波长有关，并以具有高介电常数和低介电常数的替代材料为基础。晶格周期性被隔开，以便带隙波长的相消干涉，从而防止其穿过晶体。相长干涉可以增加带隙以外的波长，并允许它们可以在几乎无衰减的情况下穿过晶体。这一现象众所周知，如一维多层膜。1991 年，人们首次发现了三维光子带隙晶体结构，无论光子的运动方向、相干性、偏振和入射角如何，此时光子均被阻塞于晶体带隙内[77]。对于热光伏系统来说，学者已经提出采用钨制成三维光子晶体辐射器。晶体带隙可以防止中远红外线辐射，而近红外线发射率则较高[2,78]。

此外，介电层之间超薄金属膜的交替层光子结构也被作为辐射器进行研究[79]。

总而言之，人们可以设计具有合适光谱选择性能的、以微结构和纳米结构为基础的辐射器。关键问题包括热稳定性和过程的放大。

2.6 其他新型辐射器材料和理念

除了上一小节所述的三种材料（宽频陶瓷、基于过渡金属的选择性辐射器和金属辐射器）之外，学者已经提出了一些其他的辐射器材料。但是这些概念仍然处于更为基础的研究与开发阶段。

半导体材料硅已被用作真空环境下的热光伏辐射器材料[8,80]。Chubb 已经从理论上和实验上研究了具有反射铂底片的 1μm 级厚度的宝石基底硅薄膜。实验和模拟近似温度为 560℃ 左右，并且可以演示约 1.3μm 以下增强的发射率。鉴于硅的高蒸汽压力（表 2-1）和真空工作环境，需要评估其最高工作温度。

Cockeram 等人使用多种方法制备了适用于钼、铌及镍基合金[9,81]的多种涂层，这些涂层的特征表现在发射率和热稳定性方面。

Good 等人建议在太阳能接收器和辐射器之间使用蓄热器，以便在没有太阳辐射的情况下驱动辐射器[82,83]。潜热蓄热器利用相变储能，可以设计出近似等温的系统。由于硅的熔点温度为 1 414℃[83]，因此学者已经提出将硅用作相变材料（PCM）。氟化盐一般被用作潜热贮能区域高温范围内的相变材料。利用公式 2.2 可以进行摩尔潜热评估，其中 R 表示摩尔气体常数，T_m 表示相变材料的熔化温度（以绝对温度计）。对于金属、半导体及共晶和无机化合物来说，无量纲参数 F 的取值范围为 1 ~ 5[84,85]。从公式中可看出，熔点高，熔融焓高。此外，由于摩尔质量较小的物质具有更高的熔融焓（相关单位为 J/g），此类物质将是更好的选择。

$$H_{m,mol} = F \cdot R \cdot T_m \tag{2.2}$$

Ashcroft 和 DePoy 建议使用高温热管（如使用锂或钠填充）将热能从热源传递至辐射器。此外，这种结构可以使热光伏系统具备更高的体积功率密度（W/cm³）[86]。

2.7 总　结

上一小节所述的各种辐射器材料和概念可被视为三大技术领域的基础。

首先，学者已经使用或应用了辐射采暖的燃烧器设计。例如，分布于燃烧区内的金属丝（直接辐射燃烧器）和由碳化硅制成的可恢复单端型燃烧器（间接辐射燃烧器）。8.4.1 小节进一步论述了用于采暖的直接和间接辐射燃烧器的细节。

第二章 辐射器（发射器）

其次，学者已经应用了以韦尔斯巴赫氧化镱灯罩为基础的、用于照明的煤气燃烧式辐射燃烧器。韦尔斯巴赫式灯罩可以追溯到 19 世纪 90 年代，详见 8.4.1 小节。

再次，如本章（2.2 小节）所述，钨辐射器的发展得益于电灯泡的设计。总之，人们几乎从未关注过热光伏辐射器的蒸发及其对隔热板和光伏电池的污染。据此，这些基本问题已在钨丝电灯泡工作中得到解决。此外，与标准电灯泡相比，热光伏辐射器的工作温度要低得多。因此，蒸发问题不再显著。虽然钨的设计由于惰性气体而稍有复杂，但却似乎是一条没有重大障碍的发展道路。

参考文献

[1] Coutts TJ, Guazzoni G, Luther J (2003) An overview of the 5th Conference on thermophotovoltaic generation of electricity. Semicond Sci Technol 18: 144~150

[2] Gombert A (2003) An overview of TPV emitter technologies. Proceeding of the 5th Conference on thermophotovoltaic generation of electricity, Rome, Italy, 16—19. Sep. 2002, Institute of Physics, pp 123~131

[3] Licciulli A, Diso D, Torsello G, Tundo S, Maffezzoli A, Lomascolo M, Mazzer M (2003) The challenge of high-performance selective emitters for thermophotovoltaic applications. Semicond Sci Technol 18: 174~183

[4] Adair PL, Rose MF (1995) Composite emitters for TPV systems. Proceedings of the 1st NREL conference on thermophotovoltaic generation of electricity, Copper Mountain, Colorado, 24—28 July 1994. American Institute of Physics, pp 245~262

[5] Nelson RE (1995) Thermophotovoltaic emitter development. Proceedings of the 1st NREL Conference on thermophotovoltaic generation of electricity, Copper Mountain, Colorado, 24—28 July 1994. American Institute of Physics, pp 80~96

[6] Coutts TJ, Guazzoni G, Luther J (2003) An overview of the fifth Conference on thermophotovoltaic generation of electricity. Semicond Sci Technol 18: 144~150

[7] Fraas LM, Avery JE, Huang HX, Martinelli RU (2003) Thermophotovoltaic system configurations and spectral control. Semicond Sci Technol 18: 165~173

[8] Höfler H (1984) Thermophotovoltaische Konversion der Sonnenenergie (in German), Doctoral thesis. Universität Karlsruhe (TH)

[9] Cockeram BV, Hollenbeck JL (1999) The spectral emittance and stability of coatings and textured surfaces for thermophotovoltaic (TPV) radiator applications, Report, US Department of Energy, DE-AC11-98PN38206

[10] Roth A (1990) Vacuum technology, 3rd edn. Elsevier Science, Amsterdam

[11] Darling R (2003) Micro fabrication—film deposition. Lecture notes EE-527. University of Washington College of Engineering [Online] Available at: http://www.engr.washington.edu/. Accessed 28 April 2010

[12] Marsden MA, Cayless AM (1984) Lamps and lighting: a manual of lamps and lighting, 3rd edn. Routledge, London

[13] Vlasov AS, Khvostikov VP, Khvostikova OA, Gazaryan PY, Sorokina SV, Andreev VM (2007) TPV Systems with solar powered tungsten emitters. Proceeding of the 7th world conference on thermophotovoltaic generation of electricity, Madrid, 25—27 Sept 2006. American Institute of Physics, pp 327~334

[14] Luque A (2007) Solar Thermophotovoltaics: combining solar thermal and photovoltaics. Proceedings of the 7th world conference on thermophotovoltaic generation of electricity, Madrid, 25—27 Sept 2006. American Institute of Physics, pp 3~16

[15] van den Hoek WJ, Jack AG, Luijks GMJF (2005) Lamps, in "Ullmanns Encyclopedia of Industrial Chemistry". Wiley, New York

[16] Klipstein DL (2006) The great internet light bulb book, Part I [Online] Available at: http://members.misty.com/don/bulb1.html. Accessed 28 April 2010

[17] Lide DR (2008—2009) Physical constants of inorganic compounds. In: CRC Handbook chemistry and physics, 89 (Eds) CRC Press

[18] Global vacuum product guide (2009) Section 17-Technical Information, 9 (Eds) Kurt J Lesker Company [Online] Available at: http://www.lesker.com/newweb/literature/CDC/catalog_download.cfm. Accessed 28 April 2010

[19] Modest MF (1999) Section 3.3: Radiation. In: Kreith F (ed) CRC Handbook of Thermal Engineering. CRC Press, Boca Raton, pp 65~91

[20] Richerson DW (1992) Modern ceramic engineering: Properties, Processing and use in design, 2nd edn. Marcel Dekker, New York

[21] Kohl WH (1967) Handbook of materials and techniques for vacuum devices. Reinhold Publishing Corporation, New York

[22] Guyer EC, Brownell DL (1999) Handbook of applied thermal design. Taylor & Francis, London

[23] Noreen DL, Honghua D (1995) High power density thermophotovoltaic energy conversion. Proceedings of the 1st NREL Conference on Thermophotovoltaic generation

of electricity. Copper Mountain, Colorado, US, 24—28 July 1994. American Institute of Physics, pp 119~132

[24] Lay LA (1991) Corrosion resistance of technical ceramics. Her Majestys Stationery Office (HMSO)

[25] Infrared Emitters for Industrial Processes (2006) Heraeus [Online] Available at: http://www.noblelight.net/. Accessed 28 Oct 2010

[26] Pernisz UC, Saha CK (1995) Silicon carbide emitter and burner elements for a TPV converter. Proceedings of the 1st NREL conference on thermophotovoltaic generation of electricity, Copper Mountain, Colorado, 24—28 July 1994. American Institute of Physics, pp 99~105

[27] Guazzoni G, McAlonan M (1997) Multifuel (liquid hydrocarbons) TPV generator. Proceedings of the 3rd NREL Conference on Thermophotovoltaic generation of electricity. Denver, Colorado, 18—21. May 1997, American Institute of Physics, pp 341~354

[28] Kanthal super electric heating element handbook (1999) Kanthal AB Sweden [Online] Available at: http://www.kanthal.com/. Accessed 28 Oct 2010

[29] Watson R (1999) Electric resistance heating-element materials. In: Guyer EC, Brownell DL (eds) Handbook of applied thermal design, Part 8, Chap 1. Taylor & Francis, London

[30] Chubb DL (1990) Reappraisal of solid selective emitters. Proceedings of the 21st IEEE photovoltaic specialists conference, IEEE, pp 1326~1333

[31] Dieke GH (1968) Spectra and energy levels of rare earth ions in crystals. Wiley, Washington

[32] Guazzoni GE (1972) High-temperature spectral emittance of oxides of erbium samarium, neodymium and ytterbium. Appl Spectrosc 26: 60~65

[33] Touloukian YS, DeWitt DP (1972) Thermophysical properties of matter, Vol. 8, Thermal radiative properties: nonmetallic solids. Plenum Press, New York

[34] Ferguson LG, Dogan F (2002) Spectral analysis of transition metal-doped MgO matched emitters for thermophotovoltaic energy conversion. J Mater Sci 37 (7): 1301~1308

[35] Siegel R, Howell J (2001) Thermal radiation heat transfer, 4th edn. Taylor & Francis, London

[36] Chubb DL, Pal A-MT, Patton MO, Jenkins PP (1999) Rare earth doped high-temperature ceramic selective emitters. J Eur Ceramic Society 19: 2551~2562

[37] Yugami H, Sai H, Nakamura K, Nakagawa N, Ohtsubo H (2000) Solar thermophotovoltaic using $Al_2O_3/Er_3Al_5O_{12}$ eutectic composite selective emitter. Proceedings of the 28th IEEE photovoltaic specialists conference, IEEE, pp 1214~1217

[38] Adachi Y, Yugami H Shibata K, Nakagawa N (2004) Compact TPV generation system using Al2O3/Er3Al5O12 eutectic ceramics selective emitters. Proceedings of the 6th international conference on thermophotovoltaic generation of electricity, Freiburg, Germany, 14—16 June 2004. American Institute of Physics, pp 198~205

[39] Mattarolo G (2007) Development and modelling of a thermophotovoltaic system. Doctoral thesis, University of Kassel

[40] Nakagawa N, Ohtsubo H, Waku Y, Yugami H (2005) Thermal emission properties of Al2O3/ Er3Al5O12 eutectic ceramics. J Eur Ceramic Society 25 (8): 1285~1291

[41] Bitnar B, Durisch W, Mayor J-C, Sigg H, Tschudi HR (2002) Characterisation of rare earth selective emitters for thermophotovoltaic applications. Sol Energy Mater Sol Cells 73: 221~234

[42] Diso D, Licciulli A, Bianco A, Lomascolo M, Leo G, Mazzer M, Tundo S, Torsello G, Maffezzoli A (2003) Erbium containing ceramic emitters for thermophotovoltaic energy conversion. Mater Sci Eng 98 (2): 144~149

[43] Palfinger G (2006) Low dimensional Si/SiGe structures deposited by UHV-CVD for thermophotovoltaics. Doctoral thesis, Paul Scherrer Institute

[44] Ferguson LG, Dogan F (2001) Spectrally selective, matched emitters for thermophotovoltaic energy conversion processed by tape casting. J Mater Sci 36 (1): 137~146

[45] Schubnell M, Gabler H, Broman L (1997) Overview of European activities in thermophotovoltaics. Proceedings of the 3rd NREL Conference on thermophotovoltaic generation of electricity. Denver, Colorado, 18—21 May 1997. American Institute of Physics, pp 3~22

[46] Ortabasi U, Lund KO, Seshadri K (1996) A fluidized bed selective emitter system driven by a non-premixed burner. Proceedings of the 2nd NREL conference on thermophotovoltaic generation of electricity, Colorado, Springs, 16—20 July 1995. American Institute of Physics, pp 469~487

[47] Adair PL, Zheng-Chen, Rose F (1997) TPV power generation prototype using com-

posite selective emitters. Proceedings of the 3rd NREL Conference on thermophotovoltaic generation of electricity, Denver, Colorado, 18—21 May 1997. American Institute of Physics, pp 277~291

[48] Nelson RE (1997) Temperature measurement of high performance radiant emitters. Proceedings of the 3rd NREL conference on thermophotovoltaic generation of electricity, Denver, Colorado, 18—21 May 1997. American Institute of Physics, pp 189~202

[49] Pierce DE, Guazzoni G (1999) High-temperature optical properties of thermophotovoltaic emitter components. Proceedings of the 4th NREL conference on thermophotovoltaic generation of electricity, Denver, Colorado, 11—14 Oct 1998. American Institute of Physics, pp 177~190

[50] Licciulli A, Maffezzoli A, Diso D, Tundo S, Rella M, Torsello G, Mazzer M (2003) Sol-gel preparation of selective emitters for thermophotovoltaic conversion. J Sol-Gel Sci Technol 26 (1): 1119~1123

[51] Panitz J-C, Schubnell M, Durisch W, Geiger F (1997) Influence of ytterbium concentration on the emissive properties of Yb: YAG and Yb: Y_2O_3. Proceedings of the 3rd NREL conference on thermophotovoltaic generation of electricity, Denver, Colorado, 18—21 May 1997. American Institute of Physics, pp 265~276

[52] Panitz J-C (1999) Characterization of ytterbium-yttrium mixed oxides using Raman spectroscopy and x-ray powder diffraction. J Raman Spectrosc 30 (11): 1035~1042

[53] Goldstein MK, DeShazer LG, Kushch AS, Skinner SM (1997) Superemissive light pipe for TPV applications. Proceedings of the 3rd NREL conference on thermophotovoltaic generation of electricity, Denver, Colorado, 18—21 May 1997. American Institute of Physics, pp 315~326

[54] Chubb DL, Lowe RA (1996) A small particle selective emitter for thermophotovoltaic energy conversion. Proceedings of the 2nd NREL conference on thermophotovoltaic generation of electricity, Colorado Springs, 16—20. July 1995. American Institute of Physics, pp 263~277

[55] Ferguson L, Fraas L (1997) Matched infrared emitters for use with GaSb TPV cells. Proceedings of the 3rd NREL conference on thermophotovoltaic generation of electricity, Denver, Colorado, 18—21 May 1997. American Institute of Physics, pp 169~179

[56] Crowley CJ, Elkouh NA, Magari PJ (1999) Thermal spray approach for TPV emitters. Proceedings of the 4th NREL conference on thermophotovoltaic generation of electricity, Denver, Colorado, 11—14 Oct 1998. American Institute of Physics, pp 197~213

[57] Diso D, Licciulli A, Bianco A, Leo G, Torsello G, Tundo S, Sinisi M, Larizza P, Mazzer M (2003) Selective emitters for high efficiency TPV conversion: Materials preparation and characterisation. Proceedings of the 5th conference on thermophotovoltaic generation of electricity, Rome, 16—19 Sept 2002. American Institute of Physics, pp 132~141

[58] Höfler H, Würfel P, Ruppel W (1983) Selective emitters for thermophotovoltaic solar energy conversion. Solar Cells 10 (3): 257~271

[59] Good BS, Chubb DL (2003) Theoretical comparison of erbium-, holmium- and thulium-doped aluminum garnet selective emitters. Proceedings of the 5th conference on thermophotovoltaic generation of electricity, Rome, Italy, 16—19 Sept 2002. American Institute of Physics, pp 142~154

[60] Zheng C, Adair PL, Rose MF (1997) Multiple-dopant selective emitter. Proceedings of the 3rd NREL conference on thermophotovoltaic generation of electricity, Denver, Colorado, 18—21 May 1997. American Institute of Physics, pp 181~188

[61] Wyatt L (1993) Materials properties and selection. In: Koshal D (ed) Manufacturing engineers reference book, Chap 1, 13th edn. Butterworth-Heinemann, London

[62] Korb LJ (1987) Metals handbook Vol 13 corrosion, 9th edn. ASM International, New York

[63] Doyle E, Shukla K, Metcalfe C (2001) Development and demonstration of a 25 W thermophotovoltaic power source for a hybrid power system, Report, NASA, TR04-2001

[64] Khvostikov VP, Gazaryan PY, Khvostikova OA, Potapovich NS, Sorokina SV, Malevskaya AV, Shvarts MZ, Shmidt NM, Andreev VM (2007) GaSb Applications for solar thermophotovoltaic conversion. Proceedings of the 7th world conference on thermophotovoltaic generation of electricity, Madrid, 25~27 Sept 2006. American Institute of Physics, pp 139~148

[65] (2010) Special Metals Corporation, Product Inconel [Online] Available at http://www.specialmetals.com/. Accessed 28 Oct 2010

[66] Wheeler MJ (1983) Radiating properties of metals. In: Brandes EA (ed) Smithells

metals reference book, Chap 17, 6th edn. Butterworth-Heinemann, London

[67] Zenker M (2001) Thermophotovoltaische Konversion von Verbrennungswaerme (in German), Doctoral thesis, Albert-Ludwigs-Universität Freiburg im Breisgau

[68] Volz W (2001) Entwicklung und Aufbau eines thermophotovoltaischen Energiewandlers (in German), Doctoral thesis, Universität Gesamthochschule Kassel, Institut für Solare Energieversorgungstechnik (ISET)

[69] Rumyantsev VD, Khvostikov VP, Sorokina O, Vasilev AI, Andreev VM (1999) Portable TPV generator based on metallic emitter and 1.5-amp GaSb cells. Proceedings of the 4th NREL conference on thermophotovoltaic generation of electricity, Denver, Colorado, 11—14 Oct 1998. American Institute of Physics, pp 384~393

[70] Fraas LM, Magendanz G, Avery JE (2001) Antireflection coated refractory metal matched emitters for use in thermophotovoltaic generators. JX-Crystals Inc., US Patent 6177628

[71] Fraas LM, Samaras JE, Avery JE (2001) Antireflection coated refractory metal matched emitters for use in thermophotovoltaic generators. JX-Crystals Inc., US Patent 6271461

[72] Les J, Borne T, Cross D, Gang Du, Edwards DA, Haus J, King J, Lacey A, Monk P, Please C, Hoa Tran (2000) Interference filters for thermophotovoltaic applications. Proceedings of the 15th workshop on mathematical problems in industry, University of Delaware, US, June 1999

[73] Sai H, Yugami H, Kanamori Y, Hane K (2003) Spectrally selective emitters with deep rectangular cavities fabricated with fast atom beam etching. Proceedings of the 5th conference on thermophotovoltaic generation of electricity, Rome, Italy, 16—19 Sept 2002. American Institute of Physics, pp 155~163

[74] Schlemmer C, Aschaber J, Boerner V, Gombert A, Hebling C, Luther J (2003) Thermal stability of microstructured selective tungsten emitters. Proceedings of the 5th Conference on thermophotovoltaic generation of electricity, Rome, Italy, 16—19 Sept 2002. American Institute of Physics, pp 164~173

[75] Sai H, Kamikawa T, Yugami H (2004) Thermophotovoltaic generation with microstructured tungsten selective emitters. Proceedings of the 6th international conference on thermophotovoltaic generation of electricity, Freiburg, Germany, 14—16 June 2004. American Institute of Physics, pp 206~214

[76] Pralle MU, Moelders N, McNeal MP, Puscasu I, Greenwald AC, Daly JT, Johnson

EA, George T, Choi DS, El-Kady I, Biswas R (2002) Photonic crystal enhanced narrow-band Infrared emitters. Appl Phys Lett 81: 4685~4687

[77] McCarthy DC (2002) Photonic crystals: a growth industry, Photonics Spectra, June, pp 54~60

[78] Fleming JG, Lin SY, El-Kady I, Biswas R, Ho KM (2002) All-metallic three-dimensional photonic crystals with a large infrared bandgap. Nature 417: 52~55

[79] Narayanaswamy A, Cybulski J, Gang Chen (2004), 1D metallo-dielectric photonic crystals as selective emitters for thermophotovoltaic applications. Proceeding of the 6th international conference on thermophotovoltaic generation of electricity, Freiburg, Germany, 14—16 June 2004. American Institute of Physics, pp 215~220

[80] Chubb DL, Wolford DS, Meulenberg A, DiMatteo RS (2003) Semiconductor silicon as a selective emitter. Proceedings of the 5th conference on thermophotovoltaic generation of electricity, Rome, Italy, 16—19 Sept 2002. American Institute of Physics, pp 174~200

[81] Cockeram BV, Measures DP, Mueller AJ (1999) The development and testing of emissivity enhancement coatings for themophotovoltaic (TPV) radiator applications. Thin Solid Films 355~356: 17~25

[82] Good BS, Chubb DL, Lowe RA (1997) Comparison of selective emitter and filter thermophotovoltaic systems. Proceeding of the 2nd NREL conference on thermophotovoltaic generation of electricity, Colorado Springs, 16—20 July 1995. American Institute of Physics, pp 16~34

[83] Chubb DL, Good BS, Lowe RA (1996) Solar thermophotovoltaic (STPV) system with thermal energy storage. Proceedings of the 2nd NREL conference on thermophotovoltaic generation of electricity, Colorado, Springs, 16—20 July 1995. American Institute of Physics, pp 181~198

[84] Dincer I (2002) Thermal energy storage systems as a key technology in energy conservation. Int J Energy Res 26: 567~588

[85] Hahne E (2005) Heat Storage Media, In: Ullmanns encyclopedia of industrial chemistry. Wiley, New York

[86] Ashcroft J, DePoy D (1997) Design considerations for a thermophotovoltaic energy converter using heat pipe radiators, Report, Kapl Atomic Power Laboratory, US, KAPL-P-000236

第三章　滤波器

3.1　概　述

Good等人[1]、Chubb等人[2,3]、Gruenbaum等人[4]、Horne等人[5]以及Köstlin[6]对红外线滤波器进行了概述。一般情况下，相比目前由Good等人[1]建立的选择性辐射器模型，带滤波器的热光伏（TPV）系统具有更高的效率和功率密度。本书推荐使用两种通用型理想滤波器（详见图3-1）[4,7]。这两种滤波器能够以低于光伏（PV）电池能带隙的能量完美反射光子。换言之，它们必须反射长波长辐射（即带外辐射）。而对于高效滤波器而言，如Baldasaro等人[8]所述，一般情况下，目前所用的电池带隙和辐射器温度的理想假设反射率为超过90%的带外反射率，在6.2.3小节中也给出了类似结论。此外，两种滤波器表现出任何波长情况下均不吸收辐射的理想特性。

第一种滤波器为窄带带通滤波器，它能以稍高于光伏电池带隙能的能量传播光子。这类带通滤波器可以完美转换光伏电池内的光子，且无须消耗多余的光子能量。同时，它的转换效率能达到最高水平。另一方面，窄波段仅包含有限数量的光子，而这会导致功率密度降低。

第二种滤波器为边缘滤波器，它传播能量高于光伏电池能带隙的所有光子，并反射能量低于光伏电池能带隙的所有光子。在辐射方面，它可以传输短波长辐射（即带内辐射），反射长波长辐射（即带外辐射）。这两种理想滤波器的选择需要在高功率密度和高效率二者之间做出权衡。换言之，要同时实现滤波器的功率密度和效率最大化是不可能的。

大多数实用的（热光伏）系统均采用边缘滤波器而非带通滤波器的设计。笔者也认为，如6.2.3小节所述，边缘滤波器更具优势。建模的结果表明，就目前所采用的典型配置而言，与边缘滤波器相比，带通滤波器会导致功率密度大幅下降，而效率却并不能大幅提高。

热光伏发电原理与设计

表 3-1 不同黑体温度的辐射范围和峰值波长以及总功率

黑体温度（℃）	总黑体辐射（W/cm²）	低于1%辐射边缘（μm）	峰值波长（μm）（维恩位移定律）	高于1%辐射边缘（μm）
800	7.5	0.89	2.70	17.9
1 000	14.9	0.75	2.28	15.1
1 200	26.7	0.65	1.97	13.0
1 400	44.4	0.57	1.73	11.5
1 600	69.8	0.51	1.55	10.2
1 800	104.7	0.46	1.40	9.3

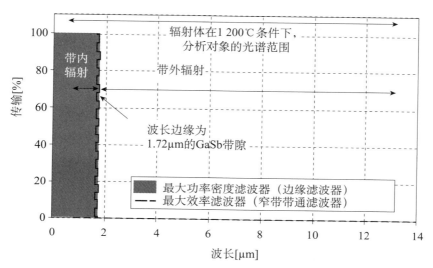

图 3-1 采用锑化镓（GaSb）光伏电池的热光伏系统，其理想滤波器的光子可获得最大功率密度（灰色传输区域）和效率（黑色虚线）

设计一种最佳滤波器需要考虑方方面面的问题。表 3-1 显示，滤波器参数取决于辐射器温度（或黑体温度）。1%边缘被定义为：黑体功率峰值降至其1%时的波段。表 3-1 中所示的从下波长边缘到上波长边缘的累积辐射占到总黑体功率的 98.5%。因此，在光谱控制方面，下边缘和上边缘界定了分析对象的全部波长范围。而在较高辐射体温度条件下，该波长范围变小，如上辐射边缘从800℃条件下的约 18μm 变为 1 800℃条件下的约 9μm。虽然辐射体在低于 800℃炽热的条件下发出略微可见的光，但是可以看出，在 800℃时，所有辐射均在可见光谱（0.38 ~ 0.76μm）范围之外。

在热光伏应用方面，黑体的峰值波长处在典型的长波长（带外）光谱范围。由于峰值周围的辐射强度最大，滤波器的高反射率性能最好接近其峰值波长。另一个问题是黑体辐射的增强与绝对温度的四次方成正比,所以滤波器的寄生吸收及滤波器冷却在较高辐射温度方面起着更加重要的作用。

另一方面是辐射入射角问题。根据朗伯辐射分布,热光伏系统中的辐射器通常都具有辐射,而且滤波器表面的辐射会从各种不同的入射角射入,因此滤波器需具有不同的入射角度这一高性能。

需要说明的是,从其他的应用也可找到关于红外线反射滤波器的信息[6]。相关实例包括电灯泡的热绝缘、太阳光谱选择吸收器和双层玻璃建筑窗。例如,将红外线辐射反射回电源并使灯丝重新吸收红外线辐射,则可大幅提高电灯泡的效能。太阳光谱选择吸收器就是通过热吸收器(或低发射度)[9,10]的高太阳能辐射吸收和高热(红外)反射比实现的。在双层玻璃窗上,热辐射导致约有三分之二的热量损耗,而在内表面涂上一种红外线反射滤波器[6]则能够最大限度地减少这种损耗。

一般来说,要想找到满足一个高效热光伏系统(宽光谱范围、边缘滤波器的吸收极少、角度特性)的滤波器并非易事。因此,全介质滤波器和金属介质滤波器均可采用包括频率选择表面(FSS)、透明导电氧化物(TCO)在内的多种滤波器技术(详见3.3~3.6小节内容)。此外,还开发研制出了集不同类型滤波器优点于一身的滤波器(详见3.7小节介质-TCO的内容)。另一个光谱控制的办法是将背面反射器(BSR)与PV电池结合使用(详见4.4小节)。

大多数热光伏系统在空腔内采用大量介质(如石英玻璃)隔热。一般情况下,这些玻璃隔热罩无法满足滤波器的光谱选择性要求。然而,由于隔热罩可在热光伏系统的某些光谱控制中发挥作用,因此将隔热罩的相关内容包含在本部分中。

3.2 腔体内的绝缘体材料(隔热罩)

许多热光伏系统在辐射体和光伏电池之间采用透明高温隔热罩。此类隔热罩的作用如下:

- 最大限度地减少辐射体和光伏电池之间的热传导和对流传热。
- 保持金属辐射体周围的惰性气氛或真空环境,避免辐射体氧化(如钨)。
- 保护光伏电池免受直接辐射燃烧器产生的燃烧产物的损害。

首先,虽然隔热罩几乎都选用熔融石英或石英玻璃(即二氧化硅 SiO_2)(详见3.2.2小节内容)作为可选的材料,但本文也介绍了关于晶体和多晶体材料的使用情况(详见3.2.1小节内容)。

3.2.1 晶体材料

蓝宝石（即晶状氧化铝）的熔点高达2 054℃，其透明度范围约为0.2~5μm。当透明度范围为1~3.3μm时，蓝宝石的吸收系数非常低。由于蒸汽压力的存在，蓝宝石的长期工作温度限制在低于1 500℃（如表3-2所示）。众所周知，添加少量的烧结添加剂（如约0.2wt%的氧化镁）便可以将高纯度（即纯度大于99.9%）的氧化铝粉烧结至透明状。一般在1 827℃的温度条件下烧结，以便获得多晶氧化铝（简称PCA）。PCA被用作灯具中的电弧管材料。虽然PCA是一种性价比较高的备选材料，但是相比于单晶氧化铝[11]，PCA具有散射效应，因此其透光性降低。

表3-2 晶体红外光学材料具有熔点高的特点。本文作者根据几份文献资料[13,15-17]完成了下表，材料依据其蒸汽压力和熔点大小进行排序

材 料	化学符号	熔点（℃）	蒸汽压力为1.33E-2 Pa时的温度（℃）	透明度范围（μm）
磷化硼	BP	1 125decomp.	N/A	0.5~N/A
钛酸钡	$BaTiO_3$	1 625	N/A	N/A
氧化钇铝	$Y_3Al_5O_{12}$	1 930	N/A	0.2~5
钛酸锶	$SrTiO_3$	2 080	N/A	0.5~5
尖晶石	$MgAl_2O_4$	2 135	N/A	0.2~5
氮氧化铝	$Al_{23}O_{27}N_5$	2 170	N/A	0.2~5
金刚石	C	~3 500	N/A	0.2~3
硒化锌	ZnSe	1 520	660	0.5~19
硫化锌（纤维锌矿）	ZnS	1 700	800	0.4~12.5
氮化硅	Si_3N_4	1 900	800	N/A
磷化镓	GaP	1 457	920	0.5~N/A
氟化镧	LaF_3	1 493	900	0.1~10
碳化硅	SiC	2 830	1 000	0.5~4
氧化镁	MgO	2 825	1 300	0.4~7
氧化钛	TiO_2	1 560~1 843	1 300	0.4~4
硅	Si	1 414	1 337	1.1~6.5
蓝宝石	Al_2O_3	2 054	1 550	0.2~5
氮化硼	BN	2 967	1 600	0.2~N/A
氮化铝	AlN	3 000	1 750	N/A
氧化钇	Y_2O_3	2 439	2 000	0.3~7

其他具有较高热稳定性且低于蓝宝石蒸汽压力的红外光学材料包括氮化硼、氮化铝和氧化钇。氧化钇铝石榴石（也被称为钇铝石榴石YAG，化学式为$Y_3Al_5O_{12}$）的熔点也高达约1 930℃[12,13]。YAG通常被用作固体激光器的基材。Goldstein等人

将 YAG 作为一种光导管，通过全内反射将辐射从高温热源引导到光伏电池上[12]。Chubb 模拟了光导管的概念。根据这一概念，传热强化与折射率的平方成正比（详见 6.5.2 小节的内容）。理论上，也可使用硒化锌（ZnSe）作为备选材料[14]。硒化锌的透射范围非常宽（0.5~19μm），但其较高的蒸汽压力可能不允许在高温条件下长期操作（表3-2）。

如 3.2.2 小节中所述，超过带隙宽度的长波长辐射的隔热罩内的吸收和再发射考虑到了某些有限光谱控制。表3-2 表明，如果与具有较小透明窗的熔融石英相比，几乎所有的晶体材料均对长波长透明（或吸收率较低）。换言之，大多数晶体材料会透射长波长辐射（即带外辐射），而熔融石英可能会吸收部分长波长辐射。熔融石英罩也会将部分辐射再发射至辐射器。这样，辐射便会返回至辐射器。由于单晶材料的生长过程比熔融石英的生长过程长，因此单晶材料通常需要较高成本，而这也是其另一个主要缺陷。

3.2.2 非晶材料（玻璃）

非晶材料（玻璃）能够满足许多热光伏隔热罩所需的特性要求。虽然我们也考虑使用品牌高温硼硅酸盐玻璃，如 Duran® 牌[20]和 Pyrex® 牌[19]，但隔热罩材料几乎只采用石英玻璃（即熔融石英或二氧化硅）[18-21]。

表3-3 列出了电灯所用玻璃的一些重要特性[11]。钠钙玻璃具有成本低、易于加工的优点，但这种软玻璃的抗热震性却较差。硬玻璃，如硼硅酸盐玻璃和铝硅酸盐玻璃，都具有较小的热膨胀系数和较高的软化温度，更适合在高温环境中使用。高硅玻璃的可操作温度最高，且具有非常好的抗热震性（即较小的热膨胀系数）。纯石英玻璃的缺点是成本高、加工温度高，因此已研制出成本更低的替代玻璃，即高硅玻璃。这种玻璃也可用于热光伏系统。一方面，有一种维克玻璃，其仅含有少量的 B_2O_3。另一方面，掺杂纯二氧化硅（SiO_2），与少量氧化物如氧化钡（BaO）、氧化铝（Al_2O_3）和氧化钾（K_2O）熔在一起，可以降低加工温度。掺杂石英玻璃的卤钨灯可使操作温度升至830℃的标准温度。

在超高温应用中，纯石英玻璃一般情况下具有适当的热特性。纯石英玻璃既具有所有玻璃中的最高熔点，同时也具有良好的抗热震性[13,22]，在超高温度条件下，会出现脱玻化作用[22]。在二氧化硅表层会形成白色不透明方石英（即二氧化硅的结晶相）。方石英的膨胀系数远大于石英玻璃的膨胀系数，相当于应力集合装置，并导致剥离。因此，方石英层可从表层向内推进[11,22,23]。影响起始温度和脱玻化率的

热光伏发电原理与设计

因素有很多,如二氧化硅的类型、操作温度、暴露时间、热经历和表面污染情况[24]。尤其是碱金属离子的杂质加快脱玻化,并提高了脱玻化率[11]。虽然脱玻化作用(即结晶作用)可能在温度超过1 000℃时发生[11],但是石英玻璃在1 130℃条件下仍可使用。

表 3-3 已选(高温)玻璃的特性(源自[11])

玻璃类型	典型成分(wt%)(空场指次要成分)								软化点温度(℃)	标准最高温度(℃)	膨胀系数 0~300℃ (10~6k^{-1})
	SiO_2	Na_2O	K_2O	B_2O_3	Al_2O_3	MgO	CaO	BaO			
软玻璃											
碱石灰	72	16	1	—	2	4	5	—	700	N/A	9.4
硬玻璃											
硼硅酸盐	78	5	—	15	2	—	—	—	800	N/A	4
铝硅酸盐	61	—	—	1	16	—	10	12	1 025	680	4.5
高硅玻璃											
维克玻璃	96	—	—	4	—	—	—	—	1 020	930	0.75
纯石英	>99.9	—	—	—	—	—	—	—	1 140	1 130	0.55

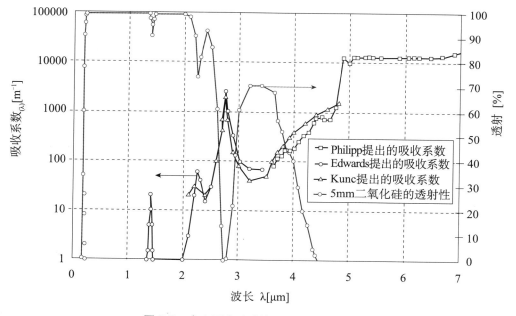

图 3-2 含水石英玻璃的吸收系数(左轴)

该数据用于计算5mm路径长度的透射性(右轴)。

纯石英玻璃具有不同的等级,可分为电熔(或无水或红外线)石英玻璃、焰熔石英玻璃和合成石英玻璃[24]。等级不同,其羟基含量也不同。电熔石英玻璃的羟基含量较低,焰熔石英玻璃的羟基含量中等,而合成石英玻璃的羟基含量较高[24]。以羟基形式存在于石英玻璃中的水分会导致吸收峰值的出现[24]。吸收峰值在 1.38μm、2.22μm 和 2.73μm 波长条件下出现[24]。假设一种石英玻璃的厚度单位为厘米,则可根据三种不同的透射波长间隔对其进行区分,即小于 2μm(光学薄)、2~5μm(半透明)和超过 5μm(光学厚)。图 3-2 给出了非红外等级石英玻璃的吸收系数 $\alpha_{(\lambda)}$。数据来自不同资料[25,26]。较长波长的吸收系数 $\alpha_{(\lambda)}$ 由消光系数 $k_{(\lambda)}$ 计算得出。消光系数 $k_{(\lambda)}$ 由 Philipp 利用关系式 $\alpha_{(\lambda)} = 4\pi \cdot k_{(\lambda)}/\lambda$ 得出[27,28]。石英玻璃的吸收系数非常低,$\lambda = 2\mu m$(图 3-2)。约 1.2 至 1.6μm 频谱窗口的吸收系数值低于 $1 m^{-1}$。这一频谱窗口被用于长距离光学纤维透射[28]。

关于如何将二氧化硅隔热罩置于辐射体和光伏电池之间的问题,有些热光伏资料对此做了评估并对辐射传热产生了影响。Hottel[29]建立的模型指出,玻璃罩不仅对光伏电池进行热保护,而且减少了腔体内的可变短波长透射。但该模型还未包含这些隔热罩的辐射再发射。Pierce 等人[18]和 Fraas 等人[30]所做的实验表明,必须考虑隔热罩的再发射问题。实验指出,隔热罩在两个方向向辐射体和光伏电池再发射辐射[18,30],这会对一些不需要的长波长辐射有抑制作用,但这种抑制作用是有限的,不能满足高效系统中热光伏滤波器的要求。考虑到不同类型的石英玻璃,含水石英玻璃似乎最能满足光谱要求。在 1.38μm 时会出现少量且通常为不良的吸收峰值,而在 2.22μm 和 2.73μm 时在吸收峰值周围会出现较强的长波长吸收谱带[24]。长波长辐射会被吸收,至少一部分长波长辐射会被水带吸收,并在两个方向(向辐射体和电池)再发射。这将有助于在系统中进行光谱控制。相比之下,晶体材料通常具有较宽的谱窗(对比情况详见表 3-2),因此不能吸收长波长辐射。

外部冷却可使隔热罩保持较低温度,最大限度减少辐射再发射情况的出现。但是这种做法通常被认为是不可取的,原因在于隔热罩内这种被吸收的能量已丢失,降低了热光伏系统的总效率,因此辐射平衡状态下在隔热罩所处的环境(辐射体、光伏电池)中对其进行操作通常是可行的。

另一种建议方法是利用多个隔热罩来增强对长波长的抑制作用[30-33]。根据 Fraas 的结论,N 个隔热罩能够减少 $1/(N+1)$ 的长波长辐射[30]。然而,有学者已发现,使用多个隔热罩不仅长波长辐射会因反射损耗而减少,而且理想的短波长辐射也会因反射损耗而减少[18,31-34]。减少的短波长透射会导致电功率密度降低,这通常是不利的。为了减少反射损耗,建议采用防反射涂层[32]。

Hanamura 建立的模型[31-33]建议以厘米为单位增加隔热罩的厚度,这样能够增强长波长的抑制作用。但预计烟气和助燃空气可能会导致对流热和冷却的情况，因此实际情况中，二氧化硅隔热罩并非处于辐射平衡状态。本文作者在辐射平衡条件下所进行的建模和实验均表明，加厚的二氧化硅隔热罩能够比厚度较薄的隔热罩更加有效地抑制长波长。建模同时还表明，用作滤波器材料的隔热罩材料必须在长波长范围内具有较高的吸收系数，同时具有低热导率。这种抑制作用可归因于温度梯度以及玻璃内的耦合辐射和传导传热。5.4.5小节中介绍了半透明介质（如玻璃）中耦合辐射传热和传导传热理论[34]。

一般来说，我们可以确信石英玻璃制成的隔热罩能够最大限度地减少从辐射体到光伏电池的传导传热和对流传热。而对于钨辐射器，石英玻璃则能够为惰性气体气氛提供保护。另外，石英隔热罩有助于进行某些光谱控制，但是未采取其他光谱控制措施的光谱控制是不足以满足一个高效系统设计要求的。因此，石英玻璃隔热罩往往是典型热光伏系统不可分割的重要部分。

3.3 频率选择表面（FSS）滤波器

频率选择表面（FSS）滤波器是重要的阵列结构，包括多种薄导电元件，常常标贴于介质基片上[35]。导电元件的形状有偶极、三极、耶路撒冷十字架、矩形环、交叉偶极和圆环形[35]。通常，FSS包括带通滤波器，带通滤波器也被称为共振阵列滤波器或金属网栅滤波器，它包含一个周期排列的孔径（感应型）的导电组件。还有就是与之形成互补结构的周期排列的金属贴片型的带阻滤波器（导电型）[5]。众所周知，FSS适用于亚毫米至千分尺之间的电磁波长范围[7]。例如，其作用类似于反射长波长电磁辐射（微波），透射短波长辐射（光）的普通微波炉的门[36]。

带通滤波器是一种适用于热光伏系统的滤波器，能够反射除光子能量高于光伏电池带隙以外的大多数辐射。而对于应用近红外波长范围内的带通滤波器，所面临的问题则是带通滤波器本身的结构尺寸小于峰值透射波长[37]。因此，必须采用纳米制造技术，如电子束光刻、离子束光刻或纳米压印技术[36,38]。

来自EDTEK公司的Horne已利用每平方厘米约4.2亿个交叉偶极研发出了FSS[5,39-42]。最初，每个偶极均采用直接电子束光刻技术单独制造，而为了降低成本，电子束光刻技术已被隐蔽离子束光刻加工方法取代。共振频率条件下的峰值透射率已经得到优化，使其适用于GaSb电池的1.45μm波长，并对长达1.8μm的波长做出反应。而这种滤波器的缺点在于成本高和高透射与波长性能比（近似高斯形状）。透射特性导致带内透射低于100%的，降低了功率密度。高斯形状透射特性也没有锐截止波长，因此出现了一些带外透射。不过，使用这种滤波器的系统是目前最高效的热光伏系统原型。燃烧热光伏系统、太阳能热光伏系统和原子能热光伏系统已包含这种滤波器或已考虑采用这种滤波器[40,43]。由于这种滤波器的中波长辐射和长波长辐射均具有高反射率，与金色镜面的反射率（98%~99%）相似[5]，同时具有合适的角度性能，因此具有高性能。虽然该滤波器越来越多地反射这种辐射（镜面反射行为），但是对于较大天顶角的入射辐射，其透射峰值波长（或共振频率）是一样的[5]。

除交叉偶极之外，Kristensen 等人还为热光伏 FSS 滤波器制作了其他的元素结构，并对其进行了检验[44]。他们总结，FSS 敷金属内感应电流导致的内在寄生吸收是使得组合式介质 – TCO 滤波器无法获得极大性能的主要障碍（详见 3.7 小节）。

3.4 透明导电氧化物（TCO）滤波器

透明导电氧化物滤波器（TCOs）也被称为半导体滤波器或等离子滤波器，它是一种宽带隙的高掺杂半导体薄膜[6,7]，包括氧化铟（In_2O_3）、二氧化锡（SnO_2）、铟锡氧化物（或 ITO、In_2O_3-SnO_2）、氧化锌（ZnO）、锡酸镉（或 CTO、Cd_2SnO_4）和镉铟氧化物（或 CIO、CdO-In_2O_3）。对于热光伏转换，有学者对砷、磷和硼掺杂硅 TCOs 滤波器也进行了检验[46]。

人们所熟知的几种不同的沉积法包括化学气相沉淀法（简称 CVD 法）、反应溅射法、热喷涂法和反应蒸发法[6]。TCOs 滤波器被广泛用于平板显示器、结构热反射涂层和 PV 面板[7]，它能够透射可见光，并反射红外线辐射，而热光伏系统的等离子波长则需转换成红外线。TCOs 滤波器已被视为隔热罩[47,48]，作为 PV 电池前表面滤波器（FSF）[49]，并且是 III-V 族化合物半导体电池（如 InGaAs）不可分割的一部分[7,50]。

这些材料的标准能带隙约为 3 eV 或 3 eV 以上，相当于约 0.4μm 的波长，因此这些材料对部分可见红外光谱区是透明的。这些半导体的掺杂质会引起高导电率，而这反过来会对等离子频率范围之外的红外辐射进行反射。

利用经典的德鲁德理论，我们对反射率与波长特性进行建模。公式 3.1 定义了等离子频率 v_p。在这个方程式中，N 是指电荷载子的数量，e_0 是指元电荷，ε_0 是指真空介质常数，ε_b 是指与超高频率条件下限制载子相关的介质常数，m^* 是指有效质量，而 Y 则是指半导体的弛豫频率。改变电荷载子数量 N，则能够转变截止波长或等离子波长[9,10,51]。

热光伏发电原理与设计

$$v_{\mathrm{P}} = \sqrt{\frac{N \cdot e_0^2}{\varepsilon_{\mathrm{b}} \varepsilon_0 m^*} - Y^2} \qquad (3.1)$$

$$Q = \frac{N\mu^2 m^*}{\varepsilon_{\mathrm{b}} \varepsilon_0} - 1 \qquad (3.2)$$

为了实现从透射比到反射率的急剧过渡，需将公式 3.2 中的品质因子 Q 最大化。电子移动性 μ 作为一个重要参数也需最大化[9,10]。

TCOs 滤波器的优点是潜在成本低、中红外和远红外反射比大，而其主要缺点则是具有显著的吸收作用。在等离子频率附近，TCOs 滤波器的吸收作用最强。例如，锡酸镉滤波器的中红外和远红外反射比均超过 90%，而吸收值则约为 10%[52]。另一个缺点是从透射到反射过程中会溅出。也即是说，红外线中的 TCO 滤波器在等离子频率条件下并未表现出锐截止特性[5]。为了提高性能，需要较高的电子移动性 μ。而对 TCOs 滤波器所做的继续改良可能会或可能无法达到 FSS 滤波器的高中红外和远红外反射比[52]。一种重要的研发方法是将光谱范围宽的 TCO 滤波器与光谱范围窄但具有锐截止特性的全介质滤波器结合起来。3.7 小节中对这种串联滤波器进行了详细介绍。

3.5 全介质滤波器

全介质滤波器也称为干涉滤波器或双色向滤波器[4]，它包含多重具有不同反射率的材料薄层[7,45]。人们对于全介质滤波器有着充分的理解，可将其灵活地设计为带通滤波器或带除滤波器[7]。将高折射率与低折射率之比最大化，这样在滤波器的设计过程中可减少层数和材料用量，从而减少总吸收率，降低造价[53]。利用软件包可以对给定光学材料常数（如折射率 VS 波长）、滤波器透射和反射与波长特性进行优化[7]。

具有高折射率的材料包括硒化锌（$n_{\mathrm{ZnSe}} = 2.4$）、硫化锌（$n_{\mathrm{ZnS}} = 2.3$）和硅。氟化镁（$n_{\mathrm{MgF_2}} = 1.4$）是一种典型的具有低折射率的材料[2,5,7,45]。在热光伏的转换中，这些薄膜材料的热稳定性会是一个问题。另外，我们也采取了相应措施增加折射率常数，对备选滤波器材料进行检验。具有高折射率的材料包括硫化锑（$n_{\mathrm{Sb_2S_3}} = 2.8$）、碲化镓（$n_{\mathrm{GaTe}} = 3.0$）和硒化锑（$n_{\mathrm{Sb_2Se_3}} = 3.4$），其中硒化锑的最高温度限于 90℃。备选的低折射率材料为氟化钇（$n_{\mathrm{YF_3}} = 1.5$）[53]。利用硅（高折射率）和二氧化硅（低折射率）制造的产品不具备所需的性能[5]。

全介质滤波器在低吸收率方面具有优势，但在应用于热光伏系统的光谱控制时具有两大主要缺点：首先，一般情况下全介质滤波器会经过优化，以适应较小波长范围。并且，由于滤波器之间存在干扰，因此将一种以上全介质滤波器结合在一起也无法克服有限光谱范围的缺点[4,45]。只有采用大量的介质层才能在宽波长范围、高带内透射率和尖锐转变行为方面满足热光伏的带外反射率要求。设计多层滤波器所面临的问题包括高成本、对薄膜厚度的控制和层的依附性[2,7]。其次，众所周知，透射和反射与介质滤波器波长是入射角的函数。因此，采用能够收集辐射的光学系统设计，可使滤波器的入射辐射具有较小的天顶角（详见6.3.3小节）[54]。

3.6 金属-介质滤波器

Berning和Turner早在1957年便发表了关于金属-介质滤波器（也称为诱发透射滤波器）的基本理论[6,55]。滤波器由夹在每一侧的一个或多个介质层之间的薄金属层组成。典型的金属包括带有介质材料的金和银，如ZnS、ZnSe、MgF_2、ZnO和TiO_2[2,4,6,19,45,56-58]。在热光伏转换的光谱范围内，金属层的厚度一般为10~30nm。

金属薄膜的优点是在中红外波长范围内和远红外波长范围内均有高反射率，但是这种滤波片的主要缺点是在金属层中会出现寄生吸收[2,4,6,45]。与全介质滤波器相似，必须对其所有层的厚度（包括介质层和材料层）进行调节，以便优化滤波器的整体性能。

3.7 复合介质-TCO滤波器

另一种概念是串联滤波器。这种滤波器由一层全介质材料和一层TCO滤波器组成[2]。20世纪90年代初期，诺尔斯原子能实验室的研究人员在第一次热光伏大会上提出用铟锡氧化物作为等离子滤波器的介质，由此引入串联滤波器的概念[1,2,5,8]。这种滤波器通常位于光伏电池的正面，通过光学胶黏剂（环氧树脂）粘在光伏电池上，这样便可以通过电池冷却滤波器。介质滤波器作为中波长（如波长为2~6μm）的前表面反射镜，长波长辐射（如波长超过6μm）则通过位于介质滤波器和电池[2,53,59]之间的等离子滤波器反射。

串联滤波器具有较高性能，且其理论建模和实际测量[1,5,44,60,61]在结果上具有较好的一致性。例如，将由作为介质滤波器的多层Sb_2Se_3/YF_3和作为等离子滤波器的高浓度氮掺杂InPAs组合而成的串联滤波器粘在能带隙为0.6eV的MIM型结构的InGaAs热光伏电池上，该模块在25℃时辐射传热效率为23.6%。且该系统在1 039℃的条件下采用SiC灰体辐射器（5.4×5.4cm^2），并将其置于距离2×2cm电池模块2mm的位置，利用真空间隙作为绝缘介质，其电源功率密度约为0.8W/cm^2。

需要说明的是，使用了无串联滤波器背面反射器的 MIM 也具有较高的性能（20.6%，0.9W/cm^2）[59]。

正如在介质滤波器的讨论中所提到的，串联滤波器需克服一些因层数过多而导致的产品制造方面的问题，如厚度控制、层数保持，以便大规模应用。同时还需指出的是，由于两种滤波器的频谱范围并非固定，可更改，因此串联滤波器的使用具有一定的灵活性。例如，如果技术进步，滤波器的性能不断完善（如等离子滤波器的低吸收率），那么更宽的光谱范围可以使其作用更为广泛。

3.8 其他滤波器概念

在20世纪70年代末和20世纪80年代初，学者对介质滤波器和光伏电池背反射器（BSR）的组合进行了研究。然而，由于介质滤波器和背反射器的长波长反射率都非常差，这种方法并不十分成功[5]。

Rugate 滤光片基于干涉涂层，具有连续变化的折射率，建议将该滤光片作为全光谱腔太阳能转换器内的 FSF[62,63]。

分光器采用不同的原理，如反射/透射[62,63]、折射（如棱镜）和全息术。只有后来使用的热光伏系统才能得到认可[64,65]。另外，人们也研发出了用于太阳能转换的光谱分光系统。Imenes 和 Mills 撰写了一篇关于光谱分束的评论文章[65]。实际应用则包括混合照明转换器和全谱腔转换器[62,63,66]。虽然直接太阳能分光系统可能使用相同的窄带隙光伏电池作为热光伏系统，但是由于缺少辐射器，因此这样的系统被视作非热光伏类型系统。

在瑞士保罗谢尔研究所（简称 PSI），两根共中心二氧化硅管支撑的厚度为 5mm 的水层被视为长波长吸收滤波器（波长超过 1.4μm）[48,67]。这种设计简单，对中红外辐射和远红外辐射具有高吸收率，为热电联产系统采用热水。而缺点则是带内透射（或功率密度）降低，同时由于水中被吸收的热量和丢失的热量而导致电转换效率降低。

逆滤波器也被考虑用于热光伏系统中[45]。逆滤波器透射不良长波长辐射（即带外辐射），反射可变短波长辐射（即带内辐射）。这样的滤波器称为冷镜，它被用于双色灯中。正如所指出的，使用冷镜的热光伏系统可能需要复杂的设计，且设计中至少需要一面额外的冷镜[45]。

3.9 总 结

在早期的热光伏系统中，滤波器被放置在腔内（如在隔热罩上），但这导致滤波器出现过热的现象。在开发不同系统的过程中，一种趋势是将滤波器放在距离光伏电池越来越近的位置，以便将滤波器的温度降到最低。在将滤波器直接放置在电池（正面滤波器）上的过程中出现了滤波器的热稳定性和温度依赖特性问题，这种滤波器的设计可视为最先进的设计。由于所有滤波器都表现出导致滤波器发热的某些吸收性，因此这种方法可以通过电池使滤波器冷却。即可以利用物理方法将滤波器安装在光伏电池上，如使用光学黏结胶；或将滤波器和电池设计为一个整体。例如，Abbott 对直接放在电池表面的金属介质滤波器和等离子滤波器进行了检验[58]。

前几小节内容已经详细介绍了不同类型滤波器的优缺点。全介质滤波器吸收率低，但仅在小光谱范围内具有低吸收率。而 TCO 滤波器和金属介质滤波器则具有宽光谱范围，但一般情况下表现出显著的吸收率，且在光谱方面没有明显的锐滤光特性。因此，将不同类型的滤波器组合在一起能够获得更好的整体性能，尤其是串联介质 TCO 滤波器表现出了较高性能。而另一种前景可观的滤波器概念则是具有超高中波长反射率和长波长反射率的 FFS 滤波器。串联介质 TCO 滤波器和 FFS 滤波器都证明了能够设计具有较高性能的滤波器。另外，电池内的光谱控制，如 MIM 结构内的背反射器（BSR），具有合适的性能。但是目前，由于光谱控制方面仍缺少经济型的大规模滤波器解决方案，因此这被认为是导致仅有为数不多完整高效热光伏腔体的一个主要原因。

参考文献

[1] Good BS, Chubb DL, Lowe RA (1997) Comparison of selective emitter and filter thermophotovoltaic systems, Proceeding of the 2nd. NREL Conference on Thermophotovoltaic Generation of Electricity, Colorado, Springs, 16—20 July 1995. American Institute of Physics, pp 16 ~ 34

[2] Chubb D (2007) Fundamentals of Thermophotovoltaic Energy Conversion. Elsevier Science, Amsterdam

[3] Chubb D, Nelson R (1995) Workshop 3: Emission & spectral control. Proceeding of the 1st. NREL Conference on thermophotovoltaic generation of electricity, Copper Mountain, Colorado, 24—28 July 1994. American Institute of Physics, pp 13 ~ 16

[4] Gruenbaum PE, Kuryla MS, Sundaram VS (1995) Technical and economic issues for gallium antimonide based thermophotovoltaic systems. Proceeding of the 1st. NREL Conference on thermophotovoltaic generation of electricity, Copper Mountain, Colorado, 24—28 July 1994. American Institute of Physics, pp 357 ~ 367

[5] Horne WE, Morgan MD, Sundaram VS (1996) IR filters for TPV converter modules. Proceeding of the 2nd. NREL Conference on thermophotovoltaic generation of electricity, Colorado Springs, 16—20 July 1995. American Institute of Physics, pp 35 ~ 51

[6] Köstlin H (1982) Application of Thin Semiconductor and Metal Films in Energy Technology. Festkörperprobleme 22：229 ~ 254

[7] Coutts TJ (1999) A review of progress in thermophotovoltaic generation of electricity. Renew Sustain Energy Rev 3 (2 ~ 3)：77 ~ 184

[8] Baldasaro PF, Brown EJ, Depoy DM, Campbell BC, Parrington JR (1995) Experimental assessment of low temperature voltaic energy conversion. Proceeding of the 1. NREL Conference on thermophotovoltaic generation of electricity, Copper Mountain, Colorado, 24—28 July 1994. American Institute of Physics, pp 29 ~ 43

[9] Silberglitt R, Le HK (1991) Materials for Solar Collector Concepts and Designs. In：de Winter F (ed) Solar Collectors, Energy Storage and Materials, Chap 21. MIT Press, Cambridge, MA

[10] Lampert CM (1991) Theory and Modeling of Solar Materials. In：de Winter F (ed) Solar Collectors, Energy Storage and Materials, Chap 22. MIT Press, Cambridge, MA

[11] van den Hoek WJ, Jack AG, Luijks GMJF (2005) Lamps, in Ullmanns Encyclopedia of Industrial Chemistry. Wiley, London

[12] Goldstein MK, DeShazer LG, Kushch AS, Skinner SM (1997) Superemissive light pipe for TPV applications, Proceeding of the 3rd. NREL Conference on thermophotovoltaic generation of electricity, Denver, Colorado, 18—21 May 1997. American Institute of Physics, pp 315 ~ 326

[13] Tropf WJ, Thomas ME, Harris TJ (1995) Properties of Crystals and Glasses. In：Bass M (ed) Handbook of Optics, Chap 33. McGraw-Hill, New York

[14] Chubb DL (2007) Light Pipe Thermophotovoltaics (LTPV), Proceeding of the 7th. World Conference on thermophotovoltaic generation of electricity, Madrid, 25—27 Sept 2006. American Institute of Physics, pp 297 ~ 316

[15] Lide DR (2008—2009) Physical Constants of Inorganic Compounds, in CRC Handbook chemistry and physics, 89th edn. CRC Press

[16] (2009) Global Vacuum Product Guide, Section 17 - Technical Information, 9. Edi-

tion, Kurt J. Lesker Company [Online] Available at: http://www.lesker.com/. Accessed 28 Apr 2010

[17] Browder JS, Ballard SS, Klocek P (1991) Physical property comparison of infrared optical materials. In: Klocek P (ed) Handbook of infrared optical materials. Marcel Dekker Inc, New York

[18] Pierce DE, Guazzoni G (1999) High temperature optical properties of thermophotovoltaic emitter components. Proceeding of the 4th NREL Conference on thermophotovoltaic generation of electricity, Denver, Colorado, 11—14 Oct 1998. American Institute of Physics, pp 177~190

[19] Guazzoni GE, Rose MF (1996) Extended use of photovoltaic solar panels. Proceeding of the 2nd. NREL Conference on thermophotovoltaic generation of electricity, Colorado Springs, 16—20 July 1995. American Institute of Physics, pp 162~176

[20] Palfinger G, Bitnar B, Durisch W, Mayor J-C, Grützmacher D, Gobrecht J (2003) Cost estimate of electricity produced by TPV. Semicond Sci Technol 18: 254~261

[21] Fraas L, Samaras J, Han-Xiang Huang Seal M, West E (1999) Development status on a TPV cylinder for combined heat and electric power for the home. Proceeding of the 4th NREL Conference on thermophotovoltaic generation of electricity, Denver, Colorado, 11—14 Oct 1998. American Institute of Physics, pp 371~383

[22] De Jong BHWS, Beerkens RGC, van Nijnatten PA (2005) Glass, in Ullmanns Encyclopedia of Industrial Chemistry. Wiley-VCH Verlag GmbH & Co. KGaA, Weinheim.

[23] Doremus RH (1973) Glass Science. Wiley, New York, pp 74~97

[24] Hetherington G, Jack KH (1963) Fused Quartz and Fused Silica, TSL Wallsend Northumberland England, translated and reprinted from Ullmanns Encyklopädie der technischen Chemie, 14, 3rd edn. Urban & Schwarzberg, München Berlin, pp 511~524

[25] Kunc T, Lallemand M, Saulnier JB (1984) Some new developments on coupled radiative-conductive heat transfer in glasses-experiments and model. Int J Heat Mass Transfer 27: 2307~2319

[26] Edwards OJ (1966) Optical transmittance of fused silica at elevated temperatures. J Opt Soc Am 56: 1314~1319

[27] Philipp HR (1985) Silicon dioxide (SiO$_2$) (Glass). In: Palik ED (ed) Handbook of optical constants of solids. Academic Press, London, pp 749~763

[28] Barsoum M (1997) Fundamentals of Ceramics. McGraw-Hill, New York, pp611~649

[29] White DC, Hottel HC (1995) Important factors in determining the efficiency of TPV systems. Proceeding of the 1st. NREL Conference on Thermophotovoltaic Generation of Electricity. Copper Mountain, Colorado, 24—28 July 1994. American Institute of Physics, pp 425~454

[30] Fraas LM, Ferguson L, McCoy LG, Pernisz UC (1996) SiC IR Emitter Design for Thermophotovoltaic Generators. Proceeding of the 2nd NREL Conference on thermophotovoltaic generation of electricity, Colorado Springs, 16—20 July 1995. American Institute of Physics, pp 488~494

[31] Hanamura K, Kumano T (2003) Thermophotovoltaic power generation by super-adiabatic combustion in porous quartz glass. Proceeding of the 5th Conference on thermophotovoltaic generation of electricity, Rome, 16—19 Sept 2002. American Institute of Physics, pp 111~120

[32] Hanamura K, Kumano T (2004) TPV power generation system using super-adiabatic combustion in porous quartz glass. Proceeding of the 6th International Conference on thermophotovoltaic generation of electricity. Freiburg, Germany, 14—16 June 2004. American Institute of Physics, pp 88~95

[33] Kumano T, Hanamura K (2004) Spectral control of transmission of diffuse irradiation using piled AR coated quartz glass filters. Proceeding of the 6th International Conference on thermophotovoltaic generation of electricity, Freiburg, Germany, 14—16 June 2004. American Institute of Physics, pp 230~236

[34] Bauer T, Forbes I, Penlington R, Pearsall N (2005) Heat transfer modelling in thermophotovoltaic cavities using glass media. Sol Energy Mater Sol Cells 88 (3): 257~268

[35] Vardaxoglou JC (1997) Introduction to frequency selective surfaces. In: Vardaxoglou JC (ed) Frequency Selective Surfaces: Analysis and Design, Chap. 1. Wiley, New York, pp 1~13

[36] Jefimovs K, Vallius T, Kettunen V, Kuittinen M, Turunen J, Vahimaa P, Kaipiain-

en M, Nenonen S (2004) Inductive grid filters for rejection of infrared radiation. J Mod Opt 51: 1651~1661

[37] Reed JA (1997) Frequency Selective Surfaces with Multiple Periodic Elements. Ph. D thesis. University of Texas, Dallas

[38] Spector SJ, Astolfi DK, Doran SP, Lyszczarz TM, Raynolds JE (2001) Infrared Frequency Selective Surfaces Fabricated using Optical Lithography and Phase-Shift Masks, Report, Lockheed Martin Corporation, US, LM-01K062

[39] Horne WE, Morgan MD, Sundaram VS, Butcher T (2003) 500 watt diesel fueled TPV portable power supply. Proceeding of the 5th Conference on thermophotovoltaic generation of electricity, Rome, Italy, 16—19 Sept 2002. American Institute of Physics, pp 91~100

[40] Horne E (2002) Hybrid Thermophotovoltaic Power Systems. EDTEK Inc. US Consultant Report, P500-02-048F

[41] Horne WE, Morgan MD (1995) Filter array for modifying radiant thermal energy. EDTEK Inc., US Patent 5, 611, 870

[42] Horne W, Morgan M, Horne W, Sundaram V (2004) Frequency selective surface bandpass filters applied to thermophotovoltaic applications. Proceeding of the 6th International Conference on thermophotovoltaic generation of electricity, Freiburg, Germany, 14—16 June 2004. American Institute of Physics, pp 189~197

[43] Schock A, Kumar V (1995) Radioisotope thermophotovoltaic system design and its application to an illustrative space mission. Proceeding of the 1st NREL Conference on thermophotovoltaic generation of electricity. Copper Mountain, Colorado, 24—28 July 1994. American Institute of Physics, pp 139~152

[44] Kristensen RT, Beausang JF, DePoy DM (2004) Frequency selective surfaces as near-infrared electromagnetic filters for thermophotovoltaic spectral control. Appl Phys 95: 4845~4851

[45] Höfler H (1984) Thermophotovoltaische Konversion der Sonnenenergie (in German), Doctoral thesis. Universität Karlsruhe (TH)

[46] Ehsani H, Bath I, Borrego J, Gutmann R, Brown E, Dzeindziel R, Freeman M, Choudhury N (1996) Characteristics of degenerately doped silicon for spectral control in thermophotovoltaic systems. Proceeding of the 2nd NREL Conference on ther-

mophotovoltaic generation of electricity, Colorado Springs, 16—20 July 1995. American Institute of Physics, pp 312~328

[47] Anna Selvan JA, Grützmacher D, Hadorn M, Bitnar B, Durisch W, Stutz S, Neiger T, Gobrecht J (2000) Tuneable plasma filters for TPV systems using transparent conducting oxides of tin doped indium oxide and Al doped zinc oxide. Proceeding of the 16th. European Photovoltaic Solar Energy Conference, James and James Science, pp 187~190

[48] Bitnar B, Durisch W, Grützmacher D, Mayor J-C, von Roth F, Anna Selvan JA, Sigg H, Gobrecht J (2000) Photovoltaic cells for a thermophotovoltaic system with a selective emitter. Proceeding of the 16th European Photovoltaic Solar Energy Conference, James and James Science, pp 191~194

[49] Murthy SD, Langlois E, Bath I, Gutmann R, Brown E, Dzeindziel R, Freeman M, Choudhury N (1996) Characteristics of indium oxide plasma filters deposited by atmospheric pressure CVD. Proceeding of the 2nd NREL Conference on thermophotovoltaic generation of electricity, Colorado Springs, 16—20 July 1995. American Institute of Physics, pp 290~311

[50] Charache GW, DePoy DM, Raynolds JE, Baldasaro PF, Miyano KE, Holden T, Pollak FH, Sharps PR, Timmons ML, Geller CB, Mannstadt W, Asahi R, Freeman AJ, Wolf W (1999) Moss-Burstein and plasma reflection characteristics of heavily doped n-type $In_xGa_{1-x}As$ and InP_yAs_{1-y}. J Appl Phys 86: 452~458

[51] Zenker M (2001) Thermophotovoltaische Konversion von Verbrennungswaerme (in German). Doctoral thesis, Albert-Ludwigs-Universität Freiburg im Breisgau

[52] Wu X, Mulligan WP, Webb JD, Coutts TJ (1996) TPV plasma filters based on cadmium stannate. Proceeding of the 2nd NREL Conference on Thermophotovoltaic Generation of Electricity, Colorado Springs, 16—20 July 1995. American Institute of Physics, pp 329~338

[53] Rahmlow TD, DePoy DM, Fourspring PM, Ehsani H, Lazo-Wasem JE, Gratrix EJ (2007) Development of Front Surface, Spectral Control Filters with Greater Temperature Stability for Thermophotovoltaic Energy Conversion. Proceeding of the 7th World Conference on thermophotovoltaic generation of electricity, Madrid, 25—27 Sept 2006. American Institute of Physics, pp 59~67

[54] Lindberg E (2002) TPV Optics Studies - On the Use of Non-imaging Optics for Improvement of Edge Filter Performance in Thermophotovoltaic Applications. Doctoral thesis, Swedish University of Agricultural Science, Uppsala

[55] Berning PH, Turner AF (1957) Induced Transmission in Absorbing Films Applied to Band Pass Filter Design. J Opt Soc Am 47: 230~239

[56] Höfler H, Paul HJ, Ruppel W, Würfel P (1983) Intereference filter for thermophotovoltaic solar energy conversion. Sol Cells 10(3):273~286

[57] Demichelis F, Minetti-Mezzetti E, Agnello M, Perotto V (1982) Bandpass filters for thermophotovoltaic conversion systems. Sol Cells 5:135~141

[58] Abbott P, Bett AW (2004) Cell-mounted spectral filters for thermophotovoltaic applications. Proceeding of the 6th International Conference on thermophotovoltaic generation of electricity, Freiburg, Germany, 14—16 June 2004. American Institute of Physics, pp 244~251

[59] Wernsman B, Siergiej RR, Link SD, Mahorter RG, Palmisiano MN, Wehrer RJ, Schultz RW, Schmuck GP, Messham RL, Murray S, Murray CS, Newman F, Taylor D, DePoy DM, Rahmlow T (2004) Greater than 20% radiant heat conversion efficiency of a thermophotovoltaic radiator/module system using reflective spectral control. Trans Electron Dev 51(3):512~515

[60] Fourspring PM, DePoy DM, Beausang JF, Gratrix EJ, Kristensen RT, Rahmlow TD, Talamo PJ, Lazo-Wasem JE, Wernsman B (2004) Thermophotovoltaic spectral control. Proceeding of the 6th International Conference on thermophotovoltaic generation of electricity, Freiburg, Germany, 14—16 June 2004. American Institute of Physics, pp 171~179

[61] Rahmlow TD, Lazo-Wasem JE, Gratrix EJ, Fourspring PM, DePoy DM (2004) New performance levels for TPV front surface filters. Proceeding of the 6th International Conference on thermophotovoltaic generation of electricity, Freiburg, Germany, 14—16 June 2004. American Institute of Physics, pp 180~188

[62] Ortabasi U, Bovard BG (2003) Rugate technology for thermophotovoltaic (TPV) applications a new approach to near perfect filter performance. Proceeding of the 5th Conference on thermophotovoltaic generation of electricity, Rome, 16—19 Sept 2002. American Institute of Physics, pp 249~258

[63] Ortabasi U, Friedman HW (2004) PowerSphere: A novel photovoltaic cavity converter using low bandgap TPV cells for efficient conversion of high power laser beams to electricity. Proceeding of the 6th International Conference on thermophotovoltaic generation of electricity, Freiburg, Germany, 14—16 June 2004. American Institute of Physics, pp 142 ~ 152

[64] Regan TM, Martin JG, Riccobono J (1995) TPV conversion of nuclear energy for space applications. Proceeding of the 1st. NREL Conference. on thermophotovoltaic generation of electricity. Copper Mountain, Colorado, 24—28 July 1994. American Institute of Physics, pp 322 ~ 330

[65] Imenes AG, Mills DR (2004) Spectral beam splitting technology for increased conversion efficiency in solar concentrating systems: a review. Sol Energy Mater and Sol Cells 84: 19 ~ 69

[66] Fraas LM, Daniels WE, Muhs J (2001) Infrared Photovoltaics for Combined Solar Lighting and Electricity for Buildings. Proceeding of the 17th. European Photovoltaic Solar Energy Conference, Munich, 22—26 Oct 2001. WIP

[67] Durisch W, Grob B, Mayor JC, Panitz JC, Rosselet A (1999) Interfacing a small thermophotovoltaic generator to the grid, 4th NREL Conference on thermophotovoltaic generation of electricity, Denver, Colorado, 11—14 Oct 1998, American Institute of Physics, pp 403 ~ 414

第四章 光伏电池

4.1 概 述

光伏电池的主要研究方向是发展高效低能带隙的光伏电池，与光谱控制（滤波器和反射器）、多结太阳能电池相结合并提高经济效益（例如可替代衬底）。作者 Coutts[1,2]、Andreev[3]、Bhat 等人[4]以及 Iles[5]、Woolf[6,7]和 Chubb[8]综合评述了热光伏转换技术中的光伏半导体和光伏电池的理论研究。

本章的内容结构如下，4.2 节在光伏电池的伏安特性以及通过部分光伏电池评估电池性能的基础上，介绍了光伏电池的理论。4.3 节讨论了光伏电池的制造技术。4.4 节解释了光伏电池设计中不可或缺的光谱控制等。使用上述部分电池效率评价了 IV 族（4.5 节）和 III-V 族（4.6 节）半导体光伏电池的性能。4.7 节讨论了光伏电池的替代材料，以及其他与光伏电池相关的方面和部件。

4.2 光伏电池理论

本节展示的方法较为少见，即通过部分电池效率评估出光伏电池的性能。上述效率包括电压因数 η_{OC}、收集效率（也称平均量子效率）η_{QE}、填充因子 η_{FF}、最终效率 η_{UE} 和光伏电池阵列效率 η_{Array}，表达式见公式 4.1[4,9-15]。

$$\eta_{PV} = \frac{P_{el}}{P_{PV}} = \eta_{OC} \cdot \eta_{QE} \cdot \eta_{FF} \cdot \eta_{UE} \cdot \eta_{Array} \tag{4.1}$$

前三个效率（η_{OC}、η_{QE} 和 η_{FF}）主要与光伏电池的特点相关，本节将对其进行深入探讨。由于光伏电池带隙相关的吸收照明光谱出现光谱失配时会造成损失，最终效率 η_{UE} 对这一损失进行了描述。最终效率 η_{UE} 描述出吸收辐射 $P_{PV(v)}$ 与光伏电池带隙能 hv_g 的匹配度。损失机理有两种，第一种机理是由于能量 $hv < hv_g$ 的光子未被转换，这种机理被命名为"自由载流子加热"[10,16,17]。换句话说，当光子的能量小于带隙能 hv_g 时不能产生输出能量。第二种机理是由于光子的能量 $hv > hv_g$。这些光子能够产生输出能量 hv_g，多余的能量（$hv-hv_g$）以热量形式损失。第二种机理被命名为"热载流子加热"。最终效率的最优化是热光伏系统的一个关键方面,其中包括用于控制光谱的滤波器等。因此,不能将其看作是一个单独的电池问题。6.2 节讨论了不同照明光谱(带隙上下的辐射抑制)中最终效率的相关性。

本节所讨论的效率均与单体电池在理想条件下的性能相关。阵列效率 η_{Array} 包括由于多个电池连接引起的损失。光伏电池以串并联形式连接组成热光伏系统的效率通常低于单体电池的效率,其原因如下:

- 不同单个电池特性分布使得每个电池难以输出各自的最大功率。一组电池中,不是所有的电池都能表现出最佳性能。
- 电池组中的单个电池在不同的辐射密度中运行;由于热光伏腔内辐射的空间和角度分布,使得各个电池不能均匀地吸收辐射。
- 光伏电池未覆盖区域的封装(对于热光伏系统,已使用叠瓦结构对填料因子进行优化[18])。
- 光伏电池的传导和对流传热;根据定义,虽然吸收的辐射功率 $P_{PV\#(v)}$ 包括传导和对流损失(与图 1-2 中的能量平衡比较),但吸收的辐射功率 $P_{PV(v)}$ 不包括这些损失。

与太阳能光伏相比,热光伏系统转换中的不利因素(例如,电池温度和辐射入射角不均匀)大多是暂时不变的。因此,在分析非均匀性后,可通过合适的系统设计将其最小化。

4.2.1 伏安特性

常规光伏电池具有一个 p-n 结和一个单一能带。图 4-1 右侧为理想光伏电池的等效电路。实际的电路模型中,包括串联和并联电阻以及其他的二极管参数,如附加二极管或二极管理想因子[19]。为简单起见,下面着重讨论理想的光伏电池模型。恒流电源并联一个二极管。在黑暗条件中,光子不产生电流,光电流密度 J_{ph} 为 0。可以使用肖克莱方程(公式 4.2)表示伏安特性。图 4-1 左侧的示意图列出了在黑暗条件下,电池光电流 $J_{ph}=0$ 时的伏安特性。对于光照条件下的电池,每个处于带隙能 hv_g 之上的光子在理想条件下均可产生一个电荷 e_0。单位面积产生的光电流称为光电流密度 J_{ph}。当光伏电池受到光照时,伏安曲线转移至第四象限(图 4-1 左侧),电池产生的电功率被外部负荷 R_L 使用。当输出功率或曲线下的面积达到最大时,存在一个对应的电流密度 J_m 和电压 V_m。

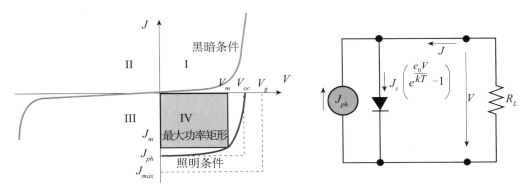

图 4-1 伏安曲线示意图（左）和理想的等效电路（右）

$$J = J_s(e^{\frac{e_0 V}{kT_{\text{cell}}}} - 1) - J_{\text{ph}} \tag{4.2}$$

4.2.2 暗饱和电流密度

二极管方程中包含有暗饱和电流密度 J_s（见公式4.2）。公式4.3对电流 J_s 做出了定义，其中 e_0 为元电荷，n_i 为本征载流子浓度，D 是扩散系数，L 是扩散长度，N_A 和 N_D 分别是受主和施主掺杂浓度。下标 e 和 h 分别表示少数载流子，即电子和空穴[16,19]。可以看出，需要确定若干个材料参数才能计算暗饱和电流密度。因此，通常在对光伏电池能带隙的影响进行建模时，不使用单个电池的 J_s 值，而是使用热力学极限 J_s 或一个以带隙能为基础的经验公式完成上述建模，下文将对其进行讨论。

$$J_s = e_0 n_i^2 \left(\frac{D_e}{N_A L_e} + \frac{D_h}{N_D L_h} \right) \tag{4.3}$$

由于电池在吸收辐射的同时也在释放辐射，因此暗饱和电流密度 J_s 具有一个热力学下限。公式4.4中给出了理论辐射限制。公式4.4可有效用于 $h v_g > 0.4$ eV 以及 J_s 误差小于2%的情况。另外，该公式需假设出光学扩展量。公式4.4中假设的光学扩展量是由 Henry 提出，使用典型的半导体折射率（此处，n=3.6）得出无光子循环的辐射限制，结合光子循环（n=0）得出上述假设光学扩展量[20]。关于辐射限制和其他类型光学扩展量的深入分析还可以在其他资料中找到[21]。通常，在忽略公式4.4括号内的 kT_{cell} 项后，得到 J_s 近似解公式（公式4.5）[9,22]。该近似解仅在 $h v_g \gg kT_{\text{cell}}$ 时有效。在带隙为0.5 eV且电池温度为25℃的情况下，该近似解的 J_s 值误差在10%左右[21]。

$$J_s = \frac{2e_0}{h^3 c_0^2} \underbrace{\pi(n^2+1)}_{\text{Étendue}} kT_{\text{cell}} [2k^2 T_{\text{cell}}^2 + 2kT_{\text{cell}} h v_g + (h v_g)^2] e^{\frac{h v_g}{kT_{\text{cell}}}} \tag{4.4}$$

热光伏发电原理与设计

$$J_s \approx \frac{2e_0}{h^3 c_0^2} \pi (n^2+1) k T_{\text{cell}} (h v_g)^2 e^{-\frac{h v_g}{k T_{\text{cell}}}} \qquad (4.5)$$

J_s模型取决于hv_g值，通常使用公式4.6[5-7]和带有常量β的公式4.8[23]中定义的近似解形式。Sze的报告中公式4.7适用于高辐射密度情况[16]。Coutts的报告中使用公式4.8和公式4.9得出一个经验关系式，其中公式4.9取决于带隙能。为确定公式4.9中的参数，Wanlass对J_s值做出修改，使其适用于更大范围内的半导体[1,2,24]。Mauk在J_s建模时引用了一些更具深度的文献[25]。

$$J_s \approx \beta e^{-\frac{hv_g}{kT_{\text{cell}}}} \qquad (4.6)$$

$$J_s \approx \beta T_{\text{cell}}^{\frac{3}{2}} e^{-\frac{hv_g}{2kT_{\text{cell}}}} \qquad (4.7)$$

$$J_s \approx \beta_{(hv_g)} T_{\text{cell}}^3 e^{-\frac{hv_g}{kT_{\text{cell}}}} \qquad (4.8)$$

$$\beta_{(hv_g)\text{Wanlass}} = 3.165 \cdot 10^{-4} \frac{A}{cm^2 K^3} e^{2.91 hv_g} \qquad (4.9)$$

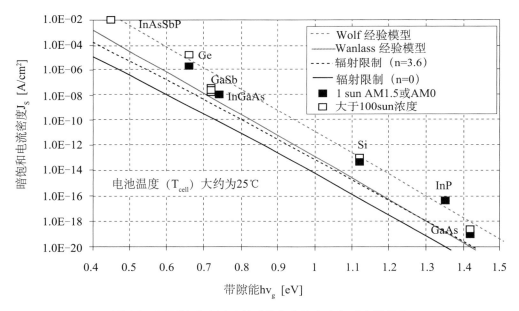

图4-2 不同浓度水平下的暗饱和电流密度与对应的带隙

本图中的数据来自文献资料[27-32]。

可使用公式4.4～4.9中的J_s模型，比较不同光伏电池的性能[26]。可使用开路电压、光电流和电池温度，由公式4.10确定光伏电池的J_s特征值。公式4.10是由$J=0$时的理想二极管方程（公式4.2）重新排列得来的。图4-2展示了不同电池的J_s模型和计算值的对比。可以看出，锑化镓（GaSb）、砷化铟镓（InGaAs）和砷化

第四章 光伏电池

镓（GaAs）等 III-V 族高性能半导体能很好地接近使用 Wanlass 经验值模型[1,2,24]。Wolf 提出的简单模型更加适用于硅和锗等 IV 族半导体[6,7]。

$$J_\text{s} = \frac{J_\text{ph}}{e^{\frac{e_0 V_\text{oc}}{kT_\text{cell}}}-1} \tag{4.10}$$

4.2.3 收集效率

公式 4.11 给出了理想电池的光电流密度或短路电流密度。量子效率是指每个入射光子产生的电子-空穴对的数量。量子效率可以包括反射损失（外量子效率），或不包括电池表面的反射辐射 $R_{(v)}$（内量子效率）。量子效率取决于频率或波长，是与辐射源无关的设备的固有特性[27,33]。光伏电池温度上升后会引起带隙能 hv_g 下降。结果是总的光子数量上升，光电流密度 J_ph 也随之小幅上升。公式 4.12 和 4.13 中，光谱响应（单位：A/W）被用来描述电池的特征，其中 $I_{(v)}$ 为辐射强度（单位：W/m²）[16,34]。

$$J_\text{ph} = e_0 \int_{v_\text{g}}^{\infty} \underbrace{(1-R_{(v)})\eta_{\text{QE,int}(v)}}_{\eta_{\text{QE,ext}(v)}} \eta_{\text{ph}(v)} dv \tag{4.11}$$

$$SR_{(v)} = \frac{J_{\text{ph}(v)}}{I_{(v)}} \tag{4.12}$$

$$\eta_{\text{QE,ext}(v)} = SR_{(v)} \frac{hv}{e_0} \tag{4.13}$$

公式 4.11 经重新排列后得到收集效率。最大光电密度 J_max 是由能量高于带隙能 hv_g 的光子数量给出的，J_max 为辐射光谱和元电荷 e_0 的乘积（公式 4.14）。光子数量也可由电池吸收辐射功率除以电池面积和光子能 hv 的乘积得出。需要考虑 $P_{\text{PV}(v)}$ 不包括寄生传导和对流损失。另外，由于视角系数小于单位 1，辐射器内的辐射在空腔内会发生损失。因此，电池吸收的辐射不一定是来自辐射器发射的辐射（与 1.5 节中能量平衡比较）。实际光电流密度 J_ph 要小于 J_max，这一减少量可用收集效率 η_QE 来表示[4]。收集效率可以看作是包括反射损失在内的平均光谱量子效率。优化后的电池收集效率 η_QE 可接近 100%。对于无聚光器的硅太阳能电池，收集效率 η_QE 可达到 97%[35]。一些文献报告中使用黑体辐射得出热光伏系统中的收集效率[28]，上述情况中，应考虑到 η_QE 可能包括到达电池的寄生传热（传导/对流）的影响、辐射器的辐射系数小于 1 以及空腔内的光子损失（视角系数小于 1）。4.7.3 节深入讨论了具有寄生空腔效应的电池性能的测定难度。

$$\eta_{\text{QE}} = \frac{J_{\text{ph}}}{J_{\max}} = \frac{J_{\text{ph}}}{e_0 \int_{v_g}^{\infty} n_{\text{ph}(v)} \mathrm{d}v} = \frac{J_{\text{ph}}}{e_0 \int_{v_g}^{\infty} \frac{P_{\text{PV}(v)}}{hv \cdot A} \mathrm{d}v} \quad (4.14)$$

4.2.4 电压因子

光伏电池可得到的最大电压为带隙电压 V_g，是光伏电池带隙能 hv_g 和元电荷 e_0 的比值（公式 4.16）[10]。在公式 4.2 中，设 $J=0$，得到开路电压 V_{oc}，如公式 4.15 所述，其中 V_c 是热电压。该公式表明，可通过两种方式提高 V_{oc}：增加 J_{ph} 值或降低 J_s 值[27]。通过辐射的光照强度可增加光电流密度 J_{ph}，其中光电流密度随着强度系数的增大而直线上升。与传统太阳能光伏相比，这一效应有益于太阳能聚光光伏和高辐射密度热光伏系统。第二种方式是采用第 4.2.2 节中讨论的基本下限降低 J_s 值[26,27]。通常，低带隙光伏电池的暗饱和电流密度 J_s 值更高，因此其开路电压更低（与图 4-2 比较）[26]。

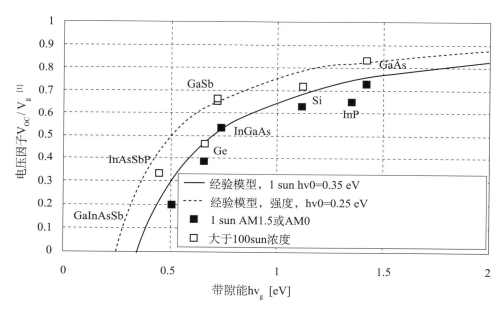

图 4-3 电压因子与不同浓度水平下的带隙

图中的内容来自不同的文献[27-32, 36]。

电压因子 η_{OC} 为开路电压 V_{OC} 与带隙电压 V_g 的比值（公式 4.16）[4]。通常，电压因子是光伏电池的相关效率（η_{OC}、η_{QE} 和填充系数 η_{FF}）中最低和最关键的效率[9]。电压因子 η_{OC} 是几个参数的函数，这些参数由 Shockley 和 Queisser 讨论得出[10]。图 4-3 展示了不同光伏电池与带隙能的电压系数，可以看出低带隙电池尤其缺少高电压因子。因为一般热光伏电池的带隙较低,所以这一方面通常是无益的。可以看出锑化镓(GaSb)、锗(Ge)和铟镓砷(InGaAs)光伏电池具有较高的电压因子和较低的带隙。一般来说,带隙低于 0.7 eV 的电池不具有较高的电压因子。图 4-3 列出了本书中公式 4.17 定义的一个简单经验模型。这一模型可描述由于带隙能降低引起的电压因子 η_{OC} 减小,该模型适用于在 1sun 和浓度系数大于 100 的条件下达到最佳性能的电池。在该简化模型建立之前,Partain 使用从能带边沿、载流子浓度和有效质量中得到的准费米能级间距建立了一个更精细的模型[27]。图 4-3 也表明了因子 η_{OC} 在高辐射密度条件下会出现增加。由于热光伏电池在高照度条件下运行,因此这一机理是有益的。比照非聚光太阳辐射(AM1.5)下运行的硅电池(1.1 eV)和浓度(1 473K 黑体)辐射下运行的锑化镓(GaSb)电池(0.72 eV),可以看出由于两种效应的补偿作用,可得到相似的电压因子。

$$V_{oc} = \frac{kT_{cell}}{e_0}\ln\left(\frac{J_{ph}}{J_s}+1\right) = V_c\ln\left(\frac{J_{ph}}{J_s}+1\right) \approx V_c\ln\left(\frac{J_{ph}}{J_s}\right) \quad (4.15)$$

$$\eta_{OC} = \frac{V_{oc}}{V_g} = \frac{e_0 \cdot V_{oc}}{h v_g} \quad (4.16)$$

$$\eta_{OC,empirical} = \frac{h v_g - h v_0}{h v_g} \quad (4.17)$$

公式 4.18 近似描绘出 V_{OC} 随温度(负温度系数)出现下降。该电池效率也随着温度下降,与光电流增加相比,其中电压下降起到主要作用。其他学者更多地讨论了温度对 V_{oc} 的影响细节[21,37-39]。

$$\frac{dV_{oc}}{dT} \approx \frac{V_{oc}-V_g}{T} \quad (4.18)$$

4.2.5 填充因子

光照条件下,光伏电池的伏安曲线具有指数特征(图 4-1 中的二极管曲线)。最大电功率密度 $J_m \cdot V_m$ 的乘积小于 $J_{ph} \cdot V_{oc}$ 的乘积,填充因子 η_{FF}(公式 4.19)描述出了这一特征。

$$\eta_{FF} = \frac{J_m \cdot V_m}{J_{ph} \cdot V_{oc}} \quad (4.19)$$

在不存在串联电阻时,填充因子仅取决于 V_{oc}/V_c 值,且随该比值的增大而增加[15]。公式 4.20 定义了 Shockley 和 Queisser 提出的理论极限[10]。Green 提出一个更简单的模型(公式 4.21)[1]。图 4-4 表明,当 $V_{oc}/V_c \geq 5$ 时,理论极限与 Green 模型所描

热光伏发电原理与设计

述的更加接近。$V_{oc}/V_c = 5$ 时，对应的 $V_{oc} = 0.13$ V，假设电池温度是 25℃。Green 提出的简化模型能够充分描述当前研究热光伏转换技术（$hv_g > 0.4$ eV）中的电池性能。上述两个公式均表明开路电压（或光伏电池带隙）较低，电池温度较高时，填充因子 η_{FF} 减小。图 4-4 举例说明了 V_{oc} 增加时，填充因子会随之提高。可以看出高性能电池表现出的性能接近 Shockley 和 Queisser 理论模型[27-32,36]。

$$\eta_{FF,Shockley} = \frac{\left(\dfrac{V_m}{V_c}\right)^2}{\left(1 + \dfrac{V_m}{V_c} - e^{\frac{V_m}{V_c}}\right)\dfrac{V_{oc}}{V_c}} \quad (4.20)$$

和：

$$V_c = \frac{kT_{cell}}{e_0} \text{ and } \frac{V_{oc}}{V_c} = \frac{V_m}{V_c} + \ln\left(1 + \frac{V_m}{V_c}\right)$$

$$\eta_{FF,Green} = \frac{\dfrac{V_{oc}}{V_c} - \ln\left(\dfrac{V_{oc}}{V_c} + 0.72\right)}{\dfrac{V_{oc}}{V_c} + 1} \quad (4.21)$$

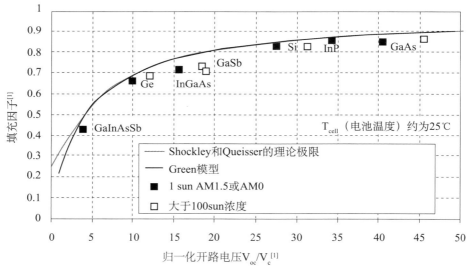

图 4-4 填充因子与归一化开路电压[10,27,28,30-32,36]

高性能电池通常设计为低串联电阻和高并联电阻。大型串联和小型并联的电阻值或者它们的综合效应均会导致填充因子减小[4,13,16,27]。当光电流密度较小时，填充因子仅取决于 V_{oc}/V_c 值，且随该比值逐渐增大。当光电流密度或辐射密度较高时，由于串联电阻的损失，填充因子会减小。在给定串联电阻的前提下，当电流和串联电阻的乘积等于热电压 V_c 时，电池表现出最大效率 V_c[38]。图 4-4 表明，聚光电池填充因子的实际值与非聚光电池相似。

填充因子通常随着温度的升高而减小。Martinelli 和 Stefancich 详细讨论了温度的影响[40]。

4.2.6 理想的光伏电池相关效率

前三小节讨论了收集效率 η_{QE}、电压因数 η_{OC} 和填充系数 η_{FF} 等与光伏电池相关的效率，在本节中将上述三个效率的乘积定义为理想的光伏电池相关效率，表达式见公式4.22~4.25。η_{QE} 或平均量子效率与光伏电池带隙能之间尚未发现具有明确的依赖关系。因此，为简单起见，将量子效率假设为单位1（该值接近1）。对于电压因数，之前已经展示了使用带隙作为参数的经验模型（4.2.4节）。对于 η_{FF}，Green 提出的公式中的假设限制了 $hv_g > 0.4$ eV 时填充系数的计算。最后，由于 V_{oc}，作为带隙的函数，依据带隙能可能计算出 η_{FF}（公式4.23）。

$$\eta_{QE} = 1 \tag{4.22}$$

$$\eta_{OC,empirical} = \frac{V_{oc}}{V_g} = \frac{e_0 V_{oc}}{hv_g} = \frac{hv_g - 0.25\ eV}{hv_g} \tag{4.23}$$

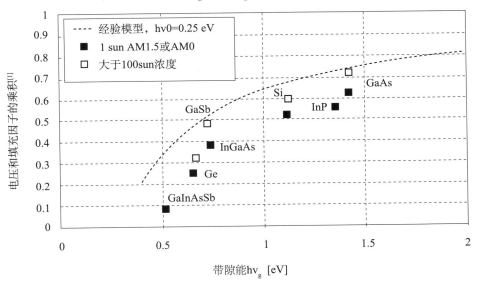

图4-5 电压和填充因子的乘积与带隙能[27,28,30-32,36]

$$\eta_{FF,Green} = \frac{v - \ln(v + 0.72)}{v + 1},\ v = \frac{V_{oc}}{V_c} = \frac{V_{oc} e_0}{k T_{cell}} \tag{4.24}$$

$$\eta_{OC,FF,QE} = \frac{v - \ln(v + 0.72)}{v + 1} \frac{hv_g - 0.25 eV}{hv_g} \tag{4.25}$$

热光伏发电原理与设计

$$v = \frac{hv_g - 0.25eV}{kT_{cell}}$$

图 4-5 表示的是理想光伏电池相关效率 $\eta_{OC,FF,QE}$。可以看出当带隙能变小时，电池相关效率随之显著下降。出现这一现象的原因是当带隙能变小时，电压因子和填充因子均会随之减小。

图 4-5 可与黑体在 0.46 eV（800℃）和 0.89 eV（1 800℃）时的发射峰比较。因此，典型热光伏系统的运行需要光伏电池在此范围内具有较低的带隙。对于黑体辐射分布，还需考虑到只有 25% 的辐射处于峰值能量之上（例如，0.46 eV 和 0.89 eV）[8]。因此，即使是电池带隙能与黑体的发射峰匹配，也大约有 75% 的辐射不能得到转换。通常，黑体辐射分布和高性能光伏电池之间存在光谱失配。这是因为现行有效的光伏电池的带隙受到限制（大约 > 0.7 eV），低于这个带隙之下还存在大部分不能被转换的光量子。为了达到较高的系统效率，控制热光伏系统空腔内辐射的光谱十分重要。第 6.2 节就最终效率 η_{UE} 在理论上描述了光谱控制。

4.3　制造技术和外延生长

已知的几种光伏电池制造技术主要是制造 IV 族（硅、锗）、III 族（铝、镓、铟）和 V 族元素（磷、砷、锑）混合应用的光伏电池。可以通过扩散技术、外延生长或两者混合应用形成光伏电池的 p-n 结。与外延生长程序相比，扩散过程更简单、经济。热光伏转换技术所用的扩散电池可直接由可用的衬底加工得到。这些衬底有硅（Si）[27,41]、锗（Ge）[42]、锑化镓（GaSb）[26,43,44] 和潜在的铟锑化镓（InGaSb）[26]。

若无法获得块状晶体时，可以使用外延生长法形成 p-n 结。这些包括金属有机化合物化学气相沉积（MOCVD），又名有机金属有机化合物气相外延（MOVPE）、液相外延（LPE），以及在一定程度上也被称作分子束外延（MBE）。IV 族半导体硅（Si）和锗（Ge）可作为衬底用于其中。目前，6 英寸的晶片对块状晶体硅和晶体锗（Ge）都是可用的。此外，III-V 族半导体中砷化镓（GaAs）和磷化铟（InP）也可获得 6 英寸大小的晶片，然而诸如锑化镓（GaSb）和砷化铟（InAs）等材料的晶片则被限制在较小尺寸（2 英寸）[45]。除了晶片的尺寸和成本之外，衬底的质量对电池性能也会产生影响。利用传统方法很难使铟锑化镓（InGaSb）、铟镓砷（InGaAs）和砷化铟镓（InGaAsSb）等块状单晶化合物在熔化物中生长。目前，有学者还在努力研究这些化合物的单晶生长[4,26,46-48]。

高质量外延层需要仔细挑选衬底。理想条件下，生长层的原子晶格常数要与衬底的晶格常数密切匹配（晶格匹配电池）。生长结束后，如果电池结构与衬底晶格出现失配，通常导致电池的性能较低。对电池和衬底之间的失配层进行分级，可在一定程度上克服这一问题。这一方法已在铟镓砷（InGaAs）电池中得到验证。表4-1列出了III-V族半导体中可能与衬底晶格匹配的三组分和四组分外延层。该表格仅包括热光伏转化技术研究的低带隙电池在内。对于太阳能光伏的应用，例如空间或聚光器系统，已知也用到其他晶格匹配外延生长的电池，例如砷化镓（GaAs）与锗（Ge）和镓铟磷（GaInP）与砷化镓（GaAs）等单结或多结电池[43;49]。图4-6列出了晶格常数和带隙之间的相关性。硅（Si）和锗（Ge）是间接半导体，其他热光伏转化技术研究的低带隙III-V族化合物是直接半导体。

表4-1 晶格匹配衬底和低带隙外延层一览表

衬底	外延层	带隙（eV）	评价	参考文献
GaSb	InAsSb	0.29	理论的选择	[26]
InAs	InAsSbP	0.35~0.5	研究较早，电压低	[3，25，26，50-52]
InAs	InGaAsSb	0.3~0.7	性能高于GaSb衬底	[51]
GaSb	InGaAsSb	0.5~0.6	已证实具有高性能	[3]
InP	$In_{0.53}Ga_{0.47}As$	0.74	技术成熟（例如光纤）	[3，4]

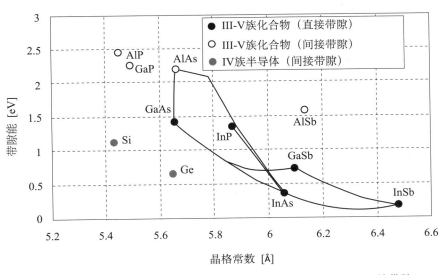

图4-6 带隙能与III-V族半导体的晶格常数，以及硅和锗（Ge）的带隙

4.4 光伏电池的光谱控制设计

4.4.1 前表面滤波器（FSFs）

光伏电池的表面通常都涂有防反射层，当辐射由低折射率介质（空气或真空）进入到具有高折射率的半导体时，防反射层可与之结合。可将其看作是一个简单的前表面滤波器（FSF）[53]。对于热光伏，前表面滤波器需要传递带内辐射，反射中远红外辐射。它的优点之一是可以与光伏电池一同冷却，与之形成对照的是安装在热光伏空腔内的前表面滤波器，它们需要进行额外冷却。自 20 世纪 60 年代起，所有的介质前表面滤波器都已在锗（Ge）电池上得到检验[53]。现有的前表面滤波器研究中囊括了所有主要的滤波器类型。这些滤波器包括 FSS[54]、TCO[55]、全绝缘介质[56]、金属-介质[57]和串联介质-TCO[54,56]。

4.4.2 背反射器（BSRs）和埋层反射器

背反射器（BSRs）技术在一定程度上来自空间太阳能电池和硅电池，其中活性薄层和光子多次通过（陷光）可以提高电池效率[2,58]。对于热光伏，背反射器的原理是带外辐射穿透到光伏电池，通过设备层和衬底后再反射至背部镜面，然后按原路离开光伏电池，返回到辐射器[1]。因此，这一概念需要设备层和衬底具有较低的吸收亚带隙辐射作用。可使用锑化镓（GaSb）、磷化铟（InP）和硅（Si）等低掺杂衬底获得自由载子，实现较低的吸收作用[1,34,59]。然而，通常难以制造出带有欧姆接触的轻掺杂衬底[1,34,60]。热光伏系统中的光伏电池通常在高光照强度下运行，这就要求其具有特别低的串联电阻，以降低电阻损失。除了要求电池具有低电阻接触和低衬底吸收之外，背反射器还应具有以下特点：较高的镜面反射、较强的附着力以及良好的化学和热稳定性[1,61]。这些都要求光伏电池的设计要更具多样性。反射器可放置在电池内部（埋层反射器）或安置在电池背面。有报告已经研究了反射体在锗（Ge）、铟镓砷（InGaAs）和锑砷化铟镓（InGaAsSb）电池中的应用，尤其是铟镓砷电池可得到非常高的带外反射率[3,51,61,62]。Coutts 提出了背反射器和前表面滤波器（FSFs）联合应用的可能性[1]。

4.5 IV族半导体

4.5.1 硅（Si）

有学者已经研制出几种使用硅光伏电池的热光伏系统原型[63-66]。市场上已经出现可应用在太阳能聚光光伏系统，并在高光照度下运行的硅电池[67]。激光刻槽埋栅硅电池已广泛用于非聚光太阳能转换技术，也有报告指出这种硅电池适用于更高浓度[2]。温度为300K时，硅的间接带隙 $hv_g = 1.12$ eV（可对最高为 $1.11\mu m$ 的光照做出反应）[16]。在热光伏转换技术中，通常将该带隙划归为高带隙。硅电池通常与氧化镱（Yb_2O_3）辐射器一同使用（例如韦尔斯巴赫式灯罩），该辐射器与硅电池带隙的选择性发射光谱相匹配[42]。Charache 等人已经总结出背反射器（BSR）与硅（Si）电池联合使用的参考文献[61]。在这之后，哈梅林太阳能研究所（ISFH）的 Hampe 等人报告了一种使用背反射器的金属绝缘半导体（MIS）硅光伏电池[34,68]。对于太阳能光伏转换，小型记录的硅电池性能近似如下：$\eta_{OC} = 63\%$ 时，$\eta_{PV} = 25\%$、$\eta_{QE} = 97\%$、$\eta_{FF} = 83\%$ 和 $\eta_{UE} = 49\%$。该估算假设太阳光谱为 AM1.5，总强度 $0.1W/cm^2$（1 sun illustration）[35]①。Sinton 和 Blakers 所著的一章中很好地概述了硅（Si）聚光器太阳能电池及包括背接触、槽埋栅和适用于高太阳能辐射密度的银电池等在内的发展历程。热光伏转换也能利用此类硅电池，但是据笔者所知，目前还未考虑使用这些电池[27,41]。

4.5.2 锗（Ge）

在热光伏系统研究的早期阶段，采用的是锗（Ge）光伏电池。然而，这些电池的性能欠佳[63]。近来，有学者已经研制出更为先进的锗光伏电池，用作多结太阳能转换器的底电池。由于价格低廉，锗作为热光伏电池的衬底引起了更多关注。据报道，锗衬底的成本是锑化镓（GaSb）的 $1/7 \sim 1/6$ [29,32,42,45,69,70]。温度为300K时，锗的间接带隙 $hv_g = 0.66$ eV，可对最高为 $1.88\mu m$ 的光照做出反应[16]。锗电池可与氧化铒辐射器的选择性发射的光谱匹配[42]。典型的锗电池具有如下近似性能：$\eta_{OC} = 37.1\%$ 时，

---

① 这些数值都是在本次工作中计算得出的。η_{OC} 值的计算方法为 $e_0 \cdot V_{OC}/hv_g = 0.706/1.12 = 0.630$。使用[19]中的 AM1.5 数据，计算出最大光电流 $J_{max} = 43.6 mA/cm^2$（[27]中也给出了此数值）。由此，计算结果为 $\eta_{QE} = 42.2/43.6 = 0.968$。计算出太阳光谱为 AM1.5 的最终效率 $\eta_{UE} = 0.488$。该值稍微大于黑体值 0.44[10]。

$\eta_{PV} = 6.7\%$、$\eta_{QE} = 75.2\%$、$\eta_{FF} = 59.6\%$ 和 $\eta_{UE} = 40.2\%$。该估算假设太阳光谱为 AM1.5，光谱强度是 $0.1W/cm^2$[69]①。同一实验室之后又展示了在 1 sun AM1.5 条件下 $\eta_{PV} = 8.4\%$ 的改进型电池[32]。这些部分的效率表明，高电压因子是锗电池发展的主要障碍[26]。另一方面，Nagashima 模拟出一种背接触型电池，在高辐射密度条件下，该电池的电压因子大大超过 50%。锗电池中通常可使用背反射器（BSRs），不同作者讨论了这些进展[3,29,32,62]。

4.5.3 硅-锗（SiGe）

硅-锗（SiGe）结构可用于高频半导体设备。随着二者含量的变化，硅-锗合金的带隙在锗（0.66 eV）和硅（Si）（1.12 eV）的带隙之间变化。Palfinger 认为硅-锗电池可用于热光伏转换中[71]。要了解更多信息，读者可参考由 Bitnar 发表的关于硅（Si）、锗（Ge）和硅-锗（Si/Ge）电池的综述文章[42]。

4.6 III-V 族半导体

目前，基于 III-V 族半导体的光伏电池具有最高的转换效率，并用于太空中太阳能发电[31,49,72]。陆地上的太阳能聚光系统提供了巨大的潜在市场。III-V 族半导体的高成本是阻碍其广泛使用的主要障碍。低成本的多晶电池[73,74]、薄膜电池[75-77]和在廉价衬底上生长的电池是研究热点[26,78]。目前，在热光伏转换技术中主要低带隙材料的研究热点是锑化镓（GaSb）、铟镓砷（InGaAs）和锑砷化铟镓（InGaAsSb）。近来，有学者还检验了砷化铟（InAs）衬底上的铟砷锑磷（InAsSbP）电池。铟砷锑磷电池的带隙在 0.35 eV 和 0.5 eV 之间，甚至可能更低，但是这些设备的开路电压也很低。Bett[43,44]、Wang[51]、Andreev[3]、Wanlass[79] 和 Mauk[25,26] 对带隙较低的 III-V 族光伏电池进行了概述，尤其是 Mauk 在其所著的专书论文中做了全面的概述[25]。

4.6.1 锑化镓（GaSb）

目前，通常认为锑化镓光伏电池是热光伏发电机的最合适的选择[43,44]。温度为

---

① 使用[19]中的 AM1.5 数据，η_{OC} 值的计算方法为 $e_0 \cdot V_{OC}/hv_g = 0.245/0.66 = 0.371$。当 $\eta_{QE} = 45.8/60.9 = 0.752$ 时，计算出最大光电流 $J_{max} = 60.9 mA/cm^2$（[27]中也给出了此数值）。计算出太阳光谱为 AM1.5 的最终效率 $\eta_{UE} = 0.402$。

300K 时，该材料的直接带隙为 0.72 eV（1.72μm）[16]。采用扩散或外延生长技术（MOCVD 和 LPE），一些研究团队和公司已经制造出锑化镓（GaSb）电池[3,26,44,51]。历史上曾研发出锑化镓（GaSb）电池作为机械叠加串联太阳能光伏转换（GaAs/GaSb）的底电池，并证明该串联电池具有较高的性能[35,80]。20 世纪 90 年代早期，两家公司（Fraas at JX-Crystals Inc. 和 Horne at EDTEK Inc.）成立。在领到执照后，这两家公司均开始使用波音的锌扩散锑化镓（Zn-diffused GaSb）电池技术[63]。锌扩散过程很好理解，其他组织（例如俄罗斯约飞研究所、德国 ISE 研究所）也证明了锑化镓电池具有较高性能[44,81]。锑化镓电池的光谱控制方法包括（还可以联合使用）：选择性辐射器（氧化铒，匹配钴辐射器）、厚 SiO_2 窗、滤波器和光伏电池前表面滤波器（FSF）。Charache 等人讨论了将背反射器（BSRs）整合进锑化镓电池的难点[61]。温度为 1 473K 的黑体辐射条件下，锌扩散锑化镓电池的性能如下①：$\eta_{OC}=65.6\%$ 时，$\eta_{PV}=3\%$、$\eta_{QE}=47\%$、$\eta_{FF}=73.3\%$ 和 $\eta_{UE}=13.6\%$。电池效率 η_{PV} 值可依据测量的电功率密度和总黑体辐射近似确定，公式为 $\eta_{PV}=P_{el,meas}/\sigma=0.82/26.7 \cdot 100\% =3\%$ [28]。这一效率值表明热光伏中光谱控制的重要性。假设所有低于带隙能（0.72 eV）以下的辐射都能被回收（未被电池吸收），那么最终效率，即电池性能就可得到显著的提升：$\eta_{UE}=80.9\%$ 和 $\eta_{PV}=18\%$。可以看出，锑化镓电池可获得较高的填充因子 η_{FF} 和电压因子 η_{OC}。较低的收集效率 $\eta_{QE}=47\%$ 可认为是由于空腔设计（视角因数，辐射角度）造成的，其中入射角度较低时，光子可全部被电池表面反射，其他光子也可能在辐射器和光伏电池之间发生损失。从量子效率与波长曲线[3,28]中，可以预测到 η_{QE} 值大约为 80%，这会产生更高的电池效率：$\eta_{PV}=31\%$。总之，可以说目前在热光伏系统中（39%）运行的锑化镓电池相关效率（η_{OC}、η_{QE} 和 η_{FF} 的乘积）通常低于高性能硅电池转换太阳能辐射（51%）时的电池相关效率。然而，由于使用了合适的光谱和角度控制方法，使热光伏获得了较高的最终效率，因此热光伏的总电池效率 η_{PV} 更高。目前，由于锑化镓电池成本较高，市场应用并不广泛。使用锑化镓底电池的太阳能聚光器市场在取得发展后可以改善经济。

---

① η_{OC} 值的计算方法为 $e_0 \cdot V_{OC}/hv_g=0.472/0.72=0.656$。使用温度为 1 473K 黑体光谱，当 $\eta_{QE}=2.36/5.06=0.47$ 时，计算出最大的光电流 $J_{max}=5.06A/cm^2$。在温度为 1 473K 黑体光谱和带隙为 0.72 eV 时，计算出最终效率 $\eta_{UE}=0.136$。

4.6.2 铟镓砷（InGaAs）

$In_xGa_{1-x}As$，又称铟镓砷化物（GaInAs），随着 x 在 0~1 之间变化，其带隙在 1.42~0.36 eV（0.87~3.44μm）之间变化[4,79,82]。图 4-6 表明在砷化镓（GaAs）和砷化铟（InAs）与晶格常数之间，铟镓砷化物（GaInAs）的带隙呈现线性变动。采用外延技术（MOCVD 和 LPE），在磷化铟（InP）衬底上，已经制造出晶格匹配的 $In_{0.53}Ga_{0.47}As$ 电池结构[3]，也有少部分使用扩散法[83]。基于铟镓砷的电池制造技术已经很成熟，其应用包括红外光检器（例如光纤通信）、激光功率转换器和太阳能串联转换器中的底电池[3,4]。Wilt 等人报告了在 AM0 光谱条件下，0.74 eV 铟镓砷（InGaAs）电池的性能[30]。可计算出如下效率值①：η_{OC} = 53.9% 时，η_{PV} = 11.9%、η_{QE} = 75.3%、η_{FF} = 71.5% 和 η_{UE} = 40.9%。Ginige 等人对电池从实验室到工业大批量制造的适应性做了相关报告[84]。

在热光伏转换中，研究热点之一是低带隙晶格失配的铟镓砷（InGaAs）电池。此类电池可通过增加铟（In）含量和降低镓（Ga）含量制造出来。通过 MOCVD 法，在磷化铟（InP）衬底上生长出的不同晶格失配铟镓砷（$In_xGa_{1-x}As$）电池的带隙范围为 0.6eV（2.07μm）~0.55eV（2.25μm）[3,85]。有研究已经证明了 0.6 eV $In_{0.68}Ga_{0.32}As$ 电池在浓度条件下具有较高的性能（η_{OC} = 59% 和 η_{FF} = 73.4%）[86]。在磷化铟（InP）衬底上具有更高的晶格失配程度（低带隙）的电池很难具有较高性能。在磷化铟衬底上外延铟镓砷制造出热光伏设备的代表性研究机构有：国家可再生能源实验室（克利夫兰）、美国宇航局格伦研究中心（克利夫兰）、Bechtel Bettis（匹兹堡）、俄亥俄州立大学以及其他机构[25]。

自从 1994 年起，已有人使用晶格匹配和失配的铟镓砷（$In_xGa_{1-x}As$）电池设计出单片连接组件（MIMs）[30,87,88]。这些单片连接组件的典型特征是具有磷化铟（InP）半绝缘衬底[30]。这一衬底具有两个关键优点：电池构件之间具有电气绝缘，以及对亚带隙光子提供近乎完美的光学透明度。前一个优点允许通过串联增加电压，后一个优点允许使用背反射器（BSR）实现光谱控制[30]。Wilt 等人讨论了单片互联模块结构的其他优点[30]。使用 MIM 结构的串联电池也得到了发展。它们包括一个

---

① η_{OC} 值的计算方法为 $e_0 \cdot V_{OC}/hv_g$ = 0.398 8/0.74 = 0.539。使用 1 353W/m²，AM0 光谱数据条件下，当 η_{QE} = 56.35/74.8 = 0.753 时，计算出最大的光电流 J_{max} = 74.8mA/cm²。在 AM0 光谱条件下，计算出最终效率 η_{UE} = 0.409。

0.72 eV 晶格匹配和低带隙失配电池[241]。由于背面或埋层反射器具有较高的反射率，所以 MIMs 通常适用于宽频带辐射器[3,88-90]。虽然波长较长时（例如 10μm）可显著降低反射率。因此，Coutts 提出附加的前表面滤波器（FSF）可进一步提高效率。Wernsman 报告了一种置于 MIM 上，粘有光学环氧基树脂的绝缘-TCO 联合滤波器[1,91]。

4.6.3 锑砷化铟镓（InGaAsSb）

III-V 族四元合金在调节带隙和晶格常数方面可提供两个自由度。在生产同时具有所需带隙和与衬底密切匹配的外延层时，通常需要上述两个自由度[26]。锑砷化铟镓（InGaAsSb，也称 GaInAsSb）电池在锑化镓（GaSb）和砷化铟（InAs）衬底上可实现晶格匹配，且理论带隙在 0.29~0.72 eV 之间。该合金在作为与锑化镓晶格匹配的外延层时，具有更高的热力学稳定性。因此，使用锑化镓作为衬底[51]。这一混溶隙将较低带隙限制在 0.5 eV 左右[26]。使用扩散法和包括 LPE、MOCVD 和 MBE 在内的外延生长法制造出以锑化镓为衬底的锑砷化铟镓电池，该电池的带隙范围大约为 0.5(2.48μm)~0.6 eV(2.07μm)[3,26]。有报告已经指出锑砷化铟镓电池的电压因数 $\eta_{OC}=57.7\%$，填充系数 $\eta_{FF}=70\%$[92]。其他人也讨论了锑砷化铟镓 MIM 结构的设计中存在的难点[26,87]。具有埋层反射器的电池也已得到检验[59,93]。在锑化镓衬底上外延锑砷化铟镓制造出热光伏设备的代表性研究所有：麻省理工学院林肯实验室（波士顿）、Sarnoff 实验室（普林斯顿）、美国圣地亚（Sandia）国家实验室（新墨西哥州）、洛克希德·马丁公司（斯克内克塔迪）、约飞研究所（圣彼得堡）、德国弗劳恩霍夫太阳能系统研究所（Fraunhofer ISE）（弗莱堡）和其他研究机构[25]。

4.7 其他材料与方面

4.7.1 串联电池

单结电池的主要效率损失机理有两种，最终效率描述了这两种机理。第一种机理是能量 $h\nu$ 小于带隙能 $h\nu_g$ 的光子不能被转换（自由载流子加热）。热光伏转换技术可通过一些光谱控制手段抑制自由载流子加热。第二种机理的原因是能量 $h\nu>h\nu_g$ 的光子，这些光子仅能输出能量（热载流子加热）。理论上也可使用光谱控制将这一损失降到最低限度，但是这样会导致较低的、不合适的、通常不可接受的功率密度。如果考虑现有的高效电池（$h\nu_g>0.5$ eV）和基本的最终效率建模（参见第 6.2 节），

热光伏发电原理与设计

可以认为光谱控制手段比串联电池更有效，可以获得更高的转换效率。因此，在通过降低热载流子加热以改进转换效率和维持高能量密度方面，可将串联电池看作实现上述目标的进一步的方法，而绝不是首要的选择。串联电池、多结或级联电池的原理是将较宽的辐射光谱细分为两个或多个光谱带，电池可转换与自身带隙匹配的光谱。还有其他一些分离光谱的方法，包括光谱选择镜片、全息过滤和折射过滤。Imenes 等人评述了这些分离光谱的方法（参见第 3.8 节）[94]。目前，热光伏转换技术还没有考虑到使用这些方法。

串联电池的概念于 1955 年首次被提出，现在已经可以通过仅在电池顶部叠加另一个具有最大带隙的电池，便可以轻易地实现光谱过滤[95,96]。顶电池可吸收所有高于带隙能量的光子，并将低能量光子传递到底电池[72]。存在两种叠加电池的方法，即机械叠加单结电池和外延生长的单片集成电池。单片串联电池的优点是只需一种衬底。另一方面，外延生长更加复杂。串联电池的电子接线柱也存在差异（2、3 或 4 个接线柱）。为了降低复杂程度，通常更愿使用带有两个接线柱的电池。

在空间和聚光光伏应用领域，各种类型的高性能串联太阳能光伏电池使用锗（Ge）、锑化镓（GaSb）和铟镓砷（InGaAs）作为底电池材料[31]。这些太阳能串联电池领域的技术发展非常有益于热光伏转换技术中高质量低带隙电池的发展。由于这些电池具有高电流设计，尤其是在太阳能聚光发展中更是研究热点。例如，太阳能聚光系统用到的机械叠加锑化镓电池可用于热光伏系统。

当前，热光伏转换技术的研究方向是发展带有双结、双接线柱的外延生长单片集成电池。因此，下文仅限于讨论该种类型的电池。串联双接线柱结构的缺点是顶电池和底电池的光电流必须匹配，这限制了二者的带隙能范围。此外，双接线柱结构的性能会受到电池所处环境的影响。电池温度和辐射光谱发生变化时，可引起失配，最终导致电池性能降低[72,95,97]。与多变的太阳光谱相比，经过认真设计可实现热光伏系统中辐射光谱和电池带隙的匹配。串联结构的优点是随着叠加电池的数量，电压升高且电流减小。对于低电压电池和高照度的热光伏转换，该结构可降低串联电阻损失。热光伏转换技术中，已经有几种不同的外延生长单片集成低带隙串联电池。III-V 族半导体包括：锑化镓/锑砷化铟镓（0.72/0.56 eV）[3,26,98]、铟镓砷/铟镓砷（0.74/0.63 eV）[79,87,99]和磷砷化镓铟/铟镓砷（0.72/0.60 eV）[100]。

4.7.2 可供选择的半导体，电池设计和概念

有报告已经研究了在锑化镓（GaSb）衬底上生长铟镓砷（InGaSb）的电池。在

第四章　光伏电池

锑化镓衬底上外延生长的铟镓砷的原子晶格存在一个较大的失配。因此，研究的重点是基本的生长特征[1,4,26,50]。

自1990年以来，有学者对量子阱电池（QWCs）进行了检验。量子阱电池是一种在p-i-n电池本征区中内置多个量子阱系统的光伏设备。该电池具有可调带隙，这使得晶格不匹配、来源范围更大的合成物电池也可以生长。另外，与大多数电池相比，量子阱电池效率对温度升高不太敏感。研究发展的目标是磷化铟（InP）衬底上的磷砷化镓铟（InGaAsP）和铟镓砷（InGaAs）量子阱电池[101-103]。

对于陆地的太阳能聚光系统，已经有研究开发出使用硅的垂直结或银电池[41]。通过串联形式连接各电池个体后，可得到较高的电压和较低的电流。在高辐射密度条件下，可通过这一方式将串联电阻损失降至最低。Sater讨论了带有背反射器的垂直结锗（Ge）电池的使用[104]。

对于太阳能光伏薄膜电池，需要考虑的一个主要问题就是在未来降低光伏模块的价格［例如碲化镉（CdTe）、铜铟镓硒（$CuInGaSe_2$）、硅（Si）］[31]。当前阶段，薄膜电池在热光伏转换中扮演配角。长远看来，这一情况可得到改善[1,71,76,77]。

大多数热光伏系统的光伏电池温度维持在100℃以下。Luque提出让太阳能电池在高温下运行（例如最高达到230℃），以及在一个额外的热机（例如热电发电机）中利用电池余热[105]。有研究已经考虑在太空中应用高温热光伏电池。在太空中使用该系统的主要难点是光伏电池的散热。低温运行需要大型散热片，因为在太空中，热量只能以辐射形式消除。因此，已经在最高温度为230℃时对使用光伏电池的热光伏系统进行了检验[106-108]。效率限制主要源于填充系数和电压因数会随着温度的上升而下降。一个优点是可使用较高带隙的光伏电池，因为在运行温度较高时，带隙能会下降至一个适合的较低值。从近日太阳能光伏发展中也可对热光伏高温电池进行研究。

如果这些正在研究的太阳能光伏转换方法能够得到充分证明，那么，这将会对未来热光伏转换技术产生影响。这些例子有热电子电池[19,45,105]、光上下转换[109]和整流天线领域的太阳能收集作用[110,111]。整流天线已经证明其在微波辐射转换为电能方面具有很高的转换效率。例如，该系统已被证明可将大于80%的单色微波辐射转换为电能。太阳能辐射转换中的主要挑战是需要小型物理结构。红外（IR）辐射允许使用较大的结构，但是辐射器光谱可能也会被限制在很窄的范围内。因此，整流天线领域可能更适于直接将热能转换为电能。但是据笔者所知，目前在这一领域还没有相关研究。

4.7.3 光伏电池效率的测试

对于太阳能平板光伏，已经建立了电池效率的测定程序和标准化测量方法。标准条件包括温度、总辐射密度、光谱分配和区域的定义。太阳能聚光光伏的标准化更加难以实现，已有或正在制订的相关标准少之又少。对于热光伏转换技术，目前还没有定义出标准条件以报告光伏电池效率[45]。有报告已经指出了太阳能聚光光伏和热光伏的相似之处，这可能有助于确定合适的热光伏电池效率测定程序[112]。该效率强烈依赖于辐射光谱和热光伏电池，通过使用不同的光谱已经可以描述出这一特征。它们包括太阳能光伏条件（AM0、AM1.5）和热光伏辐射器（例如硅碳化合物或钨）。不仅是辐射的光谱分布，辐射的空间和角度分布对电池效率也有影响。辐射的空间分布是指照度的均匀性。辐射的角度分布是指辐射到电池的入射角。理想的黑体辐射器发射的辐射呈朗伯型，这与平行太阳辐射存在根本性不同。因此，电池效率取决于辐射的角度分布。热光伏系统中，辐射的空间、角度和光谱分布与空腔设计有关。

这一简短的讨论指出热光伏电池的效率测量十分具有挑战性。在报告时需要对电池效率进行仔细评估，因为其值强烈依赖于运行条件。建立特征描述程序对于热光伏发展具有很大的价值，最终目标是建立标准的特征描述条件[45,112-118]。

4.7.4 光伏电池冷却

通常，可将太阳能聚光光伏和电力电子系统的冷却技术应用于光伏电池。对于电池冷却，需要确定合适的电池-散热器连接设计。由于光伏电池中电气绝缘层和导热基板（例如铜或铝）的热膨胀系数不同，将会产生热机应力。能够满足要求的常用电气绝缘层是环氧树脂层和陶瓷基板，例如氧化铝（Al_2O_3）、氮化铝（AlN）或氧化铍（BeO）。其中氮化铝和氧化铍已经应用在锑化镓（GaSb）电池中[81,119]。Martinelli 和 Stefancich 所著的章节中就电池-散热器连接方面进行了详细的讨论[40]。

与基板连接的换热器可使用气体（通常为空气）或液体（通常为水）吸收热量。一般所使用的冷却系统为被动式（例如自由的空气对流、热虹吸[120]、热导管）和主动式（例如强制通风[121]或水）。代表性做法是使用水泵带动强制对流水循环，达到冷却光伏电池的目的。为将热量排到环境中，完整的系统还需要一个空气换热器。为加快换热速率，可使用热载体的液-气态变化（沸腾）。Carlson 和 Fraas 描述的系统中，是将冷却剂沸腾用于电池和风冷式冷凝器，从而将热量转移至环境

第四章 光伏电池

中[122]。液化燃料扩张时的焦耳-汤姆孙效应也可用于电池冷却。

4.7.5 辅助电子元件

为使光伏电池矩阵能在最大功率点运行，热光伏系统还需要一个最大电功率跟踪器（与图4-1比较）。太阳能光伏设备可使用不同的跟踪器。与波动照明条件下的太阳能转换相比，在稳定照明条件下的热光伏系统电池运行条件则没有那么严格。

现有热光伏系统通常被设计为恒定的电功率输出。这一运行方式可能适用于一些设备（例如工业余热回收系统），而不适用于其他设备（例如负荷变动的便携式电源）。通过电能储存可克服这一限制。可将蓄电池组作为补充，实现负荷量平衡[121]。原则上，也可考虑选择（超级）电容器等其他可行手段。

4.8 总 结

本章叙述了光伏电池的一些基本理论。理解电池带隙能对热光伏转换效率的影响十分重要。对于效率建模，主要可分为两种方法：第一种方法是使用暗饱和电流密度与带隙能模型。第二种方法是基于部分电池效率，本章已对其做了详细的介绍。这些效率有电压因子、填充因子、收集效率和最终效率。部分电池效率的优点是存在区分电池性能和光谱控制质量的可能性。结果表明，电池相关效率（填充因子和电压因子的乘积）会随着带隙能降低而显著减小。另一方面，最佳的最终效率通常要求电池带隙较低。因此，高效的设计要在电池相关效率和最终效率之间做出权衡。部分效率评估考虑到了关键效率的认定和综合效率的最优化。

在 IV 族半导体中，现有研究对硅电池的理解已经很透彻，其高性能也得到了证明。另一方面，对于热光伏转换技术，硅电池具有相对较高的带隙。高效的系统中，硅电池需要较高的辐射器温度或高性能的光谱控制。但当前阶段中，合适的高性能光谱控制还未得到验证。由于锗（Ge）电池具有与锑化镓（GaSb）电池相似的带隙能，因此认为前者可与后者媲美。锑化镓电池的性能更高，但是近期已有关于锗电池改进的相关报告。锗电池具有衬底成本较低、可安装用于光谱控制的背反射器等优点。

低带隙 III-V 族半导体的主要研究对象是锑化镓（0.7 eV）、铟镓砷（0.6～0.7 eV）和锑砷化铟镓（0.5～0.6 eV），括号内为各自的工作带隙能。现有研究对锌扩散锑化镓（Zn-diffused GaSb）电池的理解已经很透彻，大规模生产这种电池也变得切实可行。有研究证明，复杂的外延生长电池（铟镓砷和锑砷化铟镓）也具有高性能，与扩散电池相比，可为解决热光伏的某个具体方面的问题提供更多的灵活性。例如，单片连接组件（MIMs）可使设计出的系统具有升高的电池电压和附加的光谱控制手段（例如埋层反射器）。此外，在低电流（或高电压）效率改良的过程中，外延生长的III-V族多结电池具有光明的前景。

参考文献

[1] Coutts TJ (1999) A review of progress in thermophotovoltaic generation of electricity. Renew Sustain Energy Rev 3 (2~3)：77~184

[2] Coutts TJ (2001) Chapter 11：Thermophotovoltaic generation of electricity. In：Archer MD, Hill R (eds) Clean electricity from photovoltaics, vol 1. Series on photoconversion of solar energy, Imperial College Press, London

[3] Andreev VM (2003) An overview of TPV cell technologies. Proceeding of the 5th conference on thermophotovoltaic generation of electricity, Rome, Italy, 16—19 Sept 2002. American Institute of Physics, pp 289~304

[4] Bhat IB, Borrego JM, Gutmann RJ, Ostrogorsky AG (1996) TPV energy conversion：a review of material and cell related issues. Proceeding of the 31st intersociety energy conversion engineering conference. IEEE, pp 968~973

[5] Iles PA (1990) Non-solar photovoltaic cells. Proceeding of the 21st IEEE Photovoltaic Specialists Conference, IEEE, pp 420~425

[6] Woolf LD (1986) Optimum efficiency of single and multiple bandgap cells In：thermophotovoltaic energy conversion. Sol Cells 19 (1)：19~38

[7] Woolf LD (1985) Optimum efficiency of single and multiple band gap cells in TPV energy conversion. Proceeding of the 18th IEEE photovoltaic specialists conference. IEEE, pp 731~1732

[8] Chubb D (2007) Fundamentals of thermophotovoltaic energy conversion. Elsevier Science, Amsterdam

[9] Baldasaro PF, Brown EJ, Depoy DM, Campbell BC, Parrington JR (1995) Experimental assessment of low temperature voltaic energy conversion. Proceeding of the 1st NREL conference on thermophotovoltaic generation of electricity, Copper Mountain, Colorado, 24—28 July 1994. American Institute of Physics, pp 29~43

[10] Shockley W, Queisser HJ (1961) Detailed balance limit of efficiency of p-n junction

solar cells. Appl Phys 32: 510~519

[11] Yeargan JR, Cook RG, Sexton FW (1976) Thermophotovoltaic systems for electrical energy conversion. Proceeding of the 12th IEEE photovoltaic specialists conference, IEEE, pp 807~813

[12] Charache GW, Egley JL, Depoy DM, Danielson LR, Freeman MJ, Dziendziel RJ, Moynihan JF, Baldasaro PF, Campbell BC, Wang CA, Choi HK, Turner GW, Wojtczuk SJ, Colter P, Sharps P, Timmons M, Fahey RE, Zhang K (1998) Infrared materials for thermophotovoltaic applications. J Electron Mater 27: 1038~1042

[13] Baldasaro PF, Raynolds JE, Charache GW, DePoy DM, Ballinger CT, Donovan T, Borrego JM (2001) Thermodynamic analysis of thermophotovoltaic efficiency and power density tradeoffs. Appl Phys 89: 3319~3327

[14] Murray S, Aiken D, Stan M, Murray C, Newman F, Hills J, Siergiej RR, Wernsman B (2002) Effect of metal coverage on the performance of 0.6 eV InGaAs monolithic interconnected modules. Proceeding of the 5th conference on thermophotovoltaic generation of electricity, Rome, Italy, 16—19 Sept 2002. American Institute of Physics, pp 424~433

[15] Luque A (1990) The requirements of high efficiency solar cells. In: Luque A, Araujo GL (eds) Physical limitations to photovoltaic energy conversion. Taylor & Francis, London, pp 1~42

[16] Sze SM (1981) Physics of semiconductor devices, 2nd edn. Wiley, New York

[17] Coutts TJ, Ward JS (1999) Thermophotovoltaic and photovoltaic conversion at high-flux densities. IEEE Trans Electron Devices 46 (10): 2145~2153

[18] Fraas L, Samaras J, Han-Xiang Huang, Seal M, West E (1999) Development status on a TPV cylinder for combined heat and electric power for the home. Proceeding of the 4th NREL Conference on Thermophotovoltaic Generation of Electricity, Denver, Colorado, 11—14 Oct. 1998. American Institute of Physics, pp 371~383

[19] Würfel P (1995) Physik der Solarzellen (in German), 2nd edn. Spektrum Akademischer Verlag, Heidelberg

[20] Henry CH (1980) Limiting efficiency of ideal single and multiple energy gap terrestrialcells. J Appl Phys 51: 4494~4500

[21] Létay G (2003) Modellierung von III-V Solarzellen (in German). Doctoral thesis,

University of Konstanz

[22] Charache GW, Baldasaro PF, Danielson LR, Depoy DM, Freeman MJ, Wang CA, Choi HK, Garbuzov DZ, Martinelli RU, Khalfin V, Saroop S, Borrego JM, Gutmann RJ (1999) InGaAsSb thermophotovoltaic diode: physics evaluation. J Appl Phys 85: 2247~2252

[23] Catalano A (1996) Thermophotovoltaics: a new paradigm for power generation? Renewable Energy 8: 495~499

[24] Wanlass MW, Emery KA, Gessert TA, Horner GS, Osterwald CR, Coutts TJ (1989) Practical considerations in tandem cell modeling. Sol Cells 27: 191~204

[25] Mauk MG (2006) Survey of thermophotovoltaic (TPV) devices. In: Krier A (ed) Mid-infrared semiconductor optoelectronics. Springer, London, pp 673~738

[26] Mauk MG, Andreev VM (2003) GaSb-related materials for TPV cells. Semicond SciTechnol 18: 191~201

[27] Partain LD (1995) Solar cells and their applications. Wiley Interscience, New York

[28] Sale Items (2010) JX-Crystals Inc., US [Online] Available at: http://www.jxcrystals.com/4salenew.htm. Accessed 28 April 2010

[29] Andreev VM, Khvostikov VP, Khvostikova OV, Oliva, EV, Rumyantsev VD, Shvarts MZ, Tabarov TS (2003) Low band gap Ge and InAsSbP/InAs-based TPV cells. Proceeding of the 5th conference on thermophotovoltaic generation of electricity, Rome, Italy, 16—19 Sept 2002. American Institute of Physics, pp 383~391

[30] Wilt DM, Fatemi NS, Jenkins PP, Weizer VG, Hoffman, RW, Jain RK, Murray CS, Riley DR (1997) Electrical and optical performance characteristics of 0.74 eV p_n InGaAs monolithic interconnected modules. Proceeding of the 3rd NREL Conference on thermophotovoltaic generation of electricity, Denver, Colorado, 18—21 May 1997. American Institute of Physics, pp 237~247

[31] Green MA, Emery K, Hishikawa Y, Warta W (2009) Solar cell efficiency tables (version 33) short communication. Prog Photovoltaics Res Appl 17: 85~94

[32] van der Heide J, Posthuma NE, Flamand G, Poortmans J (2007) Development of low-cost thermophotovoltaic cells using germanium substrates. Proceeding of the 7th world Conference on the thermophotovoltaic generation of electricity, Madrid, 25—27 Sept 2006. American Institute of Physics, pp 129~138

[33] Sellers I (2000) Quantum well cells for applications in thermophotovoltaics. PhD Thesis, University of London, Imperial College of Science, Technology and Medicine

[34] Hampe C (2002) Untersuchung influenzierter und diffundierter pn-Übergänge von Terrestrik-und Thermophotovoltaik-Siliciumsolarzellen (in German), Doctoral thesis, Institut für Solarenergieforschung GmbH Hameln/Emmerthal (ISFH)

[35] Green MA, Emery K, King DL, Igari S, Warta W (2003) Solar cell efficiency tables (version 22). Prog Photovoltaics Res Appl 11: 347~352

[36] Welser E, Dimroth F, Ohm A, Guter W, Siefer G, Philipps S, Schöne J, Polychroniadis EK, Konidaris S, Bett AW (2007) Lattice-matched GaInAsSb on GaSb for TPV cells. Proceeding of the 7th world conference on the thermophotovoltaic generation of electricity, Madrid, 25—27 Sept 2006. American Institute of Physics, pp 107~114

[37] Zenker M (2001) Thermophotovoltaische Konversion von Verbrennungswaerme (in German). Doctoral thesis, Albert-Ludwigs-Universität Freiburg im Breisgau

[38] Luque A (2001) Concentrator cells and systems. In: Archer MD, Hill R (eds) Clean electricity from photovoltaics, Chap 12, vol 1. Series on photoconversion of solar energy, Imperial College Press, London

[39] Fraas LM, Avery JE, Gruenbaum PE, Sundaram S, Emery K, Matson R (1991) Fundamental characterization studies of GaSb solar cells. Proceeding of the 22nd IEEE photovoltaic specialists conference, pp 80~84

[40] Martinelli G, Stefancich M (2007) Solar cell cooling. In: Luque A, Andreev V (eds) Concentrator photovoltaics, Chap 7. Springer, Berlin, pp 133~149

[41] Blakers A (2007) Silicon concentrator solar cells. In: Luque A, Andreev V (eds) Concentrator photovoltaics, Chap 3. Springer, Berlin, pp 51~66

[42] Bitnar B (2003) Silicon, germanium and silicon/germanium photocells for thermophotovoltaics applications. Semicond Sci Technol 18: 221~227

[43] Bett AW, Dimroth F, Stollwerck G, Sulima OV (1999) III-V compounds for solar cell applications. Appl Phys A A69 (2): 119~129

[44] Bett AW, Sulima OV (2003) GaSb photovoltaic cells for applications in TPV generators. Semicond Sci Technol 18: 184~190

[45] Nagashima T, Corregidor V (2007) An overview of the contributions under cell tech-

nologies topic. Proceeding of the 7th world conference on the thermophotovoltaic generation of electricity, Madrid, 25—27 Sept 2006. American Institute of Physics, pp 127~128

[46] Dutta PS, Ostrogorsky AG, Gutmann RJ (1997) Bulk growth of GaSb and $Ga_{1-x}In_x$Sb. Proceeding of the 3rd NREL Conference on thermophotovoltaic generation of electricity, Denver, Colorado, 18—21 May 1997. American Institute of Physics, pp 157~166

[47] Dutta PS, Ostrogorsky AG, Gutmann RJ (1999) Bulk crystal growth of antimonide based III-V compounds for TPV applications. Proceeding of the 4th NREL Conference on thermophotovoltaic generation of electricity, Denver, Colorado, 11—14 Oct 1998. American Institute of Physics, pp 227~236

[48] Vincent J, Díaz-Guerra C, Piqueras J, Diéguez E (2007) Technical developments and principal results of vertical feeding method for GaSb and GaInSb alloys. Proceeding of the 7th world Conference on thermophotovoltaic generation of electricity, Madrid, 25—27 Sept 2006. American Institute of Physics, pp 89~98

[49] Alferov Zh I, Andreev VM, Rumyantsev VD (2007) III-V heterostructures in photovoltaics. In: Andreev V, Luque A (eds) Concentrator Photovoltaics, Chap 2. Springer, Berlin, pp 25~50

[50] Sulima OV, Bett AW, Mauk MG, Mueller RL, Dutta PS, Ber BY (2003) GaSb-, InGaAsSb-, InGaSb- and InAsSbP TPV cells with Zn-diffused emitters. Proceeding of the 5th Conference on thermophotovoltaic generation of electricity, Rome, Italy, 16—19 Sept 2002. American Institute of Physics. pp 434~441

[51] Wang CA (2004) Antimony-based III-V thermophotovoltaic materials and devices. Proceeding of the 6th international conference on thermophotovoltaic generation of electricity, Freiburg, Germany, 14—16 June 2004. American Institute of Physics, pp 255~266

[52] Gevorkyan VA, Aroutiounian VM, Gambaryan KM, Arakelyan AH, Andreev IA, GolubevLV, Yakovlev YP, Wanlass MW (2007) The growth of low band-gap InAsSbP based diode heterostructures for thermo-photovoltaic application. Proceeding of the 7th world conference on thermophotovoltaic generation of electricity, Madrid, 25—27 Sept 2006. American Institute of Physics, pp 165~173

[53] Horne WE, Morgan MD, Sundaram VS (1996) IR filters for TPV converter mod-

ules. Proceeding of the 2nd NREL conference on thermophotovoltaic generation of electricity, Colorado Springs, 16—20 July 1995. American Institute of Physics, pp 35~51

[54] Fourspring PM, DePoy DM, Beausang JF, Gratrix EJ, Kristensen RT, Rahmlow TD, Talamo PJ, Lazo-Wasem JE, Wernsman B (2004) Thermophotovoltaic spectral control. Proceeding of the 6th international conference on thermophotovoltaic generation of electricity, Freiburg, Germany, 14—16 June 2004. American Institute of Physics, pp 171~179

[55] Murthy SD, Langlois E, Bath I, Gutmann R, Brown E, Dzeindziel R, Freeman M, Choudhury N (1996) Characteristics of indium oxide plasma filters deposited by atmospheric pressure CVD. Proceeding of the 2nd NREL Conference on thermophotovoltaic generation of electricity, Colorado Springs, 16—20 July 1995. American Institute of Physics, pp 290~311

[56] Fraas LM, Avery JE, Huang HX, Martinelli RU (2003) Thermophotovoltaic system configurations and spectral control. Semicond Sci Technol 18: 165~173

[57] Abbott P, Bett AW (2004) Cell-mounted spectral filters for thermophotovoltaic applications. Proceeding of the 6th International Conference on thermophotovoltaic generation of electricity, Freiburg, Germany, 14—16 June 2004. American Institute of Physics, pp 244~251

[58] Green MA (2007) Single junction cells. In: Green MA (ed) Third generation photovoltaics advanced solar energy conversion, Chap 4. Springer, Berlin, pp 35~58

[59] Wang CA, Murphy PG, OBrien PW, Shiau DA, Anderson AC, Liau ZL, Depoy DM, Nichols G (2003) Wafer-bonded internal back-surface reflectors for enhanced TPV performance. Proceeding of the 5th Conference on thermophotovoltaic generation of electricity, Rome, Italy, 16—19 Sept 2002. American Institute of Physics, pp 473~481

[60] Volz W (2001) Entwicklung und Aufbau eines thermophotovoltaischen Energiewandlers (in German). Doctoral thesis, Universität Gesamthochschule Kassel, Institut für Solare Energieversorgungstechnik (ISET)

[61] Charache GW, DePoy DM Baldasaro PF, Campbell BC (1996) Thermophotovoltaic device utilizing a back surface reflector for spectral control. Proceeding of the 2nd

NREL Conference on Thermophotovoltaic Generation of Electricity, Colorado Springs, 16—20. July 1995. American Institute of Physics, pp 339~350

[62] Fernández J, Dimroth F, Oliva E, Hermle M, Bett AW (2007) Back-surface Optimization of Germanium TPV Cells. Proceeding of the 7th world conference on thermophotovoltaic generation of electricity, Madrid, 25—27 Sept 2006. American Institute of Physics, pp 190~197

[63] Nelson RE (2003) A brief history of thermophotovoltaic development. Semicond Sci Technol 18: 141~143

[64] Nelson RE (1995) Thermophotovoltaic emitter development. Proceeding of the 1st NREL Conference on Thermophotovoltaic Generation of Electricity, Copper Mountain, Colorado, 24—28 July 1994. American Institute of Physics, pp 80~96

[65] Palfinger G, Bitnar B, Durisch W, Mayor J-C, Grutzmacher D, Gobrecht J (2003) Cost estimate of electricity produced by TPV. Semicond Sci Technol 18: 254~261

[66] Qiu K, Hayden A (2004) A novel integrated TPV power generation system based on a cascaded radiant burner. Proceeding of the 6th International Conference on thermophotovoltaic generation of electricity, Freiburg, Germany, 14~16 June 2004. American Institute of Physics, pp 105~113

[67] Swanson RM (2000) The promise of concentrators. Prog Photovoltaics Res Appl 8: 93~111

[68] Hampe C, Metz A, Hezel R (2002) Innovative Silicon-concentrator solar cell for thermophotovoltaic application. Proceeding of the 17th european photovoltaic solar energy conference, Munich, 22—26 Oct 2001. WIP, pp 18~22

[69] Posthuma N, Heide J, Flamand G, Poortmans J (2004) Development of low cost germanium photovoltaic cells for application in TPV using spin-on diffusants. Proceeding of the 6th International Conference on Thermophotovoltaic Generation of Electricity, Freiburg, Germany 14—16 June 2004. American Institute of Physics, pp 337~344

[70] Nagashima T, Okumura K, Yamaguchi M (2007) A germanium back contact type thermophotovoltaic cell. Proceeding of the 7th World Conference on the thermophotovoltaic generation of electricity, Madrid, 25—27 Sept 2006. American Institute of Physics, pp 174~181

[71] Palfinger G (2006) Low dimensional Si/SiGe structures deposited by UHV-CVD for thermophotovoltaics. Doctoral thesis, Paul Scherrer Institut

[72] Yamaguchi M (2001) Super-high efficiency III-V tandem and multijunction cells. In: Archer MD, Hill R (eds) Clean electricity from photovoltaics, Chap 8, vol 1. Series on photoconversion of solar energy, Imperial College Press, London

[73] Fraas L, Ballantyne R, She-Hui Shi-Zhong Ye, Gregory S, Keyes J, Avery J Lamson D, Daniels B (1999) Commercial GaSb cell and circuit development for the Midnight Sun (R) TPV stove. Proceeding of the 4th NREL Conference on thermophotovoltaic generation of electricity, Denver, Colorado, 11—14 Oct 1998. American Institute of Physics, pp 480~487

[74] Corregidor V, Vincent J, Algora C, Diéguez E (2007) Thermophotovoltaic converters based on poly-crystalline GaSb. Proceeding of the 7th world conference on thermophotovoltaic generation of electricity, Madrid, 25—27 Sept 2006. American Institute of Physics, pp 157~164

[75] Contreras M, Wiesner H, Webb J (1997) Thin-film polycrystalline $Ga_{1-x}In_xSb$ materials. Proceeding of the 3rd NREL conference on thermophotovoltaic generation of electricity, Denver, Colorado, 18—21 May 1997. American Institute of Physics, pp 403~410

[76] Dhere NG (1997) Appropriate materials and preparation techniques for polycrystalline-thin-film thermophotovoltaic cells. Proceeding of the 3rd NREL conference on thermophotovoltaic generation of electricity, Denver, Colorado, 18—21 May 1997. American Institute of Physics, pp 423~442

[77] Wanlass MW, Schwartz RJ (1995) Introduction to workshop spectral control and converters. Proceeding of the 1st NREL conference on thermophotovoltaic generation of electricity, Copper Mountain, Colorado, 24—28 July 1994. American Institute of Physics, pp 6~12

[78] Zheng L, Sweileh GM, Haywood SK, Scott CG, Lakrimi M, Mason NJ, Walker PJ (1999) p-GaSb/n-GaAs heterojunctions for thermophotovoltaic cells grown by MOVPE. Proceeding of the 4th NREL conference on thermophotovoltaic generation of electricity, Denver, Colorado, 11—14 Oct 1998. American Institute of Physics, pp 525~534

[79] Wanlass MW, Ahrenkiel SP, Ahrenkiel RK, Carapella JJ, Wehrer RJ, Wernsman B (2004) Recent advances in low-bandgap, InP-Based GaInAs/InAsP materials and devices for thermophotovoltaic (TPV) energy conversion. Proceeding of the 6th international conference on thermophotovoltaic generation of electricity, Freiburg, Germany, 14—16 June 2004. American Institute of Physics, pp 427~435

[80] Fraas LM, Avery JE, Sundaram VS, Dinh VT, Davenport TM, Yerkes JW, Gee JM, Emery KA (1990) Over 35% efficient GaAs/GaSb stacked concentrator cell assemblies for terrestrial applications. Proceeding of the 21st IEEE photovoltaic specialists conference, pp 190~195

[81] Khvostikov VP, Gazaryan PY, Khvostikova OA, Potapovich NS, Sorokina, SV, Malevskaya AV, Shvarts MZ, Shmidt NM, Andreev VM (2007) GaSb Applications for solar thermophotovoltaic conversion. Proceeding of the 7th world conference on thermo-photovoltaic generation of electricity, Madrid, 25—27 Sept 2006. American Institute of Physics, pp 139~148

[82] Wojtczuk S, Gagnon E, Geoffroy L, Parodos T (1995) $In_xGa_{1-x}As$ thermophotovoltaic cell performance vs. bandgap. Proceeding of the 1st NREL conference on thermophotovoltaic generation of electricity, Copper Mountain, Colorado, 24—28 July 1994. American Institute of Physics, pp 177~187

[83] Karlina LB, Blagnov PA, Kulagina MM, Vlasov AS, Vargas-Aburto C, Uribe RM (2003) Zinc (P) diffusion in $In_{0.53}Ga_{0.47}As$ and GaSb for TPV devices. Proceeding of the 5th conference on thermophotovoltaic generation of electricity, Rome, Italy, 16—19 Sept 2002. American Institute of Physics, pp 373~382

[84] Ginige R, Kelleher C, Corbett B, Hilgarth J, Clarke G (2002) The design, fabrication and evaluation of InGaAs/InP TPV cells for commercial applications. Proceeding of the 5th conference on thermophotovoltaic generation of electricity, Rome, Italy, 16—19 Sept 2002. American Institute of Physics, pp 354~362

[85] Murray SL, Newman FD, Murray CS, Wilt DM, Wanlass MW, Ahrenkiel P, Messham R, Siergiej RR (2003) MOCVD growth of lattice-matched and mismatched InGaAs materials for thermophotovoltaic energy conversion. Semicond Sci Technol 18: 202~208

[86] Wanlass MW, Carapella JJ, Duda A, Emery K, Gedvilas L, Moriarty T, Ward S,

Webb J, Wu X, Murray CS (1999) High-Performance, 0.6 eV, GaInAs InAsP thermophotovoltaic converters and monolithically interconnected modules. Proceeding of the 4th NREL conference on thermophotovoltaic generation of electricity, Denver, Colorado, 11—14 Oct 1998. American Institute of Physics, pp 132~141

[87] Wilt D, Wehrer R, Palmisiano M, Wanlass M, Murray C (2003) Monolithic interconnected modules (MIMs) for thermophotovoltaic energy conversion. Semicond Sci Technol 18: 209~215

[88] Siergiej RR, Wernsman B, Derry SA, Wehrer RJ, Link SD, Palmisiano, MN, Messham RL, Murray S, Murray CS, Newman F, Hills J, Taylor D (2003) 20% efficient InGaAs/InPAs thermophotovoltaic cells. Proceeding of the 5th conference on thermophotovoltaic generation of electricity, Rome, Italy, 16—19 Sept 2002. American Institute of Physics, pp 414~423

[89] Ringel SA, Sacks RN, Qin L, Clevenger MB, Murray CS (1999) Growth and properties of InGaAs/FeAl/InAlAs/InP heterostructures for buried reflector/interconnect applications in InGaAs thermophotovoltaic devices. Proceeding of the 4th NREL conference on thermophotovoltaic generation of electricity, Denver, Colorado, 11—14 Oct 1998. American Institute of Physics, pp 142~151

[90] Ward JS, Duda A, Wanlass MW, Carapella JJ, Wu X, Matson RJ, Coutts TJ, Moriarty T, Murray CS, Riley DR (1997) Novel design for monolithic interconnected modules (MIMS) for thermophotovoltaic power conversion. Proceeding of the 3rd NREL conference on thermophotovoltaic generation of electricity, Denver, Colorado, 18—21 May 1997. American Institute of Physics, pp 227~236

[91] Wernsman B, Siergiej RR, Link SD, Mahorter RG, Palmisiano MN, Wehrer RJ, Schultz RW, Schmuck GP, Messham RL, Murray S, Murray CS, Newman F, Taylor D, DePoy DM, Rahmlow T (2004) Greater than 20% radiant heat conversion efficiency of a thermophotovoltaic radiator/module system using reflective spectral control. Trans Electron Devices 51 (3): 512~515

[92] Shellenbarger Z, Taylor G, Martinelli R, Carpinelli J (2004) High performance InGaAsSb thermophotovoltaic cells via multi-wafer OMVPE growth. Proceeding of the 6th International Conference on thermophotovoltaic generation of electricity, Freiburg, Germany, 14—16 June 2004. American Institute of Physics, pp 314~323

[93] Mauk MG, Shellenbarger ZA, Gottfried MI, Cox JA, Feyock BW, McNeely JB, DiNetta LC, Mueller RL (1997) New concepts for III-V antimonide thermophotovoltaics. Proceeding of the 3rd NREL conference on thermophotovoltaic generation of electricity, Denver, Colorado, 18—21 May 1997. American Institute of Physics, pp 129~137

[94] Imenes AG, Mills DR (2004) Spectral beam splitting technology for increased conversion efficiency in solar concentrating systems: a review. Sol Energy Mater Sol Cells 84: 19~69

[95] Green MA (2003) Tandem cells. In: Green MA (ed) "Third generation photovoltaics -advanced solar energy conversion", Chap 5. Springer, Berlin, pp 59~67

[96] Jackson ED (1955) Areas for Improvement of the semiconductor solar energy converter. Trans Conf Use Sol Energy 5: 122~126, 31 Oct—1 Nov

[97] Algora C (2007) Very-High-concentration challenges of III-V multijunction solar cells. In: Luque A, Andreev V (eds) Concentrator Photovoltaics, Chap 5. Springer, Berlin, pp 89~111

[98] Rumyantsev VD, Khvostikov VP, Sorokina O, Vasilev AI, Andreev VM (1999) Portable TPV generator based on metallic emitter and 1.5-amp GaSb cells. Proceeding of the 4th NREL Conference on Thermophotovoltaic Generation of Electricity, Denver, Colorado, 11—14 Oct 1998. American Institute of Physics, pp 384~393

[99] Wilt DM, Wehrer RJ, Maurer WF, Jenkins PP, Wernsman B, Schultz RW (2004) Buffer layer effects on tandem InGaAs TPV devices. Proceeding of the 6th international conference on thermophotovoltaic generation of electricity, Freiburg, Germany 14—16 June 2004. American Institute of Physics, pp 453~461

[100] Siergiej RR, Sinharoy S, Valko T, Wehrer RJ, Wernsman B, Link SD, Schultz RW, Messham RL (2004) InGaAsP/InGaAs tandem TPV device. Proceeding of the 6th international conference on thermophotovoltaic generation of electricity, Freiburg, Germany, 14—16 June 2004. American Institute of Physics, pp 480~488

[101] Rohr C (2000) InGaAsP quantum well cells for thermophotovoltaic applications. Imperial college of science technology and medicine, London

[102] Connolly JP, Rohr C (2003) Quantum well cells for thermophotovoltaics. Semicond Sci Technol 18: 216~220

[103] Hardingham CM (2001) Chapter 13: cells and systems for space applications. In: Archer MD, Hill R (eds) Clean electricity from photovoltaics, vol 1. Series on photoconversion of solar energyImperial College Press, London

[104] Sater BL (1995) Vertical multi-junction cells for thermophotovoltaic conversion. Proceeding of the 1st NREL Conference on Thermophotovoltaic Generation of Electricity, Copper Mountain, Colorado, 24—28 July 1994. American Institute of Physics, pp 165~176

[105] Luque A (2007) Solar Thermophotovoltaics: Combining solar thermal and photovoltaics. Proceeding of the 7th world conference on thermophotovoltaic generation of electricity, Madrid, 25—27 Sept 2006. American Institute of Physics, pp 3~16

[106] Chen Z, Brandhorst HW (1999) Effect of elevated temperatures on the performance of an InP cell illuminated by a selective emitter. Proceeding of the 4th NREL conference on thermophotovoltaic generation of electricity, Denver, Colorado, 11—14 Oct 1998. American Institute of Physics, pp 438~445

[107] Chen Z, Brandhorst HW, Wells BK (2001) InAsP cells for solar thermophotovoltaic applications. IEEE Aerosp Electron Syst Mag 16 (4): 39~43

[108] Brandhorst HW, Chen Z (2000) Thermophotovoltaic conversion using selective infrared line emitters and large band gap photovoltaic devices, Auburn University, US Patent 6072116

[109] Luque A, Martí A, Cuadra L, Algora C, Wahnon P, Sala G, Benítez P, Bett AW, Gombert A, Andreev VM, Jassaud C, Van Roosmalen JAM, Alonso J, Räuber A, Strobel G, Stolz W, Bitnar B, Stanley C, Conesa JC, Van Sark W, Barnham K, Danz R, Meyer T, Luque-Heredia I, Kenny R, Christofides C (2004) FULLSPECTRUM: a new PV wave making more efficient use of the solar spectrum. Proceeding of the 19th European photovoltaic solar energy conference and exhibition, Paris, 7—11 June

[110] Corkish R, Green MA, Puzzer T (2002) Solar energy collection by antennas. Sol Energy73: 395~401

[111] Goswami DY, Vijayaraghavan S, Lu S, Tamm G (2004) New and emerging developments in solar energy. Sol Energy 76: 33~43

[112] Sala G, Antón I, Domínguez C (2007) Qualification testing of TPV systems and

[113] Gethers CK, Ballinger CT, DePoy DM (1999) Lessons learned on closed cavity TPV system efficiency measurement. Proceeding of the 4th NREL conference on thermophotovoltaic generation of electricity, Denver, Colorado, 11—14 Oct 1998. American Institute of Physics, pp 335~348

[114] Gethers CK, Ballinger CT, Postlethwait MA, DePoy DM, Baldasaro PF (1997) TPV efficiency predictions and measurements for a closed cavity geometry. Proceeding of the 3rd NREL conference on thermophotovoltaic generation of electricity, Denver, Colorado, 18—21 May 1997. American Institute of Physics, pp 471~486

[115] Emery K (2003) Characterizing thermophotovoltaic cells. Semicond Sci Technol 18: 228~231

[116] Emery K, Basore P (1995) Workshop: device and system characterization: consensus recommendations. Proceeding of the 1st. NREL conference on thermophotovoltaic generation of electricity, Copper Mountain, Colorado, 24—28 July 1994. American Institute of Physics, pp 23~26

[117] Burger DR, Mueller RL (1995) Characterization of thermophotovoltaic cells. Proceeding of the 1st NREL conference on thermophotovoltaic generation of electricity, Copper Mountain, Colorado, 24—28 July 1994. American Institute of Physics, pp 457~72

[118] Zierak M, Borrego J, Bhat I, Ehsani H, Marcy D, Gutmann R, Parrington J, Charache G, Nichols G (1995) Characterization of InGaAs TPV cells. Proceeding of the 1st NREL conference on thermophotovoltaic generation of electricity, Copper Mountain, Colorado, 24—28 July 1994. American Institute of Physics, pp 473~483

[119] Mattarolo G (2007) Development and modelling of a thermophotovoltaic system, Doctoral thesis, University of Kassel

[120] Durisch W, Grob B, Mayor JC, Panitz JC, Rosselet A (1999) Interfacing a small thermophotovoltaic generator to the grid, 4 NREL conference on thermophotovoltaic generation of electricity, Denver, Colorado, 11—14 Oct 1998. American Institute of Physics, pp 403~414

[121] Doyle EF, Becker FE, Shukla KC, Fraas LM (1999) Design of a thermophotovoltaic battery substitute. Proceeding of the 4th NREL Conference on thermophotovoltaic generation of electricity, Denver, Colorado, 11—14 Oct 1998. American Institute of Physics, pp 351~361

[122] Carlson RS, Fraas LM (2007) Adapting TPV for use in a standard home heating furnace. Proceeding of the 7th world conference on thermophotovoltaic generation of electricity, Madrid, 25—27 Sept 2006. American Institute of Physics, pp 273~279

第二部分 系 统

第五章 热传递理论和系统建模

5.1 概 述

本章论述了一些有关热光伏（TPV）转换的热传递理论。热传递是指由于温差而产生的热能传递。我们可以对依时独立性（稳态）热传递和依时性（瞬态）热传递进行区分。在大多数情况下，对于热光伏转换来说，需要考虑稳态热传递。热光伏系统的启动和停止过程可能需要处理瞬态热传递和热-机械应力现象。热传递具有三种方式，传导、对流和辐射。图 5-1 为标准热光伏系统的结构示意图。该系统包括与辐射器热连接的热源、与光伏电池热连接的散热器和具有反射性表面的隔热层。辐射器、反射性隔热层和光伏电池组成了热光伏空腔，这些配置可用来说明热光伏转换的相关热传递模式。

从辐射器到光伏电池的热传导和对流热传递通常是寄生的，并且需要被最小化。此外，还应最大限度地减少通过隔热层散失到周围环境中的热源损失。在理想情况下，只有散热器发出的低温热被传递到周围环境中。与此相比，腔内的辐射热传递则是学者所需要的，因此我们需要从光谱辐射分布、角辐射分布和空间辐射分布几个方面对辐射进行优化，以实现高电功率密度和高效率。需要强调的是，就平行太阳辐射而言，角辐射分布和空间辐射分布有着根本性的不同。理想的黑体辐射可以利用朗伯分布辐射进行有角度地发射，并且通常要求反射性隔热层减少腔内的辐射损失。通常情况下，我们希望最大限度地减小反射性隔热层，以避免通过该路径中发生的损失（见 5.4.4 小节的视角系数）。

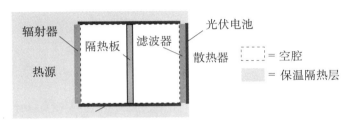

图 5-1　带空腔的标准热光伏系统结构示意图

热光伏发电原理与设计

就辐射热传递光谱而言，我们可以根据高带内辐射和低带外辐射热传递确定品质因数。换言之，从辐射器到电池的光子辐射热传递能量 hv 大于电池带隙 hv_g，此时应将这一（高带内）辐射热传递最大化，而将 $hv<hv_g$ 的光子（低带外）辐射热传递最小化。

一般情况下，热光伏系统内热传递的精确建模较为复杂。例如，腔内组件的辐射表面性能取决于温度、角度和光谱，而且这些组件可以使上述三种热传递模式（即传导、对流和辐射）相互影响。因此，我们需要对热传递模式进行简化。例如，我们可以把建模限制在主要热传递模式中；无论是漫反射还是镜面反射，我们可以对表面进行近似处理；通过在频谱带内假设常数值，我们可以简化表面的角度依赖性和光谱依赖性。

5.2~5.4 小节以辐射热传递为重点，论述了三种热传递模式热光伏转换的理论和相关性，而 5.5 小节则重点论述了半透明介质内耦合辐射热传递和热传导的理论（例如玻璃）。

5.2 热传导

在热传导的过程中，热能在相邻分子之间进行传递，此时分子的中间位置固定不变。在稳态条件下，如果已知热阻 R_{th}（单位为 K/W），则可以根据公式 5.1 计算从温度为 T_h 的一个等温面到温度为 T_c 的另一个等温面的热传递速率 P（单位为 W）。假设两个等温面之间为均匀的各向同性材料，且不受温度影响时的导热率为 k，则我们可以根据形状因子 S（单位为 m）计算热阻。对于大多数几何形状来说，其形状因子都可以通过计算得出。假设（理想隔热条件下，具有隔热边界的条件下）其他开放表面没有热传递，则利用公式 5.2 可以确定板距为 L、大小均为 L_1 及 L_2 时矩形等温平行板的形状因子 S。在具有隔热边界的条件下，利用公式 5.3 可以确定长度均为 L 的两根同心管的形状因子 S，其中内管的外径为 r_{small}，外管的内径为 r_{large}。公式 5.2 和 5.3 确定的一些几何形状只是一些例证分析，这些式子通常可用于粗略估计热系统内的热传导。更多形状因子可参见文献 [1，2]。

表 5-1 热光伏系统内传导传热概述

不良的传导传热	（高效）热传导的利用
从辐射器到光伏电池通过气体导热的热传递	辐射器内的高效热传递可以使辐射器表面温度均匀（产生均匀辐射）
从辐射器到光伏电池通过（反射性）隔热层进行的热传递	光伏电池与散热器互连的低热阻（4.7.4 小节）[3]
系统（如辐射器、隔热板）通过隔热层散失到周围环境中的热损失（见 6.4 小节）	燃烧系统：燃料/利用废气进行空气预热的高导热性能的同流换热器

$$P = \frac{T_h - T_c}{R_{th}} = kS(T_h - T_c) \tag{5.1}$$

$$S_{Plate} = \frac{L_1 L_2}{L} \tag{5.2}$$

$$S_{conc.\,tube} = \frac{2\pi}{\ln\left(\dfrac{r_{large}}{r_{small}}\right)} L \tag{5.3}$$

热传导可以发生在热光伏系统内的不同区域。在有些情况下，我们需要这些热传导；而在另一些情况下，我们需要最大限度地减少这些热传导（表5-1）。

5.3 对流热传递

在热对流过程中，物质的宏观运动可以传递热能，在热传导和流体运动的共同作用下，热能被传递至表面或从表面开始传递。在固-液表面之间，对流热传递一般是更好的选择，但是对流热传递也发生在液-液表面之间。我们可以对强制对流和自由对流进行区分。不同温度下具有不同密度的物质可以引起自由（或自然）对流。而强制对流热传递则涉及流体，并且可以使用机械方法移动这些流体[1]。这些流体既可以是单一聚合状态（单相流体），也可以表现出液相和气相之间的相变（两相流体）。

对流热传递通常具有对流热传递系数 h，单位为 $W/(m^2 K)$，其中 H 表示热传递速率（单位为 W/m^2），T_w 表示壁面温度，T_F 表示流体温度（公式5.4）。表5-2 总结了热光伏系统内可能发生的对流热传递过程。

$$H = h(T_w - T_F) \tag{5.4}$$

表 5-2 热光伏系统内发生对流热传递的区域概述

不良的对流热传递	（高效）对流热传递的利用
热光伏腔内气体（如惰性气体）的寄生自由对流 整个保温系统至周围环境的对流边界条件	光伏电池冷却（4.7.4小节）： 强制对流，单相流体 强制对流，双相流体 自由对流（利用水的热虹吸）
	燃烧系统： 燃料/利用废气进行空气预热的同流换热器 从燃烧区到辐射器的热传递

5.4 辐 射

White 和 Hottel[4]强调了在热光伏转换中建立辐射传热模型的重要性。Coutts[5]和 Aschaber 等人[6-8]随后对热光伏传热建模进行了总结。下文讨论了相关的辐射理论。文献中可找到辐射传热的基本处理方法[9-12]。

通过降低或升高材料的分子能级，所有的材料都在连续不断地发射或吸收电磁波或光子。与传导和对流传热不同，辐射传热不需要介质[9,10]。同样的，在真空系统中也会出现辐射传热。

量子理论将辐射描述为带有能量为 hv 的单个光子，其中 h 是指普朗克常数，v 是指光子的频率。电磁波理论认为，辐射在真空中的速度为光速 c_0；在折射率为 n 的介质中，辐射速度降为速度 c（公式 5.5）。另一方面，光子的频率或能量均保持不变。公式 5.6 描述了波长 λ 与频率 v 之间的关系[2]。在其他文献中有时也会提到"波数"的概念，波数的定义是真空中波长的倒数[10]。

$$n = \frac{c_0}{c} \tag{5.5}$$

$$\lambda \cdot v = c \tag{5.6}$$

5.4.1 辐射的吸收

辐射在穿过一种介质到达另一种介质的表面时，有可能会发生反射（部分或全部反射），未被反射的部分将会穿过后一种介质[10]。在进入后一种介质后，假设为一维辐射传热，且在长度为 S 的路径中无分散介质且吸收系数 $\alpha(\lambda)$ 恒定，朗伯-比尔定律描述了辐射的减少，其中 $I_{0,\lambda}$ 为初始辐射强度，$I_{L,\lambda}$ 为经过路径长度 S 后的辐射强度（公式 5.7）。

$$I_{L,\lambda} = I_{0,\lambda} \cdot e^{-\alpha(\lambda) \cdot S} \tag{5.7}$$

正如在第 2.4.3 节中讨论的，可依据光学厚度将 $\alpha(\lambda) \cdot S$ 分为三种情况[9]：

- 不透明或光学厚：$\alpha(\lambda) \cdot S \gg 1$。
- 透明或光学薄：$\alpha(\lambda) \cdot S \ll 1$。
- 半透明：适用于所有其他情况，$\alpha(\lambda) \cdot S$。

虽然很薄的金属层对于某些波长的辐射是透明的，但是金属需要一个较短的路径 S 以变为不透明体。厚度在 15~25nm 之间的镀金层已被用到热光伏系统中的介质滤波器中[13]。非金属在变为不透明时，通常需要更大的厚度[10]。虽然辐射也能穿入到不透明介质中，但是可将介质与辐射的相互作用看作一种表面现象。对于半透明介质，与辐射的交互作用则出现在介质表面和内部。在热光伏系统中，这样的例子有单纤维陶瓷辐射器、玻璃护罩和光伏电池。

5.4.2 辐射的发射

普朗克函数（Planck's function）描述的是黑体向折射率为 n 的介质中发射各个波长为 λ（或频率为 v）、各个方向的辐射上限。该函数强烈依赖辐射器温度 T_s。公式5.8表明，假设折射率 n 与波长和温度之间相互独立，普朗克函数同时取决于波长 λ 和频率 v[9-11]。

$$\begin{aligned} i_{b\lambda(\lambda,T_s)} &= \frac{2hc_0^2}{n^2\lambda^5} \cdot \frac{1}{e^{\frac{hc_0}{kT_s n\lambda}}-1} \\ i_{bv(v,T_s)} &= \frac{2n^2 hv^3}{c_0^2} \cdot \frac{1}{e^{\frac{hv}{kT_s}}-1} \end{aligned} \tag{5.8}$$

此外，在引用一个新定义的变量 x（或 $\tilde{X}$）后，普朗克函数（Planck's function）可表示为一种规准化形式（公式5.9）。可以看出辐射器温度 T_s 的变化并不改变 i_b 的形状，但是可以按照所有的 x 值（或 $\tilde{X}$）等比例缩放规范化函数。换句话说，该函数的形状仅取决于新定义的变量 x（或 $\tilde{X}$），而非变量波长 λ（或频率 v）和变量辐射器温度 T_s。

$$\begin{aligned} i_{b\lambda(\tilde{x},T_s)} &= \frac{2n^3 k^5 T_s^5}{h^4 c_0^3} \cdot \frac{\tilde{x}^5}{e^{\tilde{x}}-1}, \quad \tilde{x} = \frac{hc_0}{kT_s n\lambda} \\ i_{bv(x,T_s)} &= \frac{2n^2 h}{c_0^2}\left(\frac{kT_s}{h}\right)^3 \frac{x^3}{e^x-1}, \quad x = \frac{hv}{kT_s} \end{aligned} \tag{5.9}$$

公式5.9中可推导出维恩位移定律（Wien's displacement law）。公式5.9的最大值取决于公式5.10给出的单变量 x（或 $\tilde{X}$）。

$$\begin{aligned} \frac{\mathrm{d}}{\mathrm{d}x}\left(\frac{\tilde{x}^5}{e^{\tilde{x}}-1}\right) &= 0 \rightarrow \tilde{x}_{\max} = 4.9651 \\ \frac{\mathrm{d}}{\mathrm{d}x}\left(\frac{x^3}{e^x-1}\right) &= 0 \rightarrow x_{\max} = 2.8214 \end{aligned} \tag{5.10}$$

公式5.11通过使用公式5.10中的 $x_{\max}$ 值和 x（或 $\tilde{X}$）的定义，可以得出函数 $i_{b\lambda(\lambda,Ts)}$ 和 $i_{bv(v,Ts)}$ 在最大值时对应的波长（或频率）[10]。

热光伏发电原理与设计

$$\lambda_{\max} = \frac{hc_0}{4.9651 \cdot kT_s n} = \frac{b}{n \cdot T_s}, b = 2898 \mu m \cdot K$$

$$v_{\max} = \frac{2.8214 kT_s}{h}$$

(5.11)

图 5-2 表示了维恩位移定律中描述的随着温度变化，黑体辐射最大值的波长位移。可以看出辐射器的温度升高会使辐射的波长变短（或频率升高）。该定律在热光伏转换中的含义是，在辐射器温度较高的系统中，可以使用带隙能较高的光伏电池。例如在温度为 2 610K 时，带隙能为 hv_g = 1.12 eV（响应的波长最大为 1.11μm）的硅光伏电池可以与黑体辐射的最大值匹配。有意思的是，在忽略辐射器温度后，总辐射的四分之一恰好位于峰值之下的波长范围内[10]。在硅（Si）电池示例中，这意味着即使是辐射器温度选为较高的 2 610K，仍然有四分之三的总辐射位于不能被转换的长波长范围内。这表明在辐射器和光伏电池之间避免长波长辐射传热和进行光谱控制是十分重要的。图 5-2 还表明太阳光谱中很大一部分辐射位于可见光谱范围内（0.38~0.76μm）。为详细地展示太阳光谱，图 5-2 中的最大波长是 4μm。然而，应当考虑到当波长最高为 20μm 时，还能出现显著的辐射传热。在上文中我们已经讨论了所研究的波长范围（见表 3-1）。

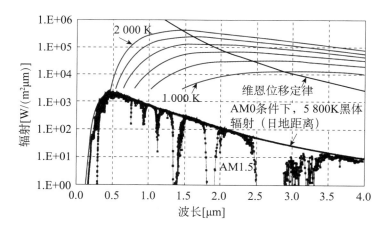

图 5-2 太阳光照射至地球表面辐射光谱和黑体辐射光谱在半对数标度中的比较

黑体辐射以 200K 为一个步幅，从 1 000K 上升到 2 000K（图中没有显示与太阳能光谱重叠的较小数值）。图中同时列出了维恩位移定律给出的黑体辐射最大值（黑）。尽管 AM0 太阳光谱（黑）与相当于太阳光照射至地表的 5 800K 的黑体辐射相匹配（灰），但是 AM1.5 光谱（黑）表现出较强的吸收频带。

在全波长范围内对 $i_{b\lambda(\lambda,T_s)}$ 积分（公式 5.8）后，得出每立体角中的总黑体强度（公式 5.12）[9,10]。公式 5.13 定义了斯蒂芬-玻尔兹曼常数（Stefan-Boltzmann constant）。发射的总辐射强烈依赖温度，并与温度的四次方成正比。该定律的结论是，辐射器温度越高，传至电池的辐射传热越高，从而得到更高的电功率密度（单位为 W/cm^2）。

$$i_{b(T_S)} = \int_0^\infty i_{b\lambda(\lambda,T_S)} d\lambda = \frac{n^2 \sigma T_s^4}{\pi} \quad (5.12)$$

$$\sigma = \frac{2\pi^5 k^4}{15 h^3 c_0^2} = 5.670 \cdot 10^{-8} \frac{W}{m^2 K^4} \quad (5.13)$$

5.4.3 表面的辐射相互作用

按照定义，黑体表面为漫射型，当极角 θ 远离正常值时，黑体的定向辐射力会随之下降，这被称为兰伯特余弦定律（Lambert's cosine-law）（公式 5.14）[9]。假设某热光伏系统包含两个无限的平面，一个是黑体辐射器，另一个是光伏电池，虽然电池表面仅能吸收特定角度的辐射，但是辐射显然是从各个角度入射到电池表面。这种角度辐射分布与太阳辐射之间存在根本性不同。对于直接到达地球表面的太阳辐射，可将太阳近似看作一个点光源。如果不考虑太阳的漫散射辐射，辐射射线则以一定的角度平行入射到地球。

$$I_{b\lambda(\lambda,T_S,\theta)} = i_{b\lambda(\lambda,T_S)} \cdot \cos(\theta) \quad (5.14)$$

对普朗克函数（公式 5.8）在半球空间积分，可以得到普朗克辐射定律（Planck's radiation law）（公式 5.15），该定律定义了半球空间上进入折射率为 n 的介质时的黑体表面辐射。对于热光伏转换，该介质通常为气体，且其折射率近似于单位 1。

$$\begin{aligned} I_{b\lambda(\lambda,T_S)} &= n^2 \cdot \pi \cdot i_{b\lambda(\lambda,T_S)} \\ I_{bv(v,T_S)} &= n^2 \cdot \pi \cdot i_{bv(v,T_S)} \end{aligned} \quad (5.15)$$

公式 5.15 中，在对所有波长 λ 积分后得到总半球辐射功率 $I_{b(T_S)}$，也被称为斯蒂芬-玻尔兹曼定律（Stefan-Boltzmann law）（公式 5.16）。

$$\begin{aligned} I_{b(T_S)} &= \int_0^\infty I_{bv(v,T_S)} \, dv = n^2 \sigma T_s^4 \\ I_{b(T_S)} &= \int_0^\infty I_{b\lambda(\lambda,T_S)} \, d\lambda = n^2 \sigma T_s^4 \end{aligned} \quad (5.16)$$

随后，辐射系数的定义是实际辐射和黑体辐射的比值，其变化范围为 0～1。该定义中的辐射可以是定向光谱（例如，通常是法线方向），也可以是总定向、半球光谱或总半球光谱[9]。此外，表面辐射系数取决于温度、材料成分（例如氧化薄膜）和物理结构（例如粗糙、抛光或工程微结构）。例如，像辐射波长一样具有相同尺寸表面结构的选择性钨辐射器已经被制造出来。光谱辐射系数恒定的表面被称为灰表面。为了简化建模过程，可将光谱带定义为具有恒定的辐射系数或是光谱带内具有灰色特性。不仅可以对该表面进行光谱设计，还可以使其具有定向选择性[10]。当入射角度偏离正常值时，光伏电池表面的反射性增强，热光伏辐射器可以凭借该表面定向选择发射辐射。目前，关于定向选择辐射器的研究仅限于热光伏领域。Les 等人讨论了这一途径[14]。

吸收率的定义是吸收辐射与入射辐射的比值，该定义中的辐射可以是定向或半球辐射，以及光谱辐射或总辐射[10]。基尔霍夫定律（Kirchhoff's law）中规定吸收率等于辐射系数，该定律一般具有适用性。其他学者讨论了该定律的适用条件[9,10]。

关于吸收率，表面的反射率不仅取决于入射辐射的方向，还取决于反射辐射的方向。我们能够定义出两种理想的反射情况，即漫反射型（向各个方向均等地反射）和镜面反射型（与镜子类似）。热光伏系统中的镜面反射表面包括镜子、光伏电池和玻璃表面。通常，实际的表面反射可能近似镜面反射、漫反射或二者兼具的反射。

通过使用视角系数可以计算出各表面之间的辐射传热。假设无其他的传热模式（传导和对流）且两个表面之间为透明介质，在定义这两个表面具有黑体表面特性（视角系数 = 1，辐射系数 = 1）且无限平行后，公式 5.17 给出了高温表面到低温表面之间的辐射热通量 H（W/m²）[10]。在下节讨论的辐射器与光伏电池之间的辐射传热中，该公式被视为最简单的描述模型。

$$H = n^2 \sigma \cdot (T_h^4 - T_c^4) \tag{5.17}$$

5.4.4　热光伏空腔内的辐射传热

两个表面之间的辐射传热：公式 5.18 给出了高温表面到低温表面之间的净辐射传热通量 H（单位为 W/m²）。公式假设温度分别为 T_h 和 T_c 的两个等温黑体表面，且两表面之间无参与性介质（n = 1）[9-11]。视角系数 F_{h-c} 取决于表面的结构（距离、角度和尺寸），当两表面为无线平行时，视角系数为单位 1。视角系数也被称为配置系数、形状系数或角度系数。在文献中可找到多种几何体的视角系数[9,10]。

$$H = \sigma \cdot (T_h^4 - T_c^4) \cdot F_{h-c} \tag{5.18}$$

公式 5.18 简化了温度为 T_h 的辐射器和温度为 T_c 的光伏电池之间的辐射传热的

计算过程。热光伏涉及的温度中，T_h^4项的值通常远大于T_c^4，因此在一级近似下可将后者忽略不计。该公式可给出总辐射传热比率的上限（单位为 W/cm²）。例如，假设 $T_c = 300$K，$T_h = 1\,000$K 得到的总辐射通量为 5.6W/cm²，当 $T_h = 2\,000$K 时，总辐射通量为 91W/cm²。

公式 5.18 是热光伏分析模型的基础。Hottel 使用分析模型，计算出无限表面排列中经过玻璃护罩的辐射传热。作者的计算过程包括了辐射器辐射系数（ε）的光谱依赖性以及光伏电池和玻璃护罩的反射率。假设玻璃护罩的吸收与波长相互独立，且忽略玻璃参与的影响，假设不同角度的反射比为常数，得出的其中一个结论就是防护罩降低了带内传递[4]。在 Hottel 模型的基础上，Burger[15] 和 Schroeder 等人[16] 各自建立了模型。

热光伏空腔内的净辐射法：如图 5-1 所示，热光伏空腔通常由辐射器、光伏电池和反射器表面组成[6,17]。在某些情况中可以假设封闭空间内的介质与辐射之间无相互作用，且该介质没有传导性和对流性（例如真空）。在这种情况下，所有表面之间的辐射传热仅取决于表面的绝对温度和几何形状。使用净辐射法为无参与介质且具有漫反射表面的热光伏空腔建立模型，通过使用视角系数和一组代数公式可计算出表面之间的辐射传热[6-11,17-19]。通常，我们对该表面进一步细分，直至各部分拥有近似均匀的温度。净辐射法也认可光谱选择性表面的定义。对于具有部分镜面边界条件的封闭空间，可使用镜面视角系数处理[9]。读者可参阅 Chubb 所著的章节，了解在平面形和圆柱形（管形）几何体中使用视角系数的详细分析[20]。

热光伏空腔的射线追踪法：通常，光谱依赖和镜面反射表面处理十分复杂，因此常用到数值模型[9]。对于具有镜面反射表面的空腔，统计学中的射线追踪算法已被用于热光伏系统建模。这些方法都具有代表性，但又不完全是基于蒙特卡罗法发展而来[8,21-27]。

5.4.5 参与介质的辐射传热

与常见的不透明材料不同，高温条件下的半透明材料中发射和吸收辐射是体积现象，而非表面现象[28]。这种机制发生在空腔内的隔热层（例如由石英玻璃制成）。公式 5.19 给出了半透明介质中，等温体积单元向各个方向发射的自发光谱依赖辐射，其中 α 为吸收系数，n 为单元的折射率[9]。

$$n^2 \cdot \alpha \cdot 4\pi \cdot i_{b\lambda(\lambda,T_S)} \mathrm{d}V\mathrm{d}\lambda \tag{5.19}$$

在入射至表面的过程中，部分体积辐射被吸收，部分在入射至介质表面时被内

热光伏发电原理与设计

反射,部分则穿过表面发生了折射[28]。朗伯-比尔定律(Lambert-Beer law)描述了一维辐射传热的辐射吸收(公式5.7)。折射率为 n_1 的半透明介质(例如玻璃)中的辐射在进入折射率为 n_2 的第二介质表面(例如空气)时,要么被内部反射,要么会穿过表面发生折射。斯涅尔定律(Snell's law)描述了穿过光学光滑表面的折射(公式5.20)。

$$\frac{\sin\theta_2}{\sin\theta_1} = \frac{n_1}{n_2} \tag{5.20}$$

菲涅耳方程(Fresnel's equations)给出了极化($\rho\perp$ 和 ρ_{II})和非极化(ρ)辐射的镜面反射,这些反射取决于光学光滑表面的入射角(公式5.21)[10]。将斯涅尔定律带入到菲涅耳公式后,可减少一个未知量(n_1、n_2、θ_1 或 θ_2)。

表5-3 几种辐射传输公式模型,摘自文献[10,11]

方　　法	角度分辨率	空间分辨率	光谱分辨率
通量方法			
多通量法	可接受	非常好	非常好
离散传输法	可接受	非常好	非常好
离散纵坐标法(Sn)	良好	非常好	非常好
矩量法			
矩量法	不好	非常好	非常好
球函数(Pn)	可接受	(非常)好	非常好
分区法	可接受	良好	可接受
蒙特卡罗法	非常好	良好	良好
数值方法			
有限差分法	可接受	非常好	良好
有限元法	可接受	非常好	良好

$$\rho_{II} = \left(\frac{n_1\cos\theta_2 - n_2\cos\theta_1}{n_1\cos\theta_1 + n_2\cos\theta_1}\right)^2 \quad \rho_\perp = \left(\frac{n_1\cos\theta_1 - n_2\cos\theta_2}{n_1\cos\theta_1 + n_2\cos\theta_2}\right)^2$$

$$\rho = \frac{1}{2}\rho_{II} + \frac{1}{2}\rho_\perp \tag{5.21}$$

假设不存在散射,使用辐射传输公式(RTE)对玻璃内部辐射传热建立模型(公式5.22)[9-12]。RTE的原理是一个无穷小的吸收和放射体积单元在方向 $\vec{s}$、位置 $\vec{r}$ 的辐射能守恒[10-11]。形式上,公式5.22右侧的第一项与单位体积发射的辐射相关。第二项与单位体积吸收的辐射相关[12]。

$$\nabla \cdot (I_{(\lambda,\vec{r},\vec{s})}\vec{S}) = \alpha_{(\lambda)}(n^2 i_{b\lambda(\lambda,T_S)} - I_{(\lambda,\vec{r},\vec{s})}) \tag{5.22}$$

该公式的精确解只存在于理想情况中,对于其他大多数情况需要用到近似解。

Howell 和 Mengtig 比较了这些方法解决多维复杂问题的有效性，并认为蒙特卡罗法和离散纵坐标法的整体性能最佳且最为相似[11]。Modest 给出了目前主要使用的四种近似解法，在表 5-3 中它们被标记为灰色[10]。

5.4.6 折射率增强的辐射传热

众所周知，黑体在向折射率 $n = 1$ 的介质（非真空或充分近似空气）中发射辐射时，总辐射随着折射率的平方值变化，因此依据斯蒂芬-玻尔兹曼定律（Stefan-Boltzmann law），半球发射的总辐射变为 $n^2\sigma T^4$（公式 5.16）[10-12]。同时它还表明当两个无限不透明黑体边界之间包含一个无散射和无吸收、折射率为 n 的介电介质时，其辐射传热将变为 $n^2\sigma(T_h^4 - T_c^4)$[10]。辐射传热的增强在介电介质中是十分重要的，这样的例子有玻璃熔炉[28]和在介电介质中使用全内反射的太阳能次级聚光器[29]。

由于较高的辐射传热可转化为较高的电功率密度，因此，这一增强作用在热光伏转换的应用也备受关注。下列试验已经证明了这一增强作用，试验中使用发光二极管（LED）照射光伏电池，在二者之间填充空气（$n = 1$）或油（$n = 1.5$）。在填充油的情况下，辐射传热增加了约 $n^2 = 2.25$ 倍[30]。可得出如下结论：光子通量受到光子空腔内最小折射率的限制，且随着最小折射率的平方值变化[30,31]。文献[30]中将这一增强作用称作"介电光子聚光"。有学者已经研究了以下两种途径，即介电绝缘体概念和封闭空间或近场概念（NF-TPV）。大多数研究集中在后者[31]。第 6.5.2 节详细讨论了介电光子聚光概念。

5.5 复合传热模式

正如上文小节所述，三种模式的热传递可出现在热光伏系统的不同区域。某些区域中的热传递也不只有一种模式，还可能是以复合的方式。例如，当空腔内为气体时，可能同时存在传导、对流和辐射传热。如果考虑所有的传热模式，建模过程将会变得极端复杂，需要对其进行简化以降低这一复杂性。例如，可忽略不太重要的传热模式，单纯考虑主要的传热模式。复合传热模式需要将不同的热传递公式耦合。例如，辐射和传导在耦合后使数学公式具有了非线性因素。某些条件下，可将这些复杂的公式耦合[8-10]。

本节剩余部分的重点是半透明介电介质中辐射和传导的复合传热，不包括对流传热。空腔内半透明介电介质中的辐射出现在介质的体积内部，而非介质表面。通常，辐射在穿过介电介质时形成的温度梯度导致传导传热。因此，在这种情况下需要考虑到传导和辐射两种传热模式。这类的例子有空腔内的厚玻璃隔热防护罩[32]、辐射器和光伏电池之间的介电辐射引导[33-35],以及光谱选择性薄膜辐射器[36]。

对于具有辐射和传导联合传热的灰体媒介,存在两种边界条件:光学薄和光学厚。光学薄的定义是 α·S≪1,光学厚为 α·S≫1,假设其中不存在散射,且沿长度为 S 的路径中吸收系数为定值[9]。当封闭空间内的介质为光学薄时,辐射传热的主要途径是面-面交换[12]。在这种情况中,可将辐射传热和传导传热分开计算,因此两表面之间的总传热量为二者之和[8,9]。对于光学厚近似法,可将介质内的辐射传热看作几乎不受表面边界影响的局部现象,在到达边界之前,体积单元发射的辐射被他体积单元的内部吸收。这种情况下,可推导出与傅里叶传导定律(Fourier conduction law)具有相同形式的扩散近似(或罗斯兰)。这样可使辐射导热率的定义与(分子)导热率的定义具有相同的形式,单位均为 W/(mK)(公式5.23)。在边界附近应当谨慎使用罗斯兰近似法(Rosseland approximation)[9,10]。有效导热率是上述两种导热率之和[8,10,28]。可以明显看出,传导和辐射的耦合单纯出现在中间光学厚度 α·S[12]。

$$k_R = \frac{16n^2\sigma T^3}{3\alpha} \quad (5.23)$$

5.6 总　结

本章回顾了三种热传递模式的基本理论:传导、对流和辐射,并将该理论与热光伏系统中常见的传热现象相联系。当空腔内具有漫反射和镜面反射表面以及辐射器、滤波器和光伏电池等光谱相关部件时,关键问题是为该空腔建立辐射传热模型。如果将系统中更加实际的联合传热模式考虑在内,将进一步增加建模的复杂性。在下一章光学控制的讨论中,我们将重点从光谱、角度和空间分布几个方面讨论空腔内的辐射传热。

参考文献

[1] Guyer EC, Brownell DL (1999) Handbook of applied thermal design. Taylor & Francis, London

[2] Baehr HD, Stephan K (2006) Wärme- und Stoffiibertragung (in German), 5th edn. Springer, Berlin

[3] Martinelli G, Stefancich M (2007) Solar cell cooling. In: Luque A, Andreev V (eds)

第五章 热传递理论和系统建模

Concentrator photovoltaics, Chap 7. Springer, Berlin, Heidelberg, pp 133~149

[4] White DC, Hottel HC (1995) Important factors in determining the efficiency of TPV systems. Proceedings of the 1st NREL Conference on thermophotovoltaic generation of electricity. Copper Mountain, Colorado, 24—28 July 1994. American Institute of Physics, pp 425~454

[5] Coutts TJ (1999) A review of progress in thermophotovoltaic generation of electricity. Renew Sustain Energy Rev 3 (2~3): 77~184

[6] Aschaber J, Hebling C, Luther J (2001) Modelling of a thermophotovoltaic system incuding radiation and conduction heat transfer. Proceedings of the 17th European photovoltaic solar energy conference, pp 186~189

[7] Aschaber J, Hebling C, Luther J (2002) The challenge of realistic tpv system modelling. Proceedings of the 5th Conference on thermophotovoltaic generation of electricity, Rome, Italy, 16—19 Sept 2002. American Institute of Physics, pp 79~90

[8] Aschaber J, Hebling C, Luther J (2003) Realistic modelling of TPV systems. Semicond Sci Technol 18: 158~164

[9] Siegel R, Howell J (2001) Thermal radiation heat transfer, 4th edn. Taylor & Francis, New York, London

[10] Modest MM (1993) Radiative heat transfer. McGraw-Hill, New York

[11] Howell JR, Mengüc MP (1998) Radiation. In: Rohsenow WM et al. (eds) Handbook of heat transfer, Chap 7, 3rd edn. McGraw-Hill, New York, pp 7.1~7.100

[12] Viskanta R, Anderson EE (1975) Heat transfer in semitransparent solids. Advances in Heat Transfer 11: 317~441

[13] Biter PJ, Georg KA, Phillips JE (1997) A TPV system using a gold filter with $CuInSe_2$ solar cells, 3rd NREL conference on thermophotovoltaic generation of electricity, Denver, Colorado, 18—21 May 1997. American Institute of Physics, pp 443~459

[14] Les J, Borne T, Cross D, Gang Du, Edwards DA, Haus J, King J, Lacey A, Monk P, Please C, Hoa T (2000) Interference Filters for Thermophotovoltaic Applications. In Proceedings of the 15th workshop on mathematical problems in industry, University of Delaware, US, June 1999

[15] Burger DR (1997) Modeling the TPV system optical cavity, Proceedings of the 3rd NREL conference on thermophotovoltaic generation of electricity, Denver, Colorado,

18—21 May 1997, American Institute of Physics, pp 535~546

[16] Schroeder KL, Rose MF, Burkhalter JE (1997) An improved model for TPV performance predictions and optimization, Proceedings of the 3rd NREL conference on thermophotovoltaic generation of electricity, Denver, Colorado, 18—21 May 1997. American Institute of Physics, pp 505~519

[17] Bitnar B, Durisch W, Mayor J-C, Sigg H, Tschudi HR, Palfinger G, Gobrecht J (2003) Record electricity-to-gas power efficiency of a silicon solar cell based TPV system, Proceedings of the 5th conference on thermophotovoltaic generation of electricity, Rome, Italy, 16—19 Sept 2002. American Institute of Physics, pp 18~28

[18] Bitnar B, Durisch W, Mayor J-C, Sigg H, Tschudi HR, Palfinger G, Gobrecht J (2001) Development of a small TPV prototype system with an efficiency more than 2%, Proceedings of the 17th European photovoltaic solar energy conference, Munich, 22—26 Oct 2001. WIP

[19] Good BS, Chubb DL (1997) Effects of geometry on the efficiency of TPV energy conversion, Proceedings of the 3rd NREL conference on thermophotovoltaic generation of electricity, Denver, Colorado, 18—21 May 1997. American Institute of Physics, pp 487~503

[20] Chubb D (2007) Fundamentals of Thermophotovoltaic Energy Conversion. Elsevier Science, Amsterdam

[21] Fraas L, Avery J, Malfa E, Wuenning JG, Kovacik G, Astle C (2003) Thermophotovoltaics for combined heat and power using low NOx gas fired radiant tube burners. Proceedings of the 5th conference on thermophotovoltaic generation of electricity, Rome, 16—19 Sept 2002. American Institute of Physics, pp 61~70

[22] Lindberg E (2002) TPV Optics Studies—On the Use of non-imaging optics for improvement of edge filter performance in thermophotovoltaic applications. Doctoral thesis, Swedish University of Agricultural Science, Uppsala

[23] Gethers CK, Ballinger CT, Postlethwait MA, DePoy DM, Baldasaro PF (1997) TPV efficiency predictions and measurements for a closed cavity geometry, Proceedings of the 3rd NREL conference on thermophotovoltaic generation of electricity. Denver, Colorado, 18—21 May 1997. American Institute of Physics, pp 471~486

[24] Ballinger CT, Charache GW, Murray CS (1999) Monte Carlo analysis of a mono-

lithic interconnected module with a back surface reflector, Proceedings of the 4th NREL conference on thermophotovoltaic generation of electricity. Denver, Colorado, 11—14 Oct 1998. American Institute of Physics, pp 161~174

[25] Thomas RM, Wernsman BR (2001) Thermophotovoltaic devices and photonics modeling. Optics and Photonics News 12 (8): 40~44

[26] Wernsman B, Mahorter RG, Thomas RM (2002) Optical cavity effects on TPV efficiency. Proceedings of the 5th conference on thermophotovoltaic generation of electricity, Rome, 16—19 Sept 2002. American Institute of Physics, pp 277~286

[27] Gopinath A, Aschaber J, Hebling C, Luther J (2004) Modeling of radiative energy transfer and conversion in a TPV power system, Proceedings of the 6th international conference on thermophotovoltaic generation of electricity, Freiburg, Germany, 14—16 June 2004. American Institute of Physics, pp 162~168

[28] Gardon R (1961) A review of radiant heat transfer in glass. J Am Ceram Soc 44: 305~311

[29] Winston R, Cooke D, Gleckman P, Krebs H, OGallagher J, Sagie D (1990) Sunlight brighter than the sun. Nature 346: 802

[30] Baldasaro PF, Fourspring PM (2003) Improved thermophotovoltaic (TPV) performance using dielectric photon concentrations (DPC). Lockheed Martin Inc., US, Technical Report, LM-02K136

[31] DiMatteo R, Greiff P, Seltzer D, Meulenberg D, Brown E, Carlen E, Kaiser K, Finberg S, Nguyen H, Azarkevich J, Baldasaro P, Beausang J, Danielson L, Dashiell M, DePoy D, Ehsani H, Topper W, Rahner K, Siergiej R (2004) Micron-gap ThermoPhotoVoltaics (MTPV), Proceedings of the 6th international conference on thermophotovoltaic generation of electricity, Freiburg, Germany 14—16 June 2004. American Institute of Physics, pp 42~51

[32] Bauer T, Forbes I, Penlington R, Pearsall N (2005) Heat transfer modelling in thermophotovoltaic cavities using glass media. Sol Energy Mater Sol Cells 88 (3): 257~268

[33] Goldstein MK, DeShazer LG, Kushch AS, Skinner SM (1997) Superemissive light pipe for TPV applications, Proceedings of the 3rd NREL conference on thermophotovoltaic generation of electricity, Denver, Colorado, 18—21 May 1997. American In-

stitute of Physics, pp 315~326

[34] DeShazer LG, Kushch AS, Chen KC (2001) Hot dielectrics as light sources for TPV devices and lasers, NASA Tech Briefs Magazine, [Online] Available at: http://www.nasatech.com/. Accessed 10 Sept 2004

[35] Goldstein MK (1996) Superemissive light pipes and photovoltaic systems including same, Quantum Group Inc., US Patent 5500054

[36] Chubb DL, Good BS, Clark EB, Zheng C (1997) Effect of temperature gradient on thick film selective emitter emittance, Proceedings of the 3rd NREL conference on thermophotovoltaic generation of electricity, Denver, Colorado, 18—21 May 1997. American Institute of Physics, pp 293~313

第六章 空腔设计和光学控制

6.1 概　述

空腔的热力学设计在提高热光伏系统效率中起到关键作用。设计内容主要包括：辐射器、镜面、光伏电池，以及各部件之间良好的匹配度。作为重要的热光伏质量指标，较高的效率和电功率密度关键取决于热光伏空腔内辐射器和光伏电池之间的热传递（见图 5-1），需要优化空腔内辐射传热的光谱、角度以及空间分布。

为使光伏电池达到最佳性能，电池需要获得空间内均匀的辐照，通常通过串联增加电池的电压。由于辐射在空间内的分布不均，造成电池的电流较小，因而降低了整个串联系统的输出功率。

热光伏系统空腔内的辐射角度也很重要。根据菲涅耳方程（Fresnel's equations），当入射角远离正常值（或天顶角较大）时，介电材料的平面会增加对辐射的反射（参见第 5.4.5 节）。这将降低辐射器与光伏电池之间的辐射传热率。例如，由定义可知，黑体辐射器可以向光伏电池全角度发射辐射（兰伯特余弦定律 Lambert's cosine-Law）。然而，以较大的天顶角入射的辐射会更多地被光伏电池表面反射（假设电池表面不是陷光结构）。与两个黑体表面相对的情况相比，这会导致辐射传热降低。同理，安装在空腔内的隔热层或滤波器也能反射辐射。准直仪可以将漫反射校齐，使入射在表面的天顶角较小。因此，设计出的热光伏系统具有较高的辐射传热率。表面反射除了取决于角度之外，实际组件（例如辐射器、隔热层、滤波器和光伏电池）的表面辐射特性（例如发射率和反射率）对光谱和角度也具有依赖性。例如，当角度远离正常值时，介质滤波器对光谱的选择性降低。这两个依赖性增加了热光伏空腔中光谱控制的复杂性。

光伏电池吸收辐射的光谱对电池转换效率起到主要影响。本章中剩余内容的讨论重点集中在光谱控制方面。在光伏电池的评述和讨论中（参见 4.2 节），电池效率分为部分效率。在特定的光伏电池类型和系统设计中，需要对光伏电池相关效率进行优化，即电压因数、收集效率、填充因数和光伏电池阵列效率 η_{Array}。在优化后的系统中，重点是要求光伏电池吸收的辐射能够与其带隙相匹配。下一小节的讨论对最终效率和建模中的光谱控制进行了描述。

6.2 最终效率和功率密度（上限）

有学者已经建立了几种可以预测效率和功率密度上限及确定理想光伏电池带隙的模型。由于这几种模型的假设存在很大差异，因此可以预测建模的结果也会存在很大差异。Coutts 综合评述了不同的模型[1,2]，Cody 对比了未采用光谱控制的不同模型的效率[3]。一些模型是基于反向饱和电流密度的经验值建立的，包括 Woolf[4,5]、Wanlass 等人[6,7]、Caruso 和 Piro[8] 和 Iles 等人[9] 建立的此类模型。Hofler 等人[10-12]和其他学者[13-16]专门为太阳热光伏转换建立了模型。De Vos 将太阳能光伏转换看作一种内可逆热机，并为其建立了模型[17-19]。该模型已经适应了 Gray 和 El-Husseini[20] 和 Heinzel 等人[21,22]提出的热光伏转换系统。总之，在光伏电池带隙之上和之下的辐射光谱抑制方面的综合研究较少。常规假设不包括上带隙和亚带隙抑制（全光谱时）[3,15,23]，仅包括亚带隙辐射抑制[15,21-24]、完美的亚带隙和可变的上带隙抑制[13]和关于亚带隙和上带隙抑制的特定比例或频带假设[1,9,20]。虽然列出的文献没有详尽的解释，但却展示了建模假设的多样性。因此，为热光伏效率和电功率密度建立一个全面模型的主要难点是参数的数量。主要参数包括辐射器温度 T_s、光伏电池带隙 hv_g 以及上带隙和亚带隙抑制。

一些学者使用替代项 $x = hv/kT_s$（或 $x_g = hv_g/kT_s$）[2,24-26]，以便减少一个参数，这在下文中也将用到。重点是在最终效率级别上同时设置上带隙和亚带隙抑制。该损失机理对应光伏电池中自由热载流子加热。该方法可使读者深刻理解常见的光谱控制以及给出一个效率和电功率密度上限。这一建模过程中，主要的简化假设是：单个带隙光伏电池、黑体照度、无反射损失、视角系数为单位 1 和其他部分效率为单位 1（η_{OC}、η_{QE}、η_{FF}、η_{Array} 和 η_{Cavity}，第 4.2 节）。在下列小节中，首先是重复 Shockley 和 Queisser 提出的太阳能光伏转换过程的最终效率[27]。随后，模型将拓展到更普遍的热光伏领域。

6.2.1 太阳能光伏转换

可将太阳近似地模拟为一个温度为 $T_s = 5\,800\text{K}$ 的黑体辐射器。公式 6.1 给出了单位面积的黑体在单位时间内发出的光子中，能量大于 hv_g 的光子数量[27]。辐射强度除以光子能量 hv 可得到光子数量。

第六章 空腔设计和光学控制

$$Q_{s(v_g,T_s)} = \frac{2\pi}{c_0^2}\int_{v_g}^{\infty}\frac{v^2}{e^{\frac{hv}{kT_s}}-1}dv = \frac{2\pi}{c_0^2}\cdot\left(\frac{kT_s}{h}\right)^3\int_{x_g}^{\infty}\frac{x^2}{e^x-1}dx \tag{6.1}$$

对普朗克辐射定律积分可以推导出斯蒂芬-玻尔兹曼定律，见公式 6.2（也可参见第 5.4.3 中公式 5.15 和公式 5.16）[27,28]。

$$\begin{aligned}I_{b(T_s)} &= \frac{2\pi h}{c_0^2}\int_0^{\infty}\frac{v^3}{e^{\frac{hv}{kT_s}}-1}dv \\ &= \frac{2\pi h}{c_0^2}\cdot\left(\frac{KT_s}{h}\right)^4\int_0^{\infty}\frac{x^3}{e^x-1}dx = \frac{2\pi h}{c_0^2}\cdot\left(\frac{kT_s}{h}\right)^4\frac{\pi^4}{15} \\ &= \frac{2\pi^5 k^4}{15h^3 c_0^2}T_s^4 = \sigma T_s^4\end{aligned} \tag{6.2}$$

将太阳假设为一个半径为 r_s 的高温球体，在日地距离 r_{se} 之间，Q_s 和 I_b 值按照系数 r_s^2/r_{se}^2 下降。公式 6.3 给出光伏功率密度。可使用 σT_s^4 和 r_s^2/r_{se}^2 的乘积计算地球大气层外的太阳辐射密度，结果约为 1 380W/m²。公式 6.4 定义了地球大气层外光伏电池的最终效率，其中假设每个能量大于 hv_g 的光子都能转换为电力输出 hv_g。在 $x_g \approx 2.2$ 时，太阳的最大最终效率 $\eta_{UE,solar}$ 约为 44%[27]。对于这一简化模型，当 $hv_g = 1.1$ eV时，可使用替代项定义 $x_g = hv_g/kT_s$ 计算太阳能光伏转换的理想带隙。应当考虑到实际照射至陆地的具有吸收频带的太阳光谱也会得出其他理想的带隙值。

$$p_{solar} = \frac{r_s^2}{r_{se}^2}\cdot hv_g\cdot Q_{s(v_g,T_s)} \tag{6.3}$$

$$\eta_{UE,solar} = \frac{hv_g\cdot Q_{s(v_g,T_s)}}{I_{b(T_s)}} = \frac{x_g\int_{x_g}^{\infty}\frac{x^2}{e^x-1}dx}{\int_0^{\infty}\frac{x^3}{e^x-1}dx} \tag{6.4}$$

6.2.2 未采用光谱控制的热光伏转换系统

对于热光伏转换技术，可以将辐射器和光伏电池紧密排列，并认为在理想条件下辐射损失为 0，因此可将公式 6.3 中的系数 r_s^2/r_{se}^2 假设为单位 1（视角系数为单位 1）。另一方面，由于热光伏转换的辐射器温度较低，与非聚光太阳能光伏转换相比，热光伏的 Q_s 值较低。总的来说，热光伏转换功率密度（W/cm²）通常比非聚光太阳能光伏转换的功率密度高 0.01W/cm²。

已有研究指出，最终太阳效率 η_{solar}（公式 6.4）同样适用于假设未采用光谱控制的热光伏转换[1,29]。由于替代项 $x_g = hv_g/kT_s$ 在常数为 2.2 时具有最大值，以及热

热光伏发电原理与设计

光伏转换的辐射器温度较低,因此,热光伏系统中理想的光伏电池带隙能小于太阳能光伏转换的光伏电池带隙能。当 T_s 值在 1 300 ~ 2 000K 范围内时,hv_g 的值在 0.25 ~ 0.38 eV 范围内。目前,从此类低带隙电池中获得电池相关效率 $\eta_{OC} \eta_{FF} > 0$ 具有很大的挑战性(图4-5)。因此,目前还不可能开发出有效的无光谱控制的热光伏系统。

6.2.3 采用光谱控制的热光伏转换系统

与太阳能光伏转换不同,在热光伏转换中使用光谱控制方法(例如滤波器和选择性辐射器)可能实现抑制或恢复光子的目的。此处假设光伏电池吸收的所有光子都位于一个光谱频带之内,其中一些黑体辐射低于或高于光伏带隙 hv_g。图6-1 展示了这一频带模型,该模型使用标准普朗克辐射定律(公式 6.5),替代项 $x = hv/kT_s$,其中 $x-$ 为频带下限,$x+$ 为频带上限。假设标准带隙 x_g 位于这两个界限之间。

$$I_{bv(v,T_s)} = \frac{2\pi h}{c_0^2} \frac{v^3}{e^{\frac{hv}{kT_s}} - 1} = \frac{2\pi h}{c_0^2} \left(\frac{kT_s}{h}\right)^3 \frac{x^3}{e^x - 1} \quad (6.5)$$

应当考虑到公式 6.5 中辐射器温度 T_s 的变化不会改变图6-1 中绘制的函数的形状,但却会将所有的值按照 x 等比例变化(公式 6.5)。实际上,光伏电池吸收的辐射会不同于频带模型。然而,对于其他光谱,可计算出一个产生同等热量和电力的等价频带模型。因此,频带方法可得到证明[31]。

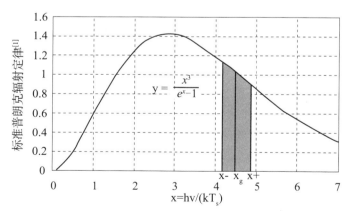

图 6-1 标准普朗克辐射定律图[30]

使用到替代项 $x = hv/(kT_s)$。频带模型示例显示如下。

与太阳能光伏相似(公式 6.1),Q_T 可被定义为能量大于 hv_g 且小于频带上限 $v+$ 的光子数量(公式 6.6)。在使用光谱频带模型的热光伏中,光伏电池吸收的辐射可定义为 I_T(公式 6.7)。下文表明在 x_g 处分离积分是一个简便的数学步骤(公式 6.7)。

$$Q_{T(v_g,T_s,v+)} = \frac{2\pi}{c_0^2}\int_{v_g}^{v+}\frac{v^2}{e^{\frac{hv}{kT_s}}-1}dv = \frac{2\pi}{c_0^2}\cdot\left(\frac{kT_s}{h}\right)^3\int_{x_g}^{x+}\frac{x^2}{e^x-1}dx \qquad (6.6)$$

$$I_{T(T_s,v_+v_-)} = \frac{2\pi h}{c_0^2}\int_{v-}^{v+}\frac{v^3}{e^{\frac{hv}{kT_s}}-1}dv = \frac{2\pi h}{c_0^2}\cdot\left(\frac{KT_s}{h}\right)^4\int_{x-}^{x+}\frac{x^3}{e^x-1}dx$$

$$= \frac{2\pi h}{c_0^2}\cdot\left(\frac{kT_s}{h}\right)^4\left[\int_{x-}^{x_g}\frac{x^3}{e^x-1}dx + \int_{x_g}^{x+}\frac{x^3}{e^x-1}dx\right] \qquad (6.7)$$

为得到解释说明,需要同时考虑标准化带隙 x_g 的光谱频带界限 $x+$ 和 $x-$。作为单个数值时,其含义较少,光谱频带中低于带隙的辐射与低于带隙($r-$)的总辐射的比值具有更多的意义。同理,公式6.8中定义了上带隙辐射($r+$),这些新定义的比值处在 0~1 范围内。

$$r- = \frac{\int_{x-}^{x_g}\frac{x^3}{e^x-1}dx}{\int_0^{x_g}\frac{x^3}{e^x-1}dx}$$

$$r+ = \frac{\int_{x_g}^{x+}\frac{x^3}{e^x-1}dx}{\int_{x_g}^{\infty}\frac{x^3}{e^x-1}dx} \qquad (6.8)$$

$r+$ 和 $x+$ 之间的关系取决于 x_g,其中公式6.8可计算出 x_g 值。例如,如果已知 x_g 和 $r+$,就计算出未知的 $x+$。基于此,可定义出热光伏的功率密度和效率(公式6.9和6.10)。通过在 x_g 处分离积分,可将 $r+$ 和 $r-$(公式6.8)的定义带入 I_T 的定义(公式6.7)中,因此不必计算出 $r+$ 和 $r-$ 之间的值。

$$p_{TPV} = hv_g\cdot Q_{T(T_S,x_g,x+)} = \frac{2\pi h}{c_0^2}\left(\frac{kT_s}{h}\right)^4 x_g\int_{x_g}^{x+}\frac{x^2}{e^x-1}dx \qquad (6.9)$$

$$\eta_{UE,TPV(x_g,x-,x+)} = \frac{hv_g\cdot Q_T}{I_T} = \frac{x_g\int_{x_g}^{x+}\frac{x^2}{e^x-1}dx}{\int_{x-}^{x+}\frac{x^3}{e^x-1}dx}$$

$$= \frac{x_g\int_{x_g}^{x+}\frac{x^2}{e^x-1}dx}{r-\int_0^{x_g}\frac{x^3}{e^x-1}dx + r+\int_{x_g}^{\infty}\frac{x^3}{e^x-1}dx} \qquad (6.10)$$

下文中列出了公式6.9和6.10的计算结果。x 轴常用于绘制标准带隙 $x_g = hv_g/kT_s$,参数 $r-$ 和 $r+$ 呈现参数化变化。

热光伏发电原理与设计

由于能量低于带隙的光子不能被转化,所以功率密度不取决于亚带隙抑制(公式 6.9)。如果上带隙辐射未被抑制,达到最大电功率密度的理想标准带隙是 x_g = 2.2。太阳能光伏转换的最终效率也是相同数值。公式 6.4 和 6.9 给出了同一个最大 x_g,因为公式 6.4 的分母积分是简单的常数 $\pi^4/15$ [28]。图 6-2 表明电功率密度随着上带隙抑制的增加而下降。

如果上带隙辐射被抑制,理想的标准带隙 x_g 或最大的功率密度函数会转移至更小的数值(图 6-2)。上文已经讨论过,当 x_g = 2.2 时,致使理想光伏电池带隙能变得非常低。因此,从电功率密度的角度来看,上带隙抑制不可取。请记住常用的锑化镓(GaSb)电池和辐射器温度结合使用时,会使 x_g 值位于 4.8 ~ 5.4 之间[32-35],硅(Si)电池系统则为 5.4 ~ 7.5[36-39],有两种方式可以增加功率密度,即较低的电池带隙且较高的辐射器温度。图 6-2 表明,与 2.2 左右的最大值接近时较小的 x_g(或较小的带隙 $h\nu_g$)能够大幅增加功率密度。公式 6.9 表明功率密度随着绝对温度的四次方呈现显著增长。

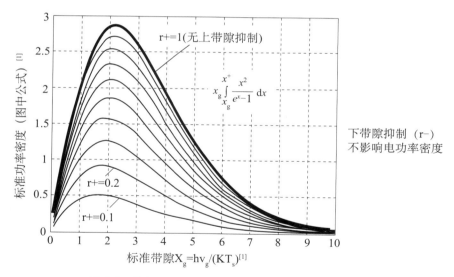

图 6-2 依据 x_g 和 $r+$ 得到的标准功率密度函数图[30]

粗线表示没有上带隙抑制的标准功率密度($r+=1$)。上带隙抑制以每 0.1 为基本单位,在 $r+=0.1$ 到 $r+=1$ 之间变化。

效率取决于以下三个建模参数:(1)标准光伏电池带隙 x_g;(2)上带隙抑制 $r+$;(3)亚带隙抑制 $r-$。图 6-3 中的 3 个图依据相互的上带隙抑制变化,图中的其他假设仍然相同。可得出的结论是,上带隙和亚带隙抑制均能增加最大功率。理论情况中可能要考虑光伏电池在单一辐射照度下的带隙能($r+=0$,$r-=0$)。这

第六章 空腔设计和光学控制

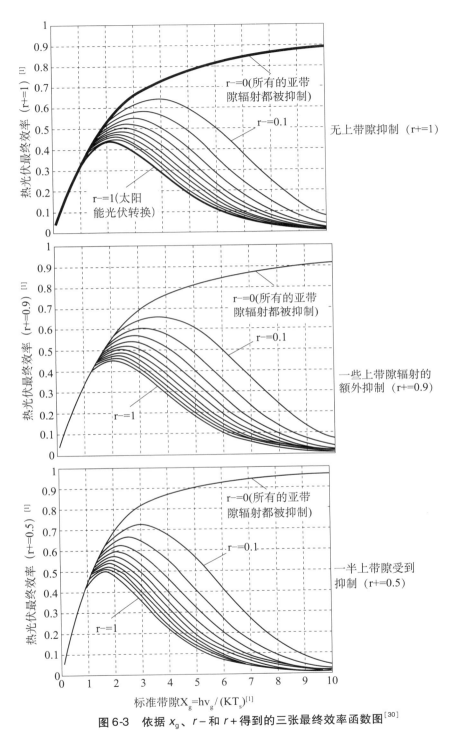

图6-3 依据 x_g、$r-$ 和 $r+$ 得到的三张最终效率函数图[30]

各图中的亚带隙抑制参数以每0.1为基本单位，在 $r-=1$（第一张图中用粗线表示太阳能光伏）到 $r-=0$（第一张图中用粗线表示全部抑制的辐射）之间变化。中间和底部的图中展示了额外抑制的上带隙辐射。

种情况下，电功率密度为 0 时，最终效率变为 100%（未列出）。因此，不可能实现完全的上带隙抑制，完全的亚带隙抑制（$r-=0$）也会得出不切实际的结果。此处，效率函数随着标准带隙 x_g 单调上升（图 6-3）[24]。Woolf 在早期的研究中也强调了低寄生亚带隙吸收对热光伏效率的影响[4]。在这里可以用一个典型案例强调亚带隙抑制（或光谱控制）的重要性。使用锑化镓（GaSb）电池（$hv_g=0.72\ eV$），辐射器温度为 1 500K 的热光伏系统中 $x_g=5.57$。假设没有上带隙和亚带隙抑制，最终效率约为 15%（图 6-3 上图，太阳能光伏）。假设光伏电池仅吸收了 10% 的亚带隙辐射（90% 的亚带隙辐射被抑制），则最终效率可显著增加到 55% 左右（图 6-3 上图，$r-=0.1$）。图 6-3 也表明如果电池吸收的亚带隙辐射小于 10%，则最终效率仍具有提高的余地。此处并没有详细讨论的串联电池可以进一步增加最终效率（参见第 4.7.1 节）。

同时出现上带隙和亚带隙抑制时（图 6-3 底图，$r-=0.1$），最终效率会出现下降，甚至会低于仅有亚带隙抑制时的最终效率（15%~10%）。这是由于额外的上带隙抑制使效率函数转移到较小的理想标准带隙。通常还可以看出，与太阳能光伏（$r-=1$，$r+=1$）相比，亚带隙抑制和上带隙抑制分别扩宽和锐化了效率曲线。通常较宽的效率曲线是可取的，因为即使是 x_g 值与函数最大值［如已讨论的锑化镓（GaSb）示例中，$x_g=5.57$］不匹配，也能得到较高的效率。

6.2.4 小 结

一般来说，最终效率表明完全的亚带隙或上带隙抑制（$r-=0$，$r+=0$）得到的结果不切实际，因此研究重点在大于 0 的 $r-$ 和 $r+$ 值。与现实中 x_g 值通常大于 5 的情况相比，带隙 hv_g 较低或辐射器温度 T_s 较高的光伏电池的效率和电功率密度均会增加。历史上曾经有过发展低带隙热光伏电池的趋势，预计该趋势在未来仍会持续，然而不能将最终效率与其他部分效率分隔开来。光伏电池的带隙 hv_g 较低时，填充系数和电压因数会显著降低（参见图 4-5）。因此，当带隙较低时，需要在增加最终效率和降低其他部分效率之间做出权衡。

通常一致认为，当假设使用现有的 x_g 值时，亚带隙抑制可显著增加最终效率。上一小节中提出的模型表明，效率函数的最大值转移至更高的标准带隙 x_g，且函数变宽。

同时抑制上带隙与亚带隙可以明显进一步增大效率[1]。例如，已经证明光伏电池在光谱狭窄且与电池带隙匹配的激光照射下具有较高的效率。尽管如此，得出的结论是上带隙抑制在大多数热光伏转换中是不可取的。建模结果（图6-3）表明，使用额外的上带隙抑制不能大幅增大效率。此外，还需要考虑到典型热光伏系统的x_g值大于5。由于常见的下带隙抑制不会高于90%（或$r-=0.1$），所以这些系统通常不能在最大功率函数中运行。最终，如上文所述，上带隙抑制降低了功率密度。由于对亚带隙和上带隙同时抑制进行了评估，本文定义了光谱控制的如下特点：

- 光伏电池吸收带内辐射的比例较高；或者说，短波辐射的比例较高，能量高于带隙能或较低的上带隙抑制的光子比例较高。
- 光伏电池吸收带外辐射的比例较低；或者说，长波辐射的比例较低，能量低于带隙能或较高的亚带隙抑制的光子比例较低。

在使用这些假设时，需要考虑到尽管最大效率函数的x_g值变大，但最大功率密度函数仍保持不变（x_g最大约为2.2）。一般理想的光伏电池带隙不能同时得到最大的最终效率和电功率密度，因此，在由亚带隙抑制引起的高效率和高电功率密度二者之间，需要做出权衡。换句话说，可以对热光伏系统进行专门设计，使其获得较高的功率密度或较高的效率。例如，能够大量获得的工业余热可以充足地输出最大电力。因此，亚带隙抑制引起的效率不是驱动因素。再者，例如，便携式电源需要较长的运行时间，那么则需要得到最大效率（例如，通过抑制大部分亚带隙辐射）。这种情况与太阳能光伏转换存在根本性不同，太阳能光伏可同时得到最大的功率密度和效率。

6.3 热光伏空腔的布置

滤波器在空腔内的位置十分关键。有报告指出，当距离辐射器较近时，滤波器会出现过热现象[40,41]。因此在早期阶段，人们将滤波器安装在距离光伏电池较近的位置，并最后确定将滤波器安装在电池的前表面。当滤波器安装在顶部时，可通过光伏电池降温冷却[42,43]。另一方面，由石英玻璃制成的隔热设计通常可禁受住热光伏空腔内的温度。下个小节中将对现有几种热光伏空腔几何结构进行讨论。

6.3.1 镜面使用最小化结构

在图 6-4 中的结构中，光伏电池可以完全包围辐射器。一种使用放射性同位素热源的立方体系统已经得到检验。对于此类结构来说，尽管目前只考虑了在几个镜面上覆盖光伏电池，但是理论上却可以在全部六个面上覆盖光伏电池[44,45]。此外，还可以将太阳能热光伏系统设计为一个由光伏电池制成的腔体，辐射器位于腔体中心，内部的小型光圈可以接收辐射[46,47]。镜面使用的最小化具有的优势是辐射一定会传递到光伏电池上，寄生吸收在镜面区域内引起的热损失被降低到最低限度。由于辐射器面积与光伏电池面积的比值永远小于 1，这一缺点限制了功率密度。此外，在实际的实施过程中也会遇到一些工程技术难题。例如，辐射器的固定、球形系统设计或立方体设计中的非均匀光伏电池照明。也有学者提出在太阳能热光伏转换中使用半球形系统[10,48]。

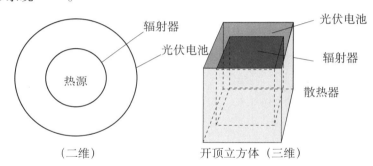

图 6-4 镜面使用最小化的腔体结构

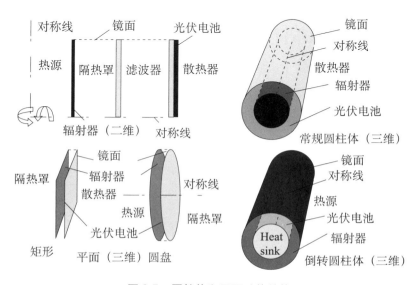

图 6-5 圆柱体和平面腔体结构

第六章 空腔设计和光学控制

6.3.2 配备镜面的管状与平面结构

目前,最常见的腔体结构都是平面和圆柱体的设计。这些设计在工程解决方案便捷性与小型镜面面积可接受性之间做出了适当的权衡。

图 6-5 左上侧的小图给出了常见的空腔设计的二维示意图。腔体由辐射器、镜面和正面安装有滤波器的光伏电池组成,在辐射器和光伏电池之间通常会放置一个石英玻璃隔热罩。与间距形成对比,增大辐射器和光伏电池的面积就会使镜面的面积最小化。镜面可以将腔体的辐射损失最小化,并将辐射反射至光伏电池。镜面的面积设计工作通常具有挑战性(见第 6.4.2 节)。若引入不同的对称条件(例如轴对称),该二维示意图可以表示一些三维腔体,如平面圆盘和圆柱管。常规的圆柱体设计,也称作同心管设计,是最常见的选择(右上侧图 6-5)[32,49-60]。对于燃烧系统,它的优点是容易获得构成内管的辐射管燃烧器(见第 8.4.1 节)。人们对内管中安装光伏电池的倒转圆柱体结构和组成外管的辐射器的关注要少得多。将倒转结构放在一个(现有的)高温炉中,如用于工业废热回收和自供电装置[61,62],这样的设置很具有吸引力。使用圆盘和矩形平面设计的太阳能燃烧系统已经被开发出来(左下侧图 6-5)[63-68]。就辐射热传递方面而言,有学者已经对同心和平面结构的基本差异进行了评估。研究方面涉及视角系数、空间辐射均匀性以及腔体损失。除功率密度外,常规圆柱体几何被认为比平面几何[40,69,70]更具优势。

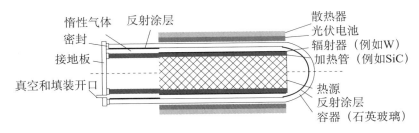

图 6-6 配备惰性气体和玻璃容器的常规圆柱体腔体结构的横截面图例

对于常规圆柱几何,含有惰性气体(或真空)的太阳能燃烧系统已经得到了检验[71-73]。图 6-6 给出了一种此类结构可能的解决方案。其中一个优势在于,利用腔体内惰性气体,热传导和热对流损失可以实现最小化。此外,尽管合适的光谱选择性金属辐射器(例如钨)不能在氧化环境中运行,但却适用于高温惰性气体环境。这种结构产生了额外的设计问题。这种设计由一个装有高温辐射器的密封容器构成。通常需要考虑不能用于超高温环境的密封和焊料(例如石墨和玻璃金属封接)问题。密封和焊料的设计涉及它们的类型、位置、热膨胀下的失配以及冷却方法。目前，对于燃烧系统，尽管通过碳化硅制成的加热管也会产生传导损失，但也不失为一个好的选择。另外，应确定加热管上选择性辐射器（例如钨箔）的热稳定安装技术。在辐射器两端，应当最大限度地减少容器（例如石英玻璃）通过辐射发生的热损失，附加的反射涂层和辐射屏蔽罩可以减少通过这一路径的热损失。讨论指出，为了成功设计出惰性光伏腔体，需要先解决几个设计方面的问题。

6.3.3 空腔内的准直仪和聚光器

我们在上一小节中讨论过空腔的几何结构会对辐射的空间和角度分布产生影响。虽然这一领域的相关研究比较有限，但经过特殊设计的空腔几何结构可以改善辐射的空间和角度分布，从而改善系统性能。图6-7展示了两种引导辐射的空腔结构，第一种结构是在光伏电池上使用聚光器以增加功率密度。这种做法可以用廉价的镜面代替昂贵的光伏电池区域，从而降低成本。这些镜面可以延伸到辐射器[62]，其中包含一个大型聚光器[74]或几个小型聚光器[75,76]。Fraas等人通过试验指出，由于寄生的空气传导和对流，镜面区域使效率降低，所以应当尽可能减低小镜面面积[77]。另一方面，如果空腔内的空气被抽出，也可以将这一问题的影响降至最低。在作者看来，现有的研究还没有完全揭示辐射集中在热光伏空腔内的作用。

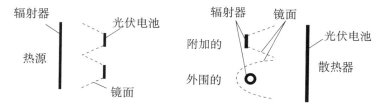

图6-7 装有聚光器和准直仪的空腔结构，光伏电池上的聚光器（左）和装有准直仪的辐射器（右）

第二种结构是装有准直仪的辐射器（图6-7右）。通常，辐射器发射的辐射为散射辐射。然而，只有在天顶角较小的辐射分布中，大部分滤光器和光伏电池才能表现出较好的性能。因此，已有学者提出使用准直仪将散射辐射校正为直射辐射。已有研究报告提出使用一个大型准直仪[78]和一个包含高返回发射率和锥形侧壁的发光槽辐射器（图6-7，附加辐射器）[79,80]。此外，还有研究提出使用四周环绕着抛物面反射镜的管式辐射器，将辐射转换为平行光束（图6-7右侧，外围辐射器）[81]。

6.3.4 通过电介质中全内反射实现辐射引导

试验证明，位于高温热源到低温光伏电池之间，辐射依靠全内反射在半透明棒中传导。虽然不需要对这些半透明棒进行冷却，但在其长度方向上应具有温度梯度。Goldstein 等人使用一个 200 mm 长的钇铝石榴石（YAG）棒将辐射引导至光伏电池[36,82,83]。作者的试验证明，使用直径为 25 mm、有效长度为 100~200 mm 的石英玻璃棒，可以得到较高的功率密度，从而实现有效的辐射引导[31]。此外，作者也提出将全内反射型辐射引导与使用辐射器和电池无间隙连接的介电绝缘体概念联合应用（图 6-8 左侧，也可参见第 6.5.2 节）[84]。Chubb 通过使用硒化锌作为介电材料建立模型，在理论上检验了这一联合方法[85]。

图 6-8 具有介电介质的空腔结构，介电绝缘体概念（左）和介电聚光器概念（右）

Horne 等人通过试验证明了在空腔内联合使用全内反射型辐射引导和石英玻璃光学聚光棱镜可将光伏电池前的辐射聚集约 4 倍[41]。下一步研究的目标可以整合使用如下三种方法，即（1）辐射引导；（2）介电增强；（3）介电聚光。

6.4 隔热设计

下文考虑了两种经由隔热层的热损失路径。从桑基图（参见图 1-2）中可看到这些路径：

- 辐射器与光伏电池之间，经由反射隔热层引起的损失（参见第 6.4.2 节）。
- 通过隔热层，系统向环境中散热发生的热损失。

经由隔热层传递到环境中的热损失取决于体表比，尤其是像微型发电机（参见第 6.5.3 节）等小型系统会因此损失大量的热量。

6.4.1 隔热材料

图 6-9 展示了多个来源的隔热材料[86-90]。半对数坐标图展示了两组材料，第一组材料的热导率高于静止的空气，第二组材料通过限制空气分子之间的碰撞达到隔

热光伏发电原理与设计

热的目的。

大气压强下,自由对流通常是大型腔室内进行空气隔热所采用的主要的热传递方式。在较低的压力下,自由对流消失后,热传导成为主要的热传递方式。平均自由程在真空条件下的热传递中十分重要。平均自由程的定义是分子在相继两次碰撞之间走过的平均距离。一个简单的近似公式给出了在室温条件下,以厘米(cm)为单位的平均路径 L_p,其中 p 表示以"托"① 为单位的压力(公式6.11)[91]。可以看出平均自由路径与压强成反比,压强较低时,平均自由路径较长。

$$L_P = \frac{5 \cdot 10^{-3}}{P} \quad (6.11)$$

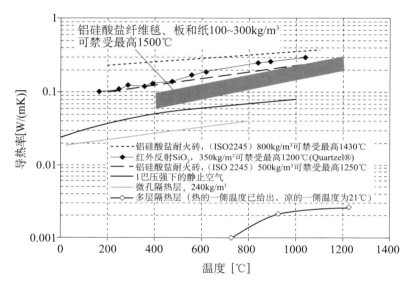

图6-9 导热率与多种隔热材料的温度

克努森数为一个无量纲数,定义是分子平均自由路径与某个代表性物理长度的比值。关于克努森数,可以分为两种极端情况。当克努森数远小于单位1(高压)时,热传导处于黏流态。这种条件下,全部分子都参与热传递。热导率取决于温度,且对压力的依赖性很弱。另一方面,当克努森数远大于单位1(低压)时,热传导处于分子态。此时,携带热量的单个分子在空腔内壁之间运动,热传导与绝对气体压力和温差成正比。因此,为了避免在粘流态出现较大的热传导率,必须将气压降低,直至平均自由路径约等于或大于密闭空腔内壁之间的距离[92]。热光伏转换的研

---

① 1 托 = 133.3 帕;标准大气 = 760 托

究对象有应用于诸如近场系统的真空隔热（第 6.5.2 节）、应用于太空的放射性同位素系统和太阳能。对于后者，已有学者考虑到在真空腔室使用只有几个接触点连接辐射器的系统[67,92-94]。

微孔隔热利用材料中互联的孔洞以达到隔热目的，其中孔洞的平均尺寸约等于或小于大气压强下空气分子平均自由路径。通过公式 6.11 可以很容易地计算出大气压强下的空气分子的平均自由路径是 66 nm，孔洞尺寸应与之相当或小于该值。图 6-9 表明在大气压下，静止空气的热导率要高于微孔隔热材料。市场上已经可以购得微孔隔热材料（例如 Microtherm®、Wacker WDS® 和 Zircar Microsil）。在热光伏系统中，微孔隔热材料已经被用作辐射器和光伏电池之间的隔热结构[64]，然而，目前商业化生产的此类隔热材料的隔热极限约为 1 000℃。利用小孔效应的气凝胶也可作为一个备选方案。

多层箔隔热层（MFIs）利用反射性金属箔以达到隔热目的，其中金属箔之间由垫片隔开并将其中的空气抽空。虽然多层箔隔热层最初是为低温应用研发的，但是也可用于高温应用中。有学者已经研究了由 60 层钼箔制成的多层箔隔热层在放射性同位素热光伏系统中的应用，其中每层钼箔的厚度为 0.008 mm，各层钼箔之间使用氧化锆（ZrO_2）垫片隔开[45]。钼箔制成的多层箔隔热层的受热端可以禁受的最高温度为 1 500K[88]。

未使用平均自由路径效应的其他常用高温隔热手段包括纤维隔热、颗粒物填充隔热和耐火砖。有效的纤维隔热主要采用硅和铝材料制得，具有适用于不同温度范围的几种形式（例如纤维板和纤维毯）。纤维隔热在操作方面的缺点之一是纤维粉尘引发的健康安全问题。由于粒径较小，粉末隔热（例如珍珠岩和蛭石）的处理难度往往也很大。虽然隔热耐火砖引发的健康安全问题较少，但其热导率较高且需要机械加工（图 6-9）。在纤维、粉末和固体等所有类型的隔热材料中，热导率和孔隙率（或密度）之间存在很强的依赖关系。

另一种可以降低热传导的方法是使用其他气体代替空气。例如，在室温和大气压强下，氪气、氩气和二氧化碳等气体的热导率小于空气的热导率[32,88]。

6.4.2 反射隔热设计

上一节中指出某些空腔不需要镜面区域，例如空腔内壁可以完全被光伏电池覆盖或使用介电质中的全内反射。然而在大多数情况下，空腔需要安装反射内壁。反射内壁除了必须具有较高的反射率之外，还需具有较低的热导率。在热光伏空腔内部，辐射器和光伏电池之间的低热导率隔热层对最大限度减少通过这一路径产生的热传导损失至关重要。此外，反射隔热层必须能够禁受辐射器温度（通常高于1 000℃），并且该隔热层紧邻光伏电池，要求在低于100℃时也能起到作用。因此，反射隔热层的设计需要满足这些技术要求。此外，还需考虑热稳定性和热膨胀等方面的因素。

松散材料如由铝和硅制成的表面抛光多孔陶瓷具有良好的热力学和光学性能。例如，烧结氧化铝对波长范围在0.5~2.5μm之间的光具有96%以上的反射率。该种材料可用于激光泵浦和灯具设计（例如Sintox AL）[95]。这一应用中，该材料被设计为具有较高的密度，这使其具有较高的热导率。热光伏空腔需要较低的密度或导热率，需要用到反射性多孔氧化铝。另一个可能引人关注的隔热材料是烧结熔融石英纤维，该材料本身具有较高的红外反射率和良好的隔热性能（例如，Quartzel®可禁受最高1 200℃）[89]。由于辐射吸收，其抛光表面的长波长性能可能相当差，因此需要对这个方面和蒸汽压力的局限性进行评估。

还有学者将金属镀层作为反射器表面进行了研究。电灯设计中的反射涂层包括铝、银或铝铜合金（金色）。比较常见的涂层方法是蒸发镀膜，但溅镀法生产出的镀层更加耐用[96]。例如，电子红外加热器可利用石英玻璃管上的金镜引导辐射[97]。已有研究报告了以玻璃为基底的镀金层（1μm）在热光伏系统中的应用[58]。金和铂镀在特制的陶瓷箔片上后，可用作辐射器和光伏电池之间的反射器[64]。在高于1 000℃的条件下，钛在氩保护气氛中被用于辐射防护屏[73]。

6.5 热光伏相关的新概念

还有许多不是基于常见的热光伏系统设计的新概念。下面几个小节将讨论这些新概念。

6.5.1 热光子

Green等人提出了热光子（TPX）的原理[72,92,98-101]。热光子理念的基础是采用发光二极管（LED）照射光伏电池，其中LED的运行温度要高于光伏电池的温度（图6-10）。LED在这里相当于有源辐射器，可发射出能量高于带隙能的光子，多余的能量则由热源提供。理想情况下，认为在LED和光伏电池之间仅存在辐射传热。随后，光伏电池可以将这一窄光谱辐射转换为电力并供应给负载。如果LED的温度高于光伏电池，则光伏电池输出的电力要高于输入到LED中的电力。与热光伏相比，预计热光子转换具有以下优点：效率更高，光伏电池的带隙更高，LED 温度低于热光伏辐射器温度。热光子的一个主要挑战是，目前在高温条件下运行，且仍具有较高性能的 LED 还难以获得。此外，LED 的外量子效率应当接近单位 1。目前，已有研究考虑到使用碳化硅（SiC）作为半导体制造此类 LED。

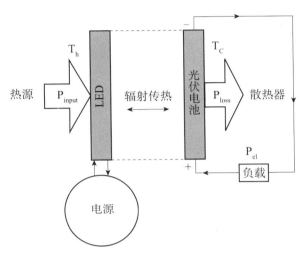

图 6-10　热光子（TPX）转换原理图

6.5.2　介电光子聚光

通过以下两种方法可以显著增加辐射器和光伏电池之间的辐射传热速率，即辐射器和光伏电池紧密贴近（近场热光伏）或在空腔内填充介电材料（介电绝缘体概念）。图 6-11 展示了两种介电光子聚光方案。辐射传热速率较高时，可得到较高的系统电功率密度，或得到较低的辐射器温度。

近场热光伏概念使用了亚微米真空间隙和诸如微米间隙、纳米间隙、消散波和光子隧道效应等概念[102-105]。在参考文献中，MTPV 缩写不仅可以表示"微间隙热光伏"，还可以表示"微机械热光伏系统"（参见第 6.5.3 节）[106]。为避免混淆，本书中分别使用术语缩写 NF-TPVN 和 MEMS-TPV 来代替。20 世纪 90 年代后期，有学者对近场热光伏（NF-TPV）领域展开了研究。在假设高温辐射源和低温散热器之间具有较大间隔的前提下，可从麦克斯韦方程（Maxwell's equations）中推导出黑体辐射定律[107]。上述假设几乎可适用于所有典型的厘米级间距的热光伏系统。然而，当间距缩小为亚微米时，黑体辐射定律则不再适用。采用真空隔绝后，这一间隔可使部分辐射传热耦合增加 n^2 倍。由此得出结论，光子通量受到光子空腔（光伏电池

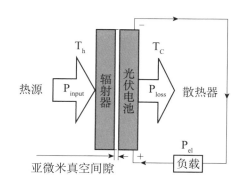

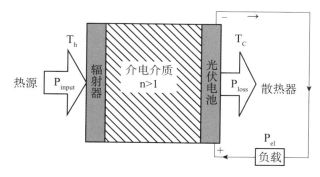

图6-11 近场（NF）热光伏（上图）和介电绝缘体概念（下图）原理图

或辐射器）内最小折射率 n 的限制，且随着最小折射率的平方值成比例变化[104]。这一优点是光伏电池和辐射器都可具有较高的折射率，以此可能实现辐射传热速率增加约 10 倍[103]。这一概念所面临的挑战包括 $0.1\mu m$ 级间隙的工程和辐射光谱控制问题[103,104]。

介电绝缘体的相关研究比较有限[84,103]。有研究已经报告了低温下使用油（$n>1$）作为介电材料的可行性试验[103]。该试验证明，当空腔内填充介电介质（该理论参见第5.4.6节）后，在理想条件下辐射传热增加了 n^2 倍。然而，常见的辐射器温度高于 1 000℃，在此温度下，油不是一种合适的材料，主要的缺点是需要解决介电介质产生的额外不当的热传导。作者的研究表明，加厚的介电固体可用于介电绝缘体概念[103]。且这些固体应在带内波长范围内具有较低的吸收系数，具有较高的最高运行温度和较低的热导率，以及在带外波长范围内具有理想的高吸收率。例如，可使用厚度约为 10cm 的石英玻璃，还可使用熔融或固体盐类。一些盐类的蒸汽压较低，且在高温下具有热稳定性。然而，这种可能性还未得到检验。

6.5.3 微型发电机

目前，有学者已经开发出一些具有较小输出功率的微型热光伏系统，它们可以为笔记本电脑和手机等电子产品供电。微型发电机往往需要用到微型机械技术，这一技术是基于改良半导体设备制造技术发展而来的。微电子机械系统（MEMS）融合了机械元件、传感器、制动器和电子学等方面的内容。参考文献中使用术语"power MEMS"代指那些可以产生电力或输送热量的微型系统[108]。

热光伏的主要研究重点是使用微型燃烧发电机代替电池。作为燃料，氢气或碳氢化合物的能量密度远大于电池，所以即使这些发电机的转换效率很低，却仍具有吸引力。与大型系统相比，微型发电机在密封、制造、组装和热损失（较大的体表比）等方面具有更大的难度[68]。目前，这些发电机的输出功率范围由毫瓦特到瓦特不等[56,68,102,106,108-111]。

6.5.4 黑体泵浦激光

通过辐射（激光）受激发射引起的光放大效应可通过多种方法获得。泵浦能量通常以电流或光（闪光灯）的形式提供。此外，还有其他较少见的方法。由于黑体泵浦激光可直接将热能转换为电能，因此更加具有吸引力。已有研究证明，使用黑体空腔的太阳能泵浦激光不仅可以使用太阳能作为热源，还可以利用燃烧型和核能等其他高温热源。高效的转换过程中，激光辐射的光谱与光伏电池的带隙能够很好地匹配。目前，热-激光转换的效率还很低，但这一领域的发展可通过使用光伏电池实现高效的热-电转换。DeShazer 在 2001 年报告了使用激光棒和光伏电池的相关试验[82,112,113]。

6.5.5 热光伏与其他转换器级联

有学者已经研究了热光伏系统与其他能量转换装置级联运行。此类系统中，热光伏转换器可能在上游或下游循环中运行。例如，有研究对热光伏转换器（下游循环）利用燃气轮机（上游循环）余热进行了检验[60]。此外，热光伏电池（上游循环）的余热也可被低温燃料电池重组器或热电发电机（下游循环）利用。如果热光伏系统在上游循环中运行，从热力学角度来看，光伏电池温度的升高是有利的（参见 4.7.2 节中高温电池运行）[72,114,115]。热光伏转换器和其他转换装置的级联系统涉及复杂的系统设计，研究主要集中在与大型电力系统级联，这样就可以调整这一过程中额外的复杂性。由此得出结论：由于常见热光伏系统存在高热端与低冷端，因此热光伏与其他技术级联运行存在局限性。

6.6 总　结

本章讨论了热传递和空腔设计等相关方面，这些方面是高效热光伏系统的核心部分。空腔由辐射器、光伏电池和反射隔热层组成，其中辐射器和光伏电池之间的隔热层是关键部件。有些具体要求，如较高的运行温度、较宽的光谱镜范围和较低的导热率等需要得到满足。目前，还未出现可用的理想产品。

第5章中特别参考了本章中的辐射传热，强调了热传递的重要性。最终效率模型表明，辐射光谱控制对获得较高的效率至关重要。然而，除了光谱控制之外，还需要优化空腔内的角度和空间辐射分布。最后，本章还讨论了近期提出的几个新概念，这些概念可显著改善热光伏的性能或拓展热光伏转换的应用领域。

参考文献

[1] Coutts TJ (1999) A review of progress in thermophotovoltaic generation of electricity. Renew Sustain Energy Rev 3 (2~3): 77~184

[2] Coutts TJ, Ward JS (1999) Thermophotovoltaic and photovoltaic conversion at high-flux densities. IEEE Trans Electron Devices 46 (10): 2145~2153

[3] Cody GD (1999) Theoretical maximum efficiencies for thermophotovoltaic devices. In: Proceedings of the 4th NREL conference on thermophotovoltaic generation of electricity, Denver, Colorado, 11—14 Oct 1998. American Institute of Physics, pp 58~67

[4] Woolf LD (1986) Optimum efficiency of single and multiple bandgap cells in thermophotovoltaic energy conversion. Sol Cells 19 (1): 19~38

[5] Woolf LD (1985) Optimum efficiency of single and multiple band gap cells in TPV energy conversion. In: Proceedings of the 18th IEEE photovoltaic specialists conference, IEEE, pp 1731~1732

[6] Wanlass MW, Emery KA, Gessert TA, Horner GS, Osterwald CR, Coutts TJ (1989) Practical considerations in tandem cell modelling. Sol Cells 27: 191~204

[7] Horner GS, Coutts TJ, Wanlass MW (1995) Proposal for a second-generation, lattice matched, multiple junction Ga_2/AsSb TPV converter. In: Proceedings of the 1st NREL conference on thermophotovoltaic generation of electricity, Copper Mountain, Colorado, 24—28 July 1994. American Institute of Physics, pp 390~403

[8] Caruso A, Piro G (1986) Theoretical efficiency of realistic solar cells intended for thermophotovoltaic applications. Sol Cells 19 (2): 123~130

[9] Iles PA, Chu CL, Linder E (1996) The influence of bandgap on TPV converter efficiency. In: Proceedings of the 2nd NREL conference on thermophotovoltaic generation of electricity, Colorado Springs, Colorado, 16—20 July 1995. American Institute of Physics, pp 446~457

[10] Höfler H (1984) Thermophotovoltaische konversion der sonnenenergie (in German), Doctoral thesis. Universität Karlsruhe (TH)

[11] Würfel P, Ruppel W (1980) Upper limit of thermophotovoltaic solar-energy conversion. IEEE Trans Electron Devices 27 (4): 745~750

[12] Harder NP, Würfel P (2003) Theoretical limits of thermophotovoltaic solar energy conversion. Semicond Sci Technol 18: 151~157

[13] Bell RL (1979) Concentration ratio and efficiency in thermophotovoltaics. Sol Energy 23 (3): 203~210

[14] Edenburn MW (1980) Analytical evaluation of a solar thermophotovoltaic (TPV) converter. Sol Energy 24 (4): 367~371

[15] Duomarco JL, Kaplow R (1984) Theoreticalestimations of the efficiency of thermophotovoltaic systems using high-intensity silicon solar cells. Sol Energy 32 (1): 33~40

[16] Badescu V (2001) Thermodynamic theory of thermophotovoltaic solar energy conversion. Appl Phys 90 (12): 6476~6486

[17] De Vos A (1992) Endoreversible Thermodynamics of Solar Energy Conversion. Oxford University Press, Oxford

[18] De Vos A (1993) The endoreversible theory of solar energy conversion: a tutorial. Sol Energy Mater Sol Cells 31: 75~93

[19] Baruch P, de Vos A, Landsberg PT, Parrott JE (1995) On some thermodynamic aspects of photovoltaic solar energy conversion. Sol Energy Mater Sol Cells 36: 201~222

[20] Gray JL, El-Husseini A (1996) A simple parametric study of TPV system efficiency and output power density including a comparison of several TPV materials. In: Proceedings of the 2nd NREL conference on thermophotovoltaic generation of electricity, Colorado Springs, 16—20 July 1995. American Institute of Physics, pp 3~15

[21] Zenker M, Heinzel A, Stollwerck G, Ferber J, Luther J (2001) Efficiency and power density potential of combustion-driven thermophotovoltaic systems using GaSb photovoltaic cells. IEEE Trans Electron Devices 48 (2): 367~376

[22] Heinzel A, Luther J, Stollwerck G, Zenker M (1999) Efficiency and power density potential of thermophotovoltaic systems using low bandgap photovoltaic cells. In: Proceedings of the 4th NREL conference on thermophotovoltaic generation of electricity, Denver, Colorado, 11—14 Oct 1998. American Institute of Physics, pp 103~112

[23] Bhat IB, Borrego JM, Gutmann RJ, Ostrogorsky AG. (1996) TPV energy conversion: A review of material and cell related issues. In: roceedings of the 31st intersociety energy conversion engineering confernce, IEEE, pp 968~973

[24] Yeargan JR, Cook RG, Sexton FW (1976) Thermophotovoltaic systems for electrical energy conversion. In: Proceedings of the 12th IEEE photovoltaic specialists conference, IEEE, pp 807~813

[25] Fahrenbruch AL, Bube RH (1983) Chapter 12: Concentrators, concentrator systems, and photoelectrochemical cells. In: Fahrenbruch AL, Bube RH (eds) Fundamentals of solar cells, pp 505~540

[26] Chubb DL (1990) Reappraisal of solid selective emitters. In: Proceedings of the 21th IEEE photovoltaic specialists conference, IEEE, pp 1326~1333

[27] Shockley W, Queisser HJ (1961) Detailed balance limit of efficiency of p-n junction solar cells. Appl Phys 32: 510~519

[28] Decher R (1997) Direct Energy Conversion Fundamentals of electric power production. Oxford University Press, Oxford

[29] Kittl E (1974) Unique Correlation between blackbody radiation and optimum energy gap for a photovoltaic conservation device. In: Proceedings of the 10th IEEE photovoltaic specialists conference, IEEE, pp 103~106

[30] Nelson R (2003) TPV Systems and state-of-the-art development. In: Proceedings of the 5th conference on thermophotovoltaic generation of electricity, Rome, 16—19 Sept. 2002. American Institute of Physics, pp 3~17

[31] Bauer T (2005) Thermophotovoltaic applications in the UK: Critical aspects of system design. PhD thesis, Northumbria University, UK

[32] Fraas L, Avery J, Malfa E, Wuenning JG, Kovacik G, Astle C (2003) Thermo-

photovoltaics for combined heat and power using low NOx gas fired radiant tube burners. In: Proceedings of the 5th conference on thermophotovoltaic generation of electricity, Rome, 16—19 Sept 2002. American Institute of Physics, pp 61~70

[33] Pierce DE, Guazzoni G (1999) High temperature optical properties of thermophotovoltaic emitter components. In: Proceedings of the 4th NREL conference on thermophotovoltaic generation of electricity, Denver, Colorado, 11—14 Oct 1998. American Institute of Physics, pp 177~190

[34] Ferguson L, Fraas L (1997) Matched infrared emitters for use with GaSb TPV cells. In: Proceedings of the 3rd NREL conference on thermophotovoltaic generation of electricity, Denver, Colorado, 18—21 May 1997. American Institute of Physics, pp 169~179

[35] Horne WE, Morgan MD, Sundaram VS, Butcher T (2003) 500 watt diesel fueled TPV portable power supply. In: Proceedings of the 5th conference on thermophotovoltaic generation of electricity, Rome, Italy, 16—19 Sept 2002. American Institute of Physics, pp 91~100

[36] Goldstein MK, DeShazer LG, Kushch AS, Skinner SM (1997) Superemissive light pipe for TPV applications. In: Proceedings of the 3rd NREL conference on thermophotovoltaic generation of electricity, Denver, Colorado, 18—21 May 1997. American Institute of Physics, pp 315~326

[37] Bitnar B, Durisch W, Mayor J-C, Sigg H, Tschudi HR, Palfinger G, Gobrecht J (2003) Record electricity-to-gas power efficiency of a silicon solar cell based TPV system. In: Proceedings of the 5th conference on thermophotovoltaic generation of electricity, Rome, Italy, 16—19 Sept 2002. American Institute of Physics, pp 18~28

[38] Bitnar B, Durisch W, Mayor J-C, Sigg H, Tschudi HR, Palfinger G, Gobrecht J (2001) Development of a small TPV prototype system with an efficiency more than 2%. In: Proceedings of the 17th european photovoltaic solar energy conference, Munich, 22—26 Oct 2001. WIP

[39] Becker FE, Doyle EF, Shukla K (1999) Operating experience of a portable thermophotovoltaic power supply. In: Proceedings of the 4th NREL conference on thermophotovoltaic generation of electricity, Denver, Colorado, 11—14 Oct 1998. American Institute of Physics, pp 394~402

[40] Zenker M (2001) Thermophotovoltaische Konversion von Verbrennungswaerme (in German). Doctoral thesis, Albert-Ludwigs-Universität Freiburg im Breisgau

[41] Horne E (2002) Hybrid thermophotovoltaic Power Systems EDTEK, Inc., US, Consultant Report, P500-02-048F

[42] Fourspring PM, DePoy DM, Beausang JF, Gratrix EJ, Kristensen RT, Rahmlow TD, Talamo PJ, Lazo-Wasem JE, Wernsman B (2004) Thermophotovoltaic spectral control. In: Proceedings of the 6th international conference on thermophotovoltaic generation of electricity, Freiburg, Germany, 14—16 June 2004. American Institute of Physics, pp 171~179

[43] Rahmlow TD, Lazo-Wasem JE, Gratrix EJ, Fourspring PM, DePoy DM (2004) New performance levels for TPV front surface filters. In: Proceedings of the 6th international conference on thermophotovoltaic generation of electricity, Freiburg, Germany, 14—16 June 2004. American Institute of Physics, pp 180~188

[44] Fraas LM, Avery JE, Huang HX, Martinelli RU (2003) Thermophotovoltaic system configurations and spectral control. Semicond Sci Technol 18: 165~173

[45] Schock A Or C, Mukunda M (1996) Effect of expanded integration limits and measured infrared filter improvements on performance of RTPV system. In: Proceedings of the 2nd NREL conference on thermophotovoltaic generation of electricity, Colorado Springs, 16—20 July 1995. American Institute of Physics, pp 55~80

[46] Demichelis F, Minetti-Mezzetti E (1980) A solar thermophotovoltaic converter. Sol Cells 1 (4): 395~403

[47] Andreev VM, KhvostikovVP, Khvostikova OA, Rumyantsev VD, Gazarjan PY, Vlasov AS (2004) Solar thermophotovoltaic converters: efficiency potentialities. In: Proceedings of the 6th international conference on thermophotovoltaic generation of electricity, Freiburg, Germany, 14—16 June 2004. American Institute of Physics, pp 96~104

[48] Swanson RM (1979) A proposed thermophotovoltaic solar energy conversion system. In Proc of the IEEE 67 (3): 446~447

[49] Doyle EF, Becker FE, Shukla KC, Fraas LM (1999) Design of a thermophotovoltaic battery substitute, 4th NREL confernce on thermophotovoltaic generation of electricity, Denver, Colorado, 11—14 Oct 1998. American Institute of Physics, pp

351~361

[50] Wedlock BD (1963) Thermal Photovoltaic Effect. In: Proceedings of the 3rd IEEE photovoltaic specialists conference, IEEE, pp A4.1~A4.13

[51] Morrison O, Seal M, West E, Connelly W (1999) Use of a Thermophotovoltaic generator in a hybrid electric vehicle. In: Proceedings of the 4th NREL confernce on thermophotovoltaic generation of electricity, Denver, Colorado, 11—14 Oct 1998. American Institute of Physics, pp 488~496

[52] Guazzoni G, McAlonan M (1997) Multifuel (liquid hydrocarbons) TPV generator. In: Proceedings of the 3rd NREL conference on thermophotovoltaic generation of electricity. Denver, Colorado, 18—21 May 1997. American Institute of Physics, pp 341~354

[53] Adair PL, Zheng-Chen, Rose F (1997) TPV power generation prototype using composite selective emitters. In: Proceedings of the 3rd NREL conference on thermophotovoltaic generation of electricity, Denver, Colorado, 18—21 May 1997. American Institute of Physics, pp 277~291

[54] Rumyantsev VD, Khvostikov VP, Sorokina O, Vasilev AI, Andreev VM (1999) Portable TPV generator based on metallic emitter and 1.5-amp GaSb cells. In: Proceedings of the 4th NREL conference on thermophotovoltaic generation of electricity, Denver, Colorado, 11—14 Oct 1998. American Institute of Physics, pp 384~393

[55] Guazzoni GE, Rose MF (1996) Extended use of photovoltaic solar panels. In: Proceedings of the 2nd NREL confernce on thermophotovoltaic generation of electricity, Colorado Springs, 16—20, July 1995. American Institute of Physics, pp 162~176

[56] Yang WM, Chou SK, Shu C, Xue H, Li ZW (2004) Development of a prototype micro-thermophotovoltaic power generator. J Phys D Appl Phys 37: 1017~1020

[57] DeBellis CL, Scotto MV, Scoles SW, Fraas L (1997) Conceptual design of 500 watt portable thermophotovoltaic power supply using JP-8 fuel. In: Proceedings of the 3rd NREL conference on thermophotovoltaic generation of electricity, Denver, Colorado, 18—21 May 1997. American Institute of Physics, pp 355~367

[58] Durisch W, Bitnar B, Roth F, Palfinger G (2003) Small thermophotovoltaic prototype systems. Sol Energy 75: 11~15

[59] Kushch AS, Skinner SM, Brennan R, Sarmiento PA (1997) Development of a co-

generating thermophotovoltaic powered combination hot water heater/hydronic boiler. In: Proceedings of the 3rd NREL conference on thermophotovoltaic generation of electricity, Denver, Colorado, 18—21 May 1997. American Institute of Physics, pp 373~386

[60] Erickson TA, Lindler KW, Harper MJ (1997) Design and construction of a thermophotovoltaic generator using turbine combustion gas. In: Proceedings of the 32nd intersociety energy conversion engineering conference, IEEE, pp 1101~1106

[61] Fraas L, Avery J, Malfa E, Venturino M (2002) TPV tube generators for apartment building and industrial furnace applications. In: Proceedings of the 5th conference on thermophotovoltaic generation of electricity. Rome, 16—19 Sept 2002. American Institute of Physics, pp 38~48

[62] Sarraf DB, Mayer TS (1996) Design of a TPV Generator with a durable selective emitter and spectrally matched PV cells. In: Proceedings of the 2nd NREL conference on thermophotovoltaic generation of electricity, Colorado Springs, 16—20. July 1995. American Institute of Physics, pp 98~108

[63] Schubnell M, Gabler H, Broman L (1997) Overview of European activities in thermophotovoltaics. In: Proceedings of the 3rd NREL confernce on thermophotovoltaic generation of electricity. Denver, Colorado, 18—21 May 1997. American Institute of Physics, pp 3~22

[64] Volz W (2001) Entwicklung und Aufbau eines thermophotovoltaischen Energiewandlers (in German), Doctoral thesis, Universität Gesamthochschule Kassel, Institut für Solare Energieversorgungstechnik (ISET)

[65] Qiu K, Hayden A (2004) A novel integrated TPV power generation system based on a cascaded radiant burner. In: Proceedings of the 6th international conference on thermophotovoltaic generation of electricity, Freiburg, Germany, 14—16 June 2004. American Institute of Physics, pp 105~113

[66] Stone KW, Leingang EF, Kusek SM, Drubka RE, Fay TD (1994) On-Sun test results of McDonnell Douglas' prototype solar thermophotovoltaic power system. In: Proceedings of the 24th IEEE photovoltaic specialists confernce, IEEE, pp 2010~2013

[67] (2004) Thermophotovoltaic research, presentation. Space Power Institute, Auburn

第六章 空腔设计和光学控制

University, [Online]. Accessed 10 May 2004

[68] Nielsen OM, Arana LR, Baertsch CD, Jensen KF, Schmidt MA (2003) A Thermo-photovoltaic micro-Generator for portable power applications. In: Proceedings of the 12th international conference on solid state sensors, Actuators and microsystems, Boston, June 8—12 2003. pp 714~717

[69] Chubb D (2007) Fundamentals of Thermophotovoltaic Energy Conversion. Elsevier science, Amsterdam

[70] Good BS, Chubb DL (1997) Effects of geometry on the efficiency of TPV energy conversion. In: Proceedings of the 3rd NREL conference on thermophotovoltaic generation of electricity, Denver, Colorado, 18—21 May 1997. American Institute of Physics, pp 487~503

[71] Carlson RS, Fraas LM (2007) Adapting TPV for Use in a standard home heating furnace. In: Proceedings of the 7th world conference on thermophotovoltaic generation of electricity, Madrid, 25—27 Sept 2006. American Institute of Physics, pp 273~279

[72] Luque A (2007) Solar thermophotovoltaics: Combining solar thermal and photovoltaics. In: Proceedings of the 7th world conference on thermophotovoltaic generation of electricity, Madrid, 25—27 Sept 2006. American Institute of Physics, pp 3~16

[73] Aicher T, Kästner P, Gopinath A, Gombert A, Bett AW, Schlegl T, Hebling C, Luther J (2004) Development of a novel TPV power generator. In: Proceedings of the 6th international conference on thermophotovoltaic generation of electricity, Freiburg, Germany, 14—16 June 2004. American Institute of Physics, pp 71~78

[74] Schroeder KL, Rose MF, Burkhalter JE (1997) An improved model for TPV performance predictions and optimization. In: Proceedings of the 3rd NREL conference on thermophotovoltaic generation of electricity, Denver, Colorado, 18—21 May 1997. American Institute of Physics, pp 505~519

[75] Adachi Y, Yugami H, Shibata K, Nakagawa N (2004) Compact TPV generation system using $Al_2O_3/Er_3Al_5O_{12}$ eutectic ceramics selective emitters. In: Proceedings of the 6th international conference on thermophotovoltaic generation of electricity, Freiburg, Germany, 14—16 June 2004. American Institute of Physics, pp 198~205

[76] Fraas LM, Huang HX, Shi-Zhong Ye, She Hui, Avery J, Ballantyne R (1997)

Low cost high power GaSb photovoltaic cells. In: Proceedings of the 3rd NREL conference on thermophotovoltaic generation of electricity, Denver, Colorado, 18—21 May 1997. American Institute of Physics, pp 33~40

[77] Fraas L, Samaras J, Han-Xiang Huang, Seal M, West E (1999) Development status on a TPV cylinder for combined heat and electric power for the home. In: Proceedings of the 4th NREL conference on thermophotovoltaic generation of electricity, Denver, Colorado, 11—14 Oct 1998. American Institute of Physics, pp 371~383

[78] Lindberg E (2002) TPV optics studies-On the use of non-imaging optics for improvement of edge filter performance in thermophotovoltaic applications, Doctoral thesis, Swedish University of Agricultural Science, Uppsala

[79] Les J, Borne T, Cross D, Gang Du, Edwards DA, Haus J, King J, Lacey A, Monk P, Please C, Hoa Tran (2000) Interference filters for thermophotovoltaic applications. In: Proceedings of the 15th workshop on mathematical problems in industry, University of Delaware, US, June 1999

[80] Modest MM (1993) Radiative heat transfer. McGraw-Hill, New York

[81] Regan TM, Martin JG, Riccobono J (1995) TPV conversion of nuclear energy for space applications. In: Proceedings of the 1st NREL conference on thermophotovoltaic generation of electricity. Copper Mountain, Colorado, 24—28 July 1994. American Institute of Physics, pp 322~330

[82] DeShazer LG, Kushch AS, Chen KC (2001) Hot dielectrics as light sources for TPV devices and lasers, NASA Tech Briefs magazine, [Online] Available at: http://www.nasatech.com/. Accessed 10 Sept 2004

[83] Goldstein MK (1996) Superemissive light pipes and photovoltaic systems including same, Quantum Group Inc., U.S. Pat. 550 005 4

[84] Bauer T, Forbes I, Penlington R, Pearsall N (2005) Heat transfer modelling in thermophotovoltaic cavities using glass media. Sol Energy Mater Sol Cells 88 (3): 257~268

[85] Chubb DL (2007) Light pipe thermophotovoltaics (LTPV). In: Proceedings of the 7th world conference on thermophotovoltaic generation of electricity, Madrid, 25—27 Sept 2006. American Institute of Physics, pp 297~316

[86] Guyer EC, Brownell DL (1999) Handbook of applied thermal design. Taylor &

Francis, London

[87] Baehr HD, Stephan K (2006) Wärme und stoffübertragung (in German), 5th edn. Springer, German

[88] Yarbrough DW, Nowobilski J (1999) Section 4.5: thermal insulation. In: Kreith F (ed) CRC Handbook of thermal engineering. CRC Press, Boca Raton

[89] (2010) Product: quartzel rigid silica, Saint-Gobain Quartz SAS, France. [Online] Available at: http://www.quartz.saint-gobain.com/. Accessed 28 April 2010

[90] Routschka G, Granitzki K-E (2005) Refractory ceramics, in ullmanns encyclopedia of industrial chemistry. Wiley, London, NY

[91] Roth A (1990) Vacuum technology, 3rd edn. Elsevier science, Amsterdam

[92] Imenes AG, Mills DR (2004) Spectral beam splitting technology for increased conversion efficiency in solar concentrating systems: a review. Sol Energy Mater Sol Cells 84: 19~69

[93] Khvostikov VP, Rumyantsev VD, Khvostikova OA, Gazaryan PY, Kaluzhniy NA, Andreev VM (2004) TPV cells based on Ge, GaSb and InAs related compounds for solar powered TPV systems. In: Proceedings of the 19th european photovoltaic solar energy conference, Paris, 7—11 June 2004. WIP

[94] Andreev VM, Grilikhes VA, Khvostikov VP, Khvostikova OA, Rumyantsev VD, Sadchikov NA, Shvarts MZ (2004) Concentrator PV modules and solar cells for TPV systems. Sol Energy Mater Sol Cells 84 (1~4): 3~17

[95] Mattarolo G (2007) Development and modelling of a thermophotovoltaic system, Doctoral thesis, University of Kassel

[96] van den Hoek WJ, Jack AG, Luijks GMJF (2005) Lamps, in ullmanns encyclopedia of industrial chemistry. Wiley, Londen, NY

[97] (2006) Infrared emitters for industrial processes, Heraeus [Online] Available at: http://www.noblelight.net/. Accessed 28 Oct 2010

[98] Green MA (2003) Chapter 9: thermophotovoltaic and thermophotonic conversion. In: Green MA (ed) Third generation photovoltaics-advanced solar energy conversion. Springer, Berlin, NY, pp 112~123

[99] Harder NP, Green MA (2003) Thermophotonics. Semicond Sci Technol 18: 270~278

[100] Green MA (2001) Third generation photovoltaics: Ultra-high conversion efficiency at low cost. Prog Photovolt: Res Appl 9 (2): 123~135

[101] Tobias I, Luque A (2002) Ideal efficiency and potential of solar thermophotonic converters under optically and thermally concentrated power flux. Trans Electron Devices 49 (11): 2024~2030

[102] Basu S, Chen Y-B, Zhang ZM (2007) Microscale radiation in thermophotovoltaic devices-A review. Int J Energy Res 31 (6~7): 689~716

[103] Baldasaro PF, Fourspring PM (2003) Improved Thermophotovoltaic (TPV) performance using dielectric photon concentrations (DPC), Lockheed Martin Inc., US, Technical Report, LM-02K136

[104] DiMatteo R, Greiff P, Seltzer D, Meulenberg D, Brown E, Carlen E, Kaiser K, Finberg S, Nguyen H, Azarkevich J, Baldasaro P, Beausang J, Danielson L, Dashiell M, DePoy D, Ehsani H, Topper W, Rahner K, Siergiej R (2004) Micron-gap ThermoPhotoVoltaics (MTPV). In: Proceedings of the 6th international conference on thermophotovoltaic generation of electricity, Freiburg, Germany 14—16 June 2004. American Institute of Physics, pp 42~51

[105] Hanamura K, Mori K (2007) Nano-gap TPV generation of electricity through evanescent wave in near-field above emitter surface. In: Proceedings of the 7th world conference on thermophotovoltaic generation of electricity, Madrid, 25—27 Sept 2006. American Institute of Physics, pp 291~296

[106] Xue H, Yang W, Chou SK, Shu C, Li Z (2005) Microthermophotovoltaics power system for portable MEMS devices. Microscale Thermophys Eng 9: 85~97

[107] Raynolds JE (1999) Enhanced electro-magnetic energy transfer between a hot and cold body at close spacing due to evanescent fields. In: Proceedings of the 4th NREL conference on thermophotovoltaic generation of electricity, Denver, Colorado, 11—14 Oct 1998. American Institute of Physics, pp 49~57

[108] Jacobson SA, Epstein AH (2003) An informal survey of power MEMS, the international symposium on micro-mechanical engineering, 1—3 Dec 2003. ISMME 2003-K18

[109] Yang W, Chou S, Shu C, Xue H, Li Z (2004) Effect of wall thickness of micro-combustor on the performance of micro-thermophotovoltaic power generators. Sens Actu-

ators A 119 (2): 441~445

[110] Yang WM, Chou SK, Shu C, Li ZW, Xue H (2003) Research on micro-thermophotovoltaic power generators. Sol Energy Mater Sol Cells 80: 95~104

[111] Yang WM, Chou SK, Shu C, Li ZW, Xue H (2002) Development of microthermophotovoltaic system. Appl Phys Lett 81 (27): 5255~5257

[112] Chase L (1991) Solar pumping of lasers. In: Proceedings of the workshop: Potential applications of concentrated solar energy, Solar Energy Research Institute, Cole Boulevard, Golden, Colorado, 7—8 Nov 1990. pp 97~98

[113] De Young RJ (1988) Overview and future direction for blackbody solar-pumped lasers, Report, NASA-TM-100621

[114] Nagashima T, Corregidor V (2007) An overview of the contributions under cell technologies topic. In: Proceedings of the 7th world conference on the thermophotovoltaic generation of electricity, Madrid, 25—27 Sept 2006. American Institute of Physics, pp 127~128

[115] Brougham RP, Whale MD (2001) Feasibility of hybrid the thermophotovoltaic and reformer/fuel cell energy conversion systems. In: Proceedings of the 11th canadian hydrogen conference-building the hydrogen economy, Victoria, Canada, 17—20 June

第七章 其他发电技术评述

7.1 概 述

一般而言,需要电力资源的地方都是热光伏系统的潜在市场[1]。因此,为了确定合适的热光伏应用,本章综合评述了其他已有的和新兴的发电技术。

在热光伏相关文献中讨论的竞争技术包括内燃发电机[2-6]、太阳能光伏电池系统[3,4]、电化学电池和热电直接转换器。其中,热电直接转换发电技术包括热电式、热离子和碱金属热电转换器(AMTECs)[2-7]。电化学电池有三种类型:一次性电池(电池)、蓄电池(可充电电池)和第三代电池(燃料电池)[2-5,7]。其他文献也详细介绍了这些技术[8-13]。上述文献表明,包括斯特林发电机在内的外燃发电机属于另一种竞争技术。

竞争技术的综述仅限于讨论一定范围内的发电技术,这一范围包括多种潜在的发电技术和可以转换下列四种能源之一的发电技术:太阳能、核能、化学能(或化石燃料)和余热。这样就排除了除太阳能光伏电池以外的其他可再生能源转换技术(例如风能)。由于目前的热光伏电池成本较高,且研究证明热光伏系统的最大功率约为数千瓦。因此,本综述中并未包括超过1兆瓦的发电技术。此外,超过1兆瓦的发电技术具有较高的效率,现有的热光伏发电技术难以达到如此高的效率。本综述只包括了近期文献中常见的热-电直接转换器[2-7]。其他学者讨论了一些其他的发电技术[9]。

图7-1中总结了上述技术方案,举例说明了在比较热光伏及与其竞争的技术时,必须将热源考虑在内。例如,燃料电池只能在化学能转换方面与热光伏系统竞争。另一方面,外燃发电机(例如斯特林式)和热-电直接转换器(例如热电式)可以转换任意来源的热能。

在对比这些发电技术时,功率密度(例如 W/kg、W/m^3 和 W/cm^2)和效率是重要的性能指标。在下面的四个小节中,我们讨论了热机发电机、电化学电池、热-电直接转换器和太阳能光伏电池系统,随后将这些技术与热光伏技术进行了比较。

7.2 热机发电机

热机发电机的转换过程分为两步,第一步是热能转换为机械能,这一过程限制了转换效率;第二步是机械能转换为电能,效率通常在95%以上[5]。与热光伏转换相比,热力发电机对运动部件的要求与下列因素相关：启动的复杂性、噪音、重量大、高复杂性、维护度高以及使用寿命短。通常，热机可分为内部加热和外部加热两种[12]。

7.2.1 内燃发电机

在内燃发电机中，热源同时也是热动力工作液。因此，此类发电机仅能在燃烧系统方面与热光伏发电进行比较（图7-1）。内燃机（ICEs）的发展趋势是减少部件数量，尽管减少的部件未必全是运动部件。因此，与外燃发电机相比，内部热机具有更高的体积和重量功率密度[12]。内燃机包括间歇（往复式发动机）或连续流动（例如燃气轮机）以及燃烧过程。间歇式内燃机中，燃烧仅出现在循环中有限的部分。因此，与连续式内燃机相比，间歇式内燃机的部件受高温影响较小[12]。这使得间歇式内燃机具有更高的效率，但同时会造成更大的污染（CO、NO_x 和未燃尽的 H_xC_x）[12,13]。连续式内燃机的流速可能更高。因此，此类内燃机往往有更高的体积功率密度[13]。间歇式内燃机主要有往复式火花点火（奥托循环）和压缩点火（狄塞尔循环）两种类型。

目前，基于内燃机（ICEs）发展而来的小型汽油发电机可以在市场上买到，此类发电机的价格较低[5,14,15]。Yamaguchi等人[3,4]研究报告了系统效率在10%~20%之间，功率为1~10kW_{el}之间和效率低于10%、功率低于1kW_{el}的便携式发电机。功率高于10kW_{el}的车辆发电机价格低廉且具有较高的功率密度，此类发电机的效率可以超过30%[4]。

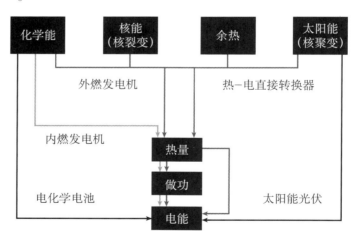

图7-1 热光伏系统竞争技术总结

该图定义了四种类型的热源和五种级别的能量转换器。

目前，燃气轮机（布雷顿循环）发电机主要用于兆瓦级发电，例如与蒸汽轮机联合用于中央电厂。燃气轮机的运行方式有闭合循环和开式循环两种。闭合循环的燃气轮机具有更高的效率，缺点是复杂性较高[13]。例如，市售的开式循环燃气轮机的燃料-电能转换效率约25%，电能输出功率为30kW[16]。功率为10W的微型燃气轮机还处在研究阶段[17]。

7.2.2 外燃发电机

外燃发电机的热源和工质是分隔开的。通常，外部燃烧器与工质换热器联合使用增加了外部热机的复杂性，导致外燃发电机的体积和重量功率密度比内燃机（ICEs）低，但是外燃发电机可以使用图7-1中的任一种热源。外燃发电机主要采用兰金循环和斯特林循环。

蒸汽轮机（兰金循环）往往用于大型中央电厂。兰金循环可以是闭合循环（例如核电站），也可以是开式循环（例如蒸汽机车）[13]。开式循环需要恒定的水源。通常，闭合循环系统的设计更加复杂、效率中等，因此输出的功率密度较低[13]。此处不再深入探讨此类热机。

斯特林热机发电机应用范围广泛，其功率范围涉及从人工心脏到军用潜艇驱动。此类电机的部分负载运行良好，工作噪音低（自由活塞发动机），具有较高的效率。斯特林热机发电机包括了所有四种热源中的应用，以及与热光伏技术类似的应用。市场上出现了几种斯特林式热电联产（CHP）设备。表7-1列出了一些示例的电效率。通常，热电联产的效率更高（此处未列出）。斯特林热机的缺点是功率密度较低[13]，现有的斯特林系统已经完全或部分克服了过去出现的工质泄漏和密封难题。

表7-1 使用斯特林热机的固定式热电联产（CHP）设备的性能示例

特征	WhisperGen（并网）[18]	斯特林161[19]	供电设备[20]
制造商	WhisperGen	Clean Energy AB（前Solo公司）	Stirling Biopower（前STM Power公司）
电机输出功率	1kW	2~9kW	43kW
燃料-电能效率	~10%	25%	27%
重量功率密度	7W/kg	4~20W/kg	未知
体积功率密度	4kW/m^3	2~11kW/m^3	未知

7.3 电化学电池

我们将在下面两个小节中讨论以下几种类型的电池：一次性电池（电池）、蓄电池（可充电电池）和第三代电池（燃料电池）。

7.3.1 一次性电池和蓄电池（电池）

电池的范围涵盖了从小型一次性纽扣电池（能量为10 J）到用于水下推进和负

热光伏发电原理与设计

载量平衡的大型蓄电池（能量为100 MJ）[21]。此类电池的优点为：维修养护的工作量低（无运动部件）、部分负载运行情况良好和高效的充放电性能。目前，一次性电池的主要类型有锌-碳、碱性-锰、汞-氧化物、银-氧化物和锌-氧化物以及锂基电池[22]。蓄电池的主要类型有铅-酸、镍-镉、镍-金属氢化物和锂离子。与一次性电池相比，蓄电池往往具有更大的重量和体积功率密度。镍-镉蓄电池具有很高的功率密度，约为500kW/m^3和高于500W/kg[23]。与其他技术相比，该功率密度较高。研究证明，锂离子电池的能量密度高于0.5 MJ/kg。然而，与氢燃料电池相比，一次性电池和蓄电池的能量密度较低[23]。通常，电池的缺点有：使用的材料对环境产生危害、保存期有限和电能成本较高[23]。例如，常见的小型一次性电池（例如AA、1.5 V、1 000 mAh）的成本约为100 €/kWh。此外，电池充电时间较短也是有益的。另一个可行的方案是联合使用廉价的碳氢化合物燃料与热-电转换器（例如热光伏、燃料电池）代替电池。与电池相比，这些燃料的成本较低。例如，按照目前欧洲的天然气价格，在使用天然气转换为电能后，每千瓦时的电能成本为几欧分。由于蓄电池的充电过程缓慢，与之相比，这种电池的优点是重新加注燃料的过程更加简单。最后，碳氢化合物燃料的重量能量密度远高于电池（参见表8-6）。综上所述，与电池相比，基于电能转换器（例如热光伏、燃料电池）的碳氢燃料在重新加注燃料/充电、成本和能量密度等方面具有优势。

表7-2 几种主要燃料电池类型的比较

	固体聚合物膜（SPFC）	碱性（AFC）	磷酸（PAFC）	熔融碳酸盐（MCFC）	固体氧化物（SOFC）
催化剂	铂	铂	铂	镍	钙铁矿
温度	50～110℃	50～200℃	190～210℃	630～650℃	650～1 000℃
电池燃料	氢气（H_2）、甲醇（CH_3OH）	氢气（H_2）	氢气（H_2）	氢气（H_2）、一氧化碳（CO）	氢气（H_2）、一氧化碳（CO）、甲烷（CH_4）
电池中的有害物质	CO＞10 ppm S＞0.1 ppm	CO_2为有毒物质，或多或少会限制其对于改性燃料的使用	CO＞0.5% S＞50 ppm	S＞0.5 ppm	S＞1 ppm
改性	外部或直接甲醇（CH_3OH）		外部	外部或内部	外部、内部或直接甲醇（CH_3OH）

续表

	固体聚合物膜（SPFC）	碱性（AFC）	磷酸（PAFC）	熔融碳酸盐（MCFC）	固体氧化物（SOFC）
改性燃料	甲醇（CH_3OH）、醇类、液化天然气（LPG）、汽油、柴油、航空煤油		天然气、醇类、汽油、柴油、航空煤油	煤层或生物质燃气、天然气、汽油、柴油、航空煤油	煤层或生物质燃气、天然气、汽油、柴油、航空煤油
典型应用	商业和民用热电联产、分布式电源、便携式电源、运输业	运输业、太空	热电联产发电	商业和民用热电联产、发电、船舶推进、火车	商业和民用热电联产、发电、船舶推进、火车
优点	能量密度较高、启动迅速、负载跟踪特性良好、电池直接使用甲醇，无需使用改性器	设计简单、电解液低廉、能量密度较高	技术先进、具有现成的商业体系（例如PC25C）	内部重整、催化剂廉价、以CO为燃料且燃料丰富	内部重整、催化剂廉价、以CO为燃料且燃料丰富，不受气体交叉的影响
缺点	CO脱除、用水管理、薄膜交叉	燃料仅限于氢气	外部重整、催化剂昂贵	启动性能差、负载跟踪特性差、高温设计问题	启动性能差、负载跟踪特性差、高温设计问题

7.3.2 第三代电池（燃料电池）

在燃料-电能转换过程中，燃料电池可直接与热光伏系统竞争（图7-1）。已有研究表明，燃料电池功率范围在毫瓦到兆瓦之间。燃料电池具有不同的分类标准，其中包括：燃料类型（例如氢气和碳氢化合物）、燃料处理策略（外部或内部重整）、运行温度、催化剂材料、电荷载子或电解液类型。通常将后者作为分类标准。表7-2的内容来自不同的文献[24-26]，并且同时总结出主要的燃料电池类型和各自性能。

研究证明，燃料电池的一个主要优点是具有较高的效率。在热值较低时，主要燃料电池类型的效率约为40%~60%[25,27]。在部分负载和较大的功率范围内，燃料电池仍能保持较高的效率。燃料电池的另一个优点是固态运行（例如低噪音）。通常，热电联产系统的运行是切实可行的，燃料电池的运行温度决定了热量级别。因此，固体聚合物膜燃料电池（SPFCs）只能产生低级热量。此外，该电池还被称为质子交换膜（PEM）燃料电池。

研究证明，固体聚合物膜燃料电池（SPFCs）和先进的太空碱性燃料电池（AFCs）的面积功率密度（W/cm^2）大约是其他燃料电池观察值的10倍[27]。这一特性使其具有较高的体积和重量功率密度。通常，功率密度会随着输出功率的增长而增长。例如，研究证明汽车应用SPFC堆栈的功率密度为1 000kW/m^{3}和700W/kg[26,28,29]。在使用燃料电池的电压和电流密度特性时，选择该电池的工作点需要在效率较高但体积较大的电池和效率较低但功率密度较高的电池之间做出权衡[25]。

燃料电池的主要缺点之一是需要使用氢气，目前氢气还无法在大规模的市场上交易。此外，燃料的储存和处理技术还不成熟，具有一定的危险性[5]。油类的体积能量密度约为40 000 MJ/m^3（表8.6），氢气的体积能量密度较低，仅为13 MJ/m^3。但是，氢气的重量能量密度较高，具有一定的优势。氢气经过压缩后，能够增加体积能量密度。当使用实验室气瓶储存的氢气压力为152巴（15.2 MPa）时，可得到的体积能量密度为1 600 MJ/m^3，压力越大得到的体积能量密度越大（例如压力为700巴时，体积能量密度为5 300 MJ/m^3）。液态氢气的体积能量密度约为10 000 MJ/m^3，但这一数值仍然远低于碳氢化合物油类。另一种储存方法是固体氢化物储存（例如镧镍氢化物），与液态氢气相比，这一方法在牺牲重量能量密度的基础上可得到略微高些的体积能量密度。目前，氢气储存技术还存在诸多难题[30]。通常，需要对非氢燃料进行内部或外部改性处理，其他学者也讨论了改性处理的难点[25,26]。

固体聚合物膜燃料电池（SPFCs）无需使用改性器就可直接转换甲醇，因此还被称为直接甲醇燃料电池（DMFCs）。20世纪90年代，有学者在SPFC膜方面取得的突破重新燃起了对直接甲醇燃料电池的研究兴趣[26]。由于甲醇生产具有经济性、高效性，因此直接甲醇燃料电池技术十分引人注目。此外，甲醇的储存比氢气更加简便安全，看来可以代替蓄电池成为首个大规模应用的燃料电池产品（例如笔记本电脑、手机）。在上述应用中，蓄电池的寿命比较短，因此直接甲醇燃料电池的寿命不是关键因素。在本文写作过程中，市场上开始出现直接甲醇燃料电池。

7.4 热-电直接转换器

除了热光伏以外，其他的热-电直接转换技术还包括热电转换器、碱金属热-电转换器（AMTEC）和热电子转换器，所有这些技术都用到了热源和冷却散热器。

第七章 其他发电技术评述

热-电直接转换器可将热源到散热器之间的部分热通量直接转换为电能。因此,这些设备的重要特征为单位面积的输出功率(功率密度单位为 W/cm^2)和效率(输出电能与总热通量的比值)。所有这些技术都具有相似的固态属性,例如设计简单、无运动部件、维护度低、可靠性高、良好的扩展性和模块性。固态是宏观上的表述,实际上,能量的运动和传输必须始终牵涉到能量实体的运动[8]。热-电直接转换器中的能量实体是离子(碱金属热-电转换器)、电子(热电式、热电子)或光子(热光伏)。此外,在适当的温度下,所有的技术都能将任一来源的热量(图7-1)转换为直流电。各技术之间存在差异的主要参数包括热源和表面温度、研究现状、效率和功率密度。

7.4.1 热电式转换器

利用温差电元件发电的基础是塞贝克效应(Seebeck effect)、珀尔帖效应(Peltier effect)和汤姆逊效应(Thomson effect)。热电发电机通常由大量串联的热电偶组成(图7-2)。热电发电机是最成熟的热-电直接转换器,可用于太空和偏远(或未并网)地区等小众市场的发电。热端温度的范围广泛,包括从很低的温度(例如人体体温发电的腕表)到1 300K左右(例如太空应用)。输出功率的变化范围为nW到大于100kW[31]。类似的热电模块可用于冷却,以及利用低级热量(例如地热、海洋电力、低级余热)和高级热量(例如燃烧)发电。该类发电机是热光伏系统有力的竞争对手,尤其是使用高级热量的热电发电机已经成为研究的热点。

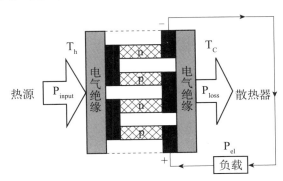

图7-2 热电发电机的工作原理示意图

n 型和 p 型半导体之间采用电气连接。

Cobble 讨论了如何计算热电发电机的效率和功率密度[32],即可以通过最大功率密度或效率对此类发电机进行优化。公式7.1给出了一个按照最大效率优化后的单级发电机的最大效率[32]。公式7.2定义了使用一种连接材料的单级转换器的品质因子

Z (1/K),其中 S 为塞贝克系数 (V/K), r 为导电率 (S/m), k 为热导率 (W/mK)。

$$\eta_{\text{TE,max}} = \eta_{\text{Carnot}} \cdot \frac{(1 + Z \cdot T_{\text{AV}})^{1/2} - 1}{(1 + Z \cdot T_{\text{AV}})^{1/2} + T_c/T_h}, \quad T_{\text{AV}} = \frac{T_h - T_c}{2} \tag{7.1}$$

$$Z = \frac{S^2 \sigma}{K} \tag{7.2}$$

从公式 7.1 可以看出,较高的效率 $\eta_{\max}$ 需要冷热端具有较大的温差 $T_h - T_c$ 和较高的品质因子 Z。通常会用到无量纲品质因子 ZT_{AV}。不同的 n 型和 p 型材料具有不同的 ZT 与温度特征曲线。选择使用哪种材料通常要依据运行温度下不同材料的 ZT 性能。因此,应用温度不同时,选择使用的材料不同。目前,已经确定块状半导体材料的 ZT_{AV} 值约为单位 1[33-35],这使得已有材料的热-电效率通常低于 5%。如此低的效率是现有热电发电机的主要缺陷。

人们在远程发电领域积累了长期使用热电发电机的经验,例如基于燃烧的热电系统可在偏远的石油和天然气产区使用。这一应用中,由于可以获取大量的燃料,2%~3%(燃料-电能)的低效率不是关键因素。在小众市场应用中,已经有 12 000 多个燃烧驱动型热电发电机投入运行[36,37]。在非常遥远的太空执行任务时,已经用到了放射性同位素驱动的发电机[33,38]。此外,也有学者长期致力于车辆废气回收的研究。在撰写本文时,该领域重新成为研究热点,一些技术原型正在研发之中。另一种应用可能是工业余热回收(热电发电机可将余热通量转换为电能)。已有学者指出,在自由余热的转换过程中,较低的效率并不是一个严重的缺陷,单位瓦特的资本成本才是经济上的决定性因素[39]。在日本和美国,已经出现资金支持的大型热电热回收研究项目[33,40]。未来,通过使用不同的概念增加品质因子 Z(例如使用纳米结构材料),热电发电机可能表现出更高的性能[33,34]。其他具有前景的概念包括共生和多级发电。在共生发电中,热电发电机是逆流换热器的一部分[33,41]。

7.4.2 碱金属热-电转换器 (AMTEC)

碱金属热-电转换器(AMTEC)是一种热再生电化学装置,其中碱金属在一个闭合回路中流动,它的聚合态在液态和气态之间循环[5,8,42]。在碱金属中,钠通常作为主要选用的金属材料,也有相关研究用到钾金属。通过使用电磁泵和毛细芯等设备实现碱金属的循环[42]。AMTEC 中仅有的使用毛细芯的运动部件是吸附在上面的碱金属(固态器件行为)。在阳极、电解液和阴极之间产生电能,碱金属离子流经电解液时,电子绕开电解液(图 7-3)[8,42,43]。AMTECs 通常使用 β 氧化铝固体电解液（BASE）为材料，BASE 通常制成一种致密的微晶陶瓷化合物，它是由钠、锂、铝和氧元素组成的[8]。BASE 是钠离子的良导体，是电子的不良导体。BASE 将热端温度限制在 1 300K 左右，原因是该电解液在更高的温度下可具有化学活性[8]。通常，冷端是温度范围为 400～800K[8]。其他学者详细讨论了两种主要的 AMTEC 循环类型：液态—阳极和气态—阳极[42]。

碱金属热-电转换器的特殊优势为：较高的效率和功率密度，以及具有使用低成本材料的潜力[42]。已有研究成功开发出电功率密度为 $1W/cm^2$ 的碱金属热-电转换器[42]，有学者认为可以制造出最大重量功率密度为 500W/kg 的碱金属热-电转换器[5,42]。目前，AMTEC 的主要难点之一是效率会随着时间出现衰减。例如，有报告指出在运行两年后，AMTEC 的输出功率约为初始值的一半[42]。AMTEC 的另一个缺陷是看似可以达到大于 20% 的热-电转换效率，但这一点还未得到证明[42]。尽管该设备为闭合系统，但是钠金属的处理和安全性仍然十分关键。

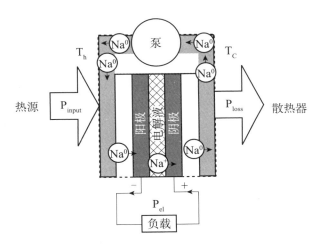

图 7-3 碱金属热-电转换器工作原理示意图

该发电机采用的碱金属钠可在电解液中电离。本图中的内容来自不同的文献。

碱金属热-电转换器与热光伏转换器之间存在一些相似之处，两种技术都拥有潜在较高的功率密度、相似的已证实和预期效率、相似的功率范围[5,42,44]。在放射性同位素驱动的太空应用中，两种技术都被认为可能会替代目前效率较低的热电发电机[44]。一份基本的文献检索表明，AMTEC 的研究团体要少于热光伏的研究团体，且 AMTEC 的研究重点是太空应用[42]。然而，与热光伏类似，也有相关学者报告了 AMTEC 在陆地上的应用，包括偏远地区供电、便携式电源、微型热电联产（CHP）装置和辅助动力装置（APUs）[45]。

7.4.3 热离子转换器

在热离子转换器中,高温阴极(也称"发射体")发射(或"沸腾")电子,低温阳极(也称"集电极")收集电子。电子经过外部负载后返回阴极(图7-4)[8,10]。里查孙-杜师曼方程(Richardson-Dushman equation,公式7.3)给出了发射表面在单位面积上可提供的最大电子电流[8,9]。从该公式中可以清楚地看到,随着温度 T_h 升高,电子通量 J 迅速增加,这对功函数 $\varPhi$ 较小的金属(例如钨)来说是很大的。一种材料的功函数定义是指被吸引的电荷(或表面电势)从材料表面逃离所需的某一能级电子能的数量。常数 A 是理想条件下一些基本常数的集合,实际材料的 A 值偏低[8,46]。

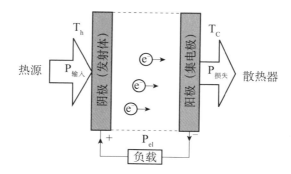

图 7-4　热离子发电机的工作原理示意图

通过热电放射效应,电子由高温阴极传送至低温阳极。

$$J = A \cdot T_h^2 \cdot e^{-\frac{\varPhi}{kT_h}}, A = \frac{4\pi e_0 m_e k^2}{h^3} \tag{7.3}$$

热离子转换主要吸引人之处是其具有较高的功率密度,潜在的功率密度为几十瓦每平方米(W/cm²)[9,10]。事实上,热离子转换的功率密度已经可以达到15W/cm²[8]。热离子转换器热量排放(低温端)的高温范围是 900~1 300K[10,46]。这一高温范围使其可以与其他转换技术级联运行,在太空应用中应使用小型冷却风扇。热离子发电机的另一个好处是能够在有限的时间内提供高于持续功率的峰值功率[46]。

热离子转换器设计的难点之一是电子在离开发射体表面后,能够感知电极缝隙之间的负空间电荷,并被迫回到发射体表面[46]。为减少空间电荷,学者们尝试了不同的方法。一种方法是在空间内填充起到中和作用的阳离子,最常见的是使用含有碱金属离子的离子体。其他方法是基于封闭阳极和阴极之间的空间,使用电场或磁场引导电子由阴极达到阳极,以及使用电极板增加电子的流速[10]。另一个难点是热端温度较高，通常在 1 800~2 000K 之间[46]。在这样的高温下，出现主要的工程技术难点可能会花费较高的成本。例如，有报告指出阴极材料在高温下会出现汽化，这会造成污染并限制电池寿命[8,46]。与热光伏系统类似，热端（阴极）和冷端（阳极）之间的辐射传热与 $(T_h^4 - T_c^4)$ 存在比例关系。然而，这一传热会产生不利影响，以及降低热离子转换器的效率。

曾经有研究认为热离子发电机具有广泛的功率范围，涵盖了从最小的微型放射性同位素驱动的转换器（mW）到最大的陆上中央电厂（MW）[9]。俄罗斯、美国和欧洲国家都开展了大型热离子研究项目。1960~1990 年之间，他们的研究重点是以太阳能和核能为热源的热电技术在太空中的应用（例如 TOPAZ 项目）[46]。目前，对热离子方面的研究有限。有报告指出，美国在热电太空核能反应器的研发目标为：功率范围为 10~100kW 或更高、发射体温度为 2 000K、集电极的温度范围为 880~1 000K、功率密度的范围为 3.5~13W/cm^2、效率范围为 10%~15%、电池寿命为 7~10 年[47]。近期，也有一些学者致力于研究联合使用热电和热离子转换并可在较低温度下运行的半导体[48]。

7.5 太阳能光伏电池系统

太阳能聚光光伏电池在本书中的定义是将（聚光的）太阳辐射直接转换为电能。而太阳能热光伏是指附加的间歇式辐射器由聚光的太阳辐射加热后，系统将其发出的辐射转换为电能。虽然太阳能热光伏与太阳能聚光光伏电池系统的工作原理存在根本性不同，但二者都具有辐射聚光、可热电联产和相似的电功率密度，因此，与无聚光器的太阳能系统相比，太阳能聚光光伏电池系统与热光伏之间的竞争关系更加密切。有学者提出联合应用太阳能光伏电池和太阳能热光伏系统[49,50]，但这一设想通常不在研究范围内，还没有研究证明太阳能热光伏具有较高的效率。此外，与太阳能光伏电池系统相比，太阳能热光伏系统在高温工程技术和系统复杂性方面存在不足。与太阳能聚光光伏电池转换相比，太阳能热光伏的潜在优势包括通过使用其他热源（例如与燃烧系统结合的混合系统）和/或蓄热器实现持续运行、对太阳热源波动的敏感性较低，以及具有较高的潜在效率。

7.6 热光伏的总结、讨论和比较

本章通过讨论各个发电技术在功率密度（W/m^3，W/m^2，W/kg）、效率，以及诸如热源（或燃料）、灵活性、可靠性、寿命和市场现状等其他方面的优势和不足，

热光伏发电原理与设计

对不同发电技术发表了一些见解。

有报告指出，运行温度约为或高于 1 000℃ 是贯穿这些转换技术的工程技术难关。包括由材料的热膨胀差异引起的裂缝，由材料汽化、隔热损失和辐射效应引起的污染，从而导致系统性能降低。因此，可以预计热光伏系统也需要克服这些工程技术难关。

依据各自的载流子类型，还可对本文讨论的固态技术进行分类：电子（热电、热离子）、离子（一次性电池、蓄电池和第三代电池，以及碱金属热-电转换器）和光子（太阳能光伏、热光伏）。本章中所列出的技术表明，"基于电子"的技术主要需要具有合适属性的材料以增加效率（例如热电的品质因子、热离子的功函数）。另一方面，"基于离子"的技术常常要求具有较长的寿命。有人可能认为研究已经证明了"基于光子"的太阳能光伏电池技术具有较长的寿命和中等转换效率，预计热光伏转换也具有类似的性能。

表 7-3 热光伏转换的潜在优点和缺点

缺 点	优 点
需要整体的系统设计	固态
研究领域互相关联	运动部件较少或没有
高温工程	噪音较低
辐射器的热端温度高	维护度较低
（温度 > 1 000℃）	可靠性较高
光伏电池的冷端温度低	热源（燃料）具有多样性
（温度 < 100℃）	持续的燃烧
还未证明具有较高的转换效率	污染较低、燃烧简单、运行时间长
还未评估部分负载运行状况	（例如工业余热）
现有光伏电池成本较高	启动迅速
	拓展性好（模块化系统）
	热电联产（CHP）运行的可行性
	大多数单个部件都可获得，且得到了检验
	已经证明具有较高的电功率密度

已有研究展示了电功率密度大于 2.5W/cm^2 的热光伏系统[51-53]。热光伏潜在的功率密度会随着辐射器温度的升高出现急剧升高。例如，假设光伏电池能转换 40% 最大波长为 2.5 μm 的辐射（例如，多结合锑砷化铟镓 InGaAsSb 电池）且黑体辐射器温度为 2 000K 时，可得到的理论电功率密度约为 23W/cm^2。通过在空腔内使用辐射聚光或高折射率材料（例如 NF-TPV），可以进一步增加功率密度。重量功率密度

超过100W/kg的燃烧驱动系统看似是可行的[11]。因此,在众多热光伏竞争技术中,热光伏具有较高的功率密度。

表7-3总结了热光伏转换中潜在的优缺点,应当指出大部分缺点都是有可能被解决的。例如,通过相关领域的专家合作,可解决热机械和热化学等高温工程技术方面的问题。

由于冷热端温度的限制,热光伏概念中存在一些约束条件。另一方面,这一限制会引起较高的卡诺循环效率。例如,在辐射器温度为1 500K、电池温度为300K的典型系统中,卡诺效率为80%。研究证明,热光伏系统的效率适中。燃烧系统的效率可达到8%[54,55],在排除80%的燃烧效率后,这相当于热-电转换效率约为10%。已有报告指出空腔内铟镓砷(InGaAs)和锑砷化铟镓(InGaAsSb)光伏电池的效率约为20%及以上[56-59]。在优化光谱条件后,锑化镓(GaSb)电池的预期效率约为30%(参见第4.6.1节)。因此,与其他发电技术,尤其是热-电直接转换器相比,热光伏系统的热-电转换效率可达到20%~30%,且十分具有竞争力。

目前阶段,对热光伏系统的部分负载运行的关注度较低。改善热光伏系统部分负载运行状况的手段有:通过附加蓄电池实现负载平整、采用模块化热光伏系统、空腔内安装挡光器。

目前在经济方面,电池成本制约了大型热光伏系统的发展。市场上已经出现了一些小型锑化镓(GaSb)电池,假设此类电池的标准功率密度为$1W/cm^2$,经过换算后,单位功率的电池价格为每瓦几十欧(€/W)[60]。与太阳能光伏相似,当产量增加后,预计电池价格可降低几个数量级。有学者指出,虽然硅电池和GaSb电池的发电过程相似,但GaSb电池的功率密度为$1W/cm^2$,而硅电池的功率密度为$0.01~0.02W/cm^2$。因此,以€/W表示生产相同电量的成本时,GaSb电池的成本几乎是无聚光器的硅电池的百分之一[61]。

除了电池的资金成本之外,运营时间是确定回收期的另一个决定性因素。包括具有较高日照强度的西班牙等欧洲南部国家在内,欧洲的光伏电池年发电量为$700~2 000kWh/kW_p$[62]。例如,余热回收热光伏系统可以在高温产业中连续运行,该系统的年发电量高达$8 760kWh/KW_p$。这些数字表明,产生的电能(kWh)可以显著高于已安装峰值功率4~13倍。

参考文献

[1] Ralph EL, FitzGerald MC (1995) Systems/marketing challenges for TPV. Proceedings of the 1st NREL conference on thermophotovoltaic generation of electricity, Copper Mountain, Colorado, US, 24—28 July 1994. American Institute of Physics, pp 315 ~ 321

[2] Nelson R (2003) TPV Systems and state-of-the-art development. Proceedings of the 5th conference on thermophotovoltaic generation of electricity, Rome, 16—19 Sept 2002. American Institute of Physics, 3 ~ 17

[3] Yamaguchi H, Yamaguchi M (1999) Thermophotovoltaic potential applications for civilian and industrial use in Japan. Proceedings of the 4th NREL Conference on thermophotovoltaic generation of electricity, denver, Colorado, 11—14 Oct 1998. American Institute of Physics, 17 ~ 29

[4] Yugami H, Sasa H, Yamaguchi M (2003) Thermophotovoltaic systems for civilian and industrial applications in Japan. Semicond Sci Technol 18：239 ~ 246

[5] Rose MF (1996) Competing technologies for thermophotovoltaic. Proceedings of the 2nd NREL Conference on thermophotovoltaic generation of electricity, Colorado Springs, 16—20 July 1995. American Institute of Physics, pp 213 ~ 220

[6] Johnson S (1997) TPV market review. Proceedings of the 3rd NREL Conference on thermophotovoltaic generation of electricity, Denver, Colorado, 18—21 May 1997. American Institute of Physics, pp xxv ~ xxvii

[7] Kruger JS (1997) Review of a workshop on thermophotovoltaics organized for the army research office. Proceedings of the 3rd NREL conference on thermophotovoltaic generation of electricity, Denver, Colorado, 18—21 May 1997. American Institute of Physics, pp 23 ~ 30

[8] Decher R (1997) Direct energy conversion fundamentals of electric power production. Oxford University Press, Oxford

[9] Angrist SW (1976) Direct energy conversion, 3rd edn. Allyn and Bacon, Boston MA

[10] Dryden IGC (1975) The efficient use of energy. IPC Science and Technology Press, London

[11] Energy sources and systems (1997) in energy-efficient technologies for the dismoun-

ted soldier, Chap 3. National Academy Press, Washington, DC [online] Available at: http://www.nap.edu/openbook.php?isbn=0309059348

[12] Milton BE (1995) Thermodynamics combustion and engines. Stanley Thornes Publishing Ltd., Cheltenham

[13] Theiss TJ, Conklin JC, Thomas JF, Armstrong TR (2000) Comparison of prime movers suitable for USMC expeditionary power sources, Report, Oak Ridge National Laboratory, US, ORNL/TM-2000/116

[14] Honda generators (2010) [Online] Available at: http://www.honda-uk.com/. Accessed 5 May 2010

[15] Kusko A (1989) Emergency standby power systems. McGraw-Hill, New York

[16] Product capstone C30 (2010), capstone turbine corporation, [Online] Available at: http://www.microturbine.com/ (Accessed: 5 May 2010), Chatsworth, US

[17] Peirs J, Reynaerts D, Verplaetsen F (2004) A microturbine for electric power generation. Sens Actuators A 113: 86~93

[18] (2010) Product WhisperGen (grid connected), [Online] Available at: http://www.whispergen.com/ (Accessed: 5 May 2010), WhisperGen Limited, New Zealand

[19] (2010) Stirling V161 CHP, [Online] Available at: http://www.cleanergyindustries.com/ (Accessed: 5 May 2010) Cleanergy AB, Sweden

[20] (2010) PowerUnitTM, [Online] Available at: http://www.stirlingbiopower.com/ (Accessed: 5 May 2010) Stirling Biopower, US

[21] Coutts TJ (2001) Thermophotovoltaic generation of electricity. In: Archer MD, Hill R (eds) Clean electricity from photovoltaics, Chap 11, vol 1., Series on photoconversion of solar energy, Imperial College Press, London

[22] Deakin RI (2000) Batteries and fuel cells. In: Warne DF (ed) Newnes electrical engineers handbook, Chap. 12. Newnes, Oxford

[23] Linden D (1995) Selection and application of batteries. In: Linden D (ed) Handbook of batteries, Chap. 6, 2nd edn. McGraw-Hill, New York, pp 6.1~6.15

[24] Srinivasan S, Dave BB, Murugesamoorthi KA, Parthasarathy A, Appleby AJ (1994) Overview of fuel cell technology. In: Blomen LJMJ, Mugerwa MN (eds) Fuel Cell Systems, Chap 2. Plenum Press, New York, pp 37~72

[25] Williams MC (2000) Fuel cell handbook, 5th edn. U. S. Department of Energy, of Fossil Energy, National Energy Technology Laboratory, DE – AM26 – 99FT40575

[26] Acres GJK (2001) Recent advances in fuel cell technology and its applications. J Power Sources 100: 60 ~ 66

[27] Song C (2002) Fuel processing for low-temperature and high-temperature fuel cells: Challenges, and opportunities for sustainable development in the 21st century. Catal Today 77: 17 ~ 49

[28] The online fuel cell information resource (2010) [Online] Available at: http://www.fuelcells.org/. Accessed 5 May 2010

[29] Prater KB (1996) Solid polymer fuel cells for transport and stationary applications. J Power Sources 61: 105 ~ 109

[30] Pinkerton FE, Wicke BG (2004) Bottling the hydrogen genie, the industrial physicist, American Institute of Physics, February/March, pp 20 ~ 23

[31] Rowe DM, (1994) Chap. 10: Thermoelectric generation. In: Profiting from low-grade heat: Thermodynamic cycles for low-temperature heat sources. Crook AW (ed) Institution of Electrical Engineers

[32] Cobble MH (1995) Calculation of generator performance. In: Rowe DM (ed) CRC Handbook of thermoelectrics, Chap 39. CRC Press, Boca Raton

[33] Riffat SB, Ma Xiaoli (2003) Thermoelectrics—a review of present and potential applications. Appl Therm Eng 23: 913 ~ 935

[34] Lambrecht A, Böttner H, Nurnus J (2004) Thermoelectric energy conversion-overview of a TPV alternative. Proceedings of the 6th International conference on thermophotovoltaic generation of electricity, Freiburg, Germany, 14—16 June 2004. American Institute of Physics, pp 24 ~ 32

[35] Rowe DM (2006) General principles and basic considerations. In: Rowe DM (ed) Thermoelectrics handbook: Macro to nano, Chap 1. CRC Press, Boca Raton

[36] (2010) Thermoelectric generator. [Online] Available at: http://www.globalte.com/ (Accessed: 8 May 2010) Global Thermoelectric, Canada

[37] Hall WC (1995) Terrestrial applications of thermoelectric generators. In: Rowe DM (ed) CRC Handbook of Thermoelectrics, Chap 40. CRC Press, Boca Raton

[38] Vining CB (1994) Thermoelectric technology of the future. Presentation, defense

science research council workshop, La Jolla, California, 21. July [Online] Available: http://www.poweredbythermolife.com/pdf/Thermoelectric_Technology_of_the_Future.pdf. Accessed 28 April 2010

[39] Rowe DM, Min Gao (1998) Evaluation of thermoelectric modules for power generation. J Power Sources 73: 193~198

[40] Advanced thermoelectric materials for efficient waste heat recovery in process industries (2004) Industrial Technologies Program, U. S. Department of Energy [Online] Available at: http://www.eere.energy.gov/. Accessed 28 April 2010

[41] Matsuura K, Rowe DM (1995) Low-temperature heat conversion. In: Rowe DM (ed) CRC Handbook of thermoelectrics, Chap 44. CRC Press, Boca Raton

[42] Lodhi MAK, Vijayaraghavan P, Daloglu A (2001) An overview of advanced space/terrestrial power generation device: AMTEC. J Power Sources 103 (1): 25~33

[43] El-Genk MS, Tournier J-MP (2004) AMTEC/TE static converters for high energy utilization, small nuclear power plants. Eng Convers Manag 45: 511~535

[44] Macauley MK, Davis JF (2001) An economic assessment of space solar power as a source of electricity for space-based activities. Discussion Paper, Resources for the Future, Washington, US [Online] Available at: http://www.rff.org/. Accessed 28 April 2010

[45] Oman H (1999) AMTEC cells challenge energy converters. IEEE Aerosp Electron Syst Mag14: 43~46

[46] (2001) Overview of the technology, in Thermionics Quo Vadis, An Assessment of the DTRAs Advanced Thermionics Research and Development Program, Chap 3. National Academy Press, pp 15~32, [Online] Available at: http://books.nap.edu/. Accessed 8 May 2010

[47] Massie LD (1991) Future trends in space power technology. IEEE Aerosp Electron Syst Mag 6 (11): 8~13

[48] Hagelstein PL, Kucherov Y (2002) Enhanced figure of merit in thermal to electrical energy conversion using diode structures. Appl Phys Lett 81: 559~561

[49] Davies PA, Luque A (1994) Solar thermophotovoltaics: Brief review and a new look. Sol Eng Mater Sol Cells 33: 11~22

[50] Woolf LD (1987) Solar photothermophotovoltaic energy conversion, Proceedings of

the 19th IEEE Photovoltaic Specialists Conference, IEEE, pp 427~432

［51］ Carlson RS, Fraas LM (2007) Adapting TPV for use in a standard home heating furnace. Proceedings of the 7th world conference on thermophotovoltaic generation of electricity, Madrid, 25—27 Sept 2006 American Institute of Physics, pp 273~279

［52］ Fraas L, Groeneveld M, Magendanz G, Custard P (1999) A single TPV cell power density and efficiency measurement technique. Proceedings of the 4th NREL Conference on thermophotovoltaic generation of electricity, Denver, Colorado, 11—14 Oct 1998. American Institute of Physics, pp 312~316

［53］ Fraas LM, Avery JE, Nakamura T (2002) Electricity from concentrated solar IR in solar lighting applications. Proceedings of the 29th IEEE photovoltaic specialists conference, New Orleans, 19—24 May 2002. IEEE, pp 963~966

［54］ Volz W (2001) Entwicklung und aufbau eines thermophotovoltaischen energiewandlers (in German), Doctoral thesis, Universität Gesamthochschule Kassel, Institut für Solare Energieversorgungstechnik (ISET)

［55］ Horne E (2002) Hybrid thermophotovoltaic power systems, EDTEK, Inc., US, Consultant Report, P500-02-048F

［56］ Wernsman B, Siergiej RR, Link SD, Mahorter RG, Palmisiano MN, Wehrer RJ, Schultz RW, Schmuck GP, Messham RL, Murray S, Murray CS, Newman F, Taylor D, DePoy DM, Rahmlow T (2004) Greater than 20% radiant heat conversion efficiency of a thermophotovoltaic radiator/module system using reflective spectral control. Trans Electron Devices 51 (3): 512~515

［57］ Wanlass MW, Ahrenkiel SP, Ahrenkiel RK, Carapella JJ, Wehrer RJ, Wernsman B (2004) Recent advances in low-bandgap, InP-Based GaInAs/InAsP materials and devices for thermophotovoltaic (TPV) energy conversion, Proceedings of the 6th International Conference on thermophotovoltaic generation of electricity, Freiburg, Germany, 14—16 June 2004. American Institute of Physics, pp 427~435

［58］ Dashiell MW, Beausang JF, Nichols G, Depoy DM, Danielson LR, Ehsani H, Rahner KD, Azarkevich J, Talamo P, Brown E, Burger S, Fourspring P, Topper W, Baldasaro PF, Wang CA, Huang R, Connors M, Turner G, Shellenbarger Z, Taylor G, Jizhong Li, Martinelli R, Donetski D, Anikeev S, Belenky G, Luryi S, Taylor DR, Hazel J (2004) 0.52 eV Quaternary InGaAsSb Thermophotovoltaic diode technology. Proceedings of the 6th international conference on thermophotovoltaic generation of electricity, Freiburg, Germany, 14—16 June 2004. American Institute of Physics, pp 404~414

[59] Shellenbarger ZA, Taylor GC, Martinelli RU, Carpinelli JM (2004) High performance InGaAsSb TPV cells. Proceedings of the 6th international conference on thermophotovoltaic generation of electricity, Freiburg, Germany, 14—16 June 2004. American Institute of Physics, pp 345~352

[60] Sale Items (2010), JX-Crystals Inc., US [Online] Available at: http://www.jxcrystals.com/. Accessed 28 April 2010

[61] Fraas LM, Avery JE, Huang HX (2003) Thermophotovoltaic furnace-generator for the home using low bandgap GaSb cells. Semicond Sci Technol 18: 247~253

[62] International photovoltaic database (2009), European Comparison [Online] Available at: http://www.sonnenertrag.eu/. Accessed 8 May 2010

第八章 热光伏发电机的应用

8.1 概 述

8.1.1 热 源

热光伏系统可依据热源的反应类型进行分类，热源的反应类型可以是化学反应（原子外层电子的重排）或核反应（原子核的重排）。核反应有聚变和裂变两种类型。这一分类法可将热光伏热源分为三个主要类型（图8-1），即燃料燃烧型（通常为碳氢化合物）、太阳能型和核能型（放射性同位素和核裂变反应堆）。由于核聚变技术研发可能还需要数十年才能取得成效，因此，此处不再深入探讨陆上的核聚变发电技术。

本书中将诸如工业高温过程中产生的余热定义为第四种常见热源。此类热量大多源于化石燃料燃烧，某些情况下则来自电力加热，其中燃烧与加热的主要目的是提供工业用热。本章中有四节内容详细讨论了应用核能、太阳能、燃烧能和余热等热源的系统（第8.2~8.5节）。

由热光伏系统和其他能量转换或储能设备联合（非级联型）组成的混合系统也是研究热点之一。例如，热光伏发电机与蓄电池联合使用可达到较高的峰值功率[1]，热光伏发电机与可再生能源发电机联合使用（例如太阳能光伏或风能，参见第8.4.4节）[2]。我们在上文讨论过，具有一个以上热源（例如太阳能和燃烧）的混合系统也是研究的热点（参见第8.3.2节）。

8.1.2 热光伏应用的文献

在本小节中，我们按照年代顺序回顾了热光伏系统应用潜力的相关文献。Ralph等人指出了热光伏系统在近期和长期的应用[3]。近期来看，热光伏系统的应用市场规模较小、价格较高，但也具备一些特殊优势，具体可用于娱乐车辆、船只和座舱的休闲供电（具有简便、安静、运行可靠和声誉价值的优点），还可为军用单人携带的便携式发电机（轻量级）电池充电、用于航天任务的同位素太空发电，以及用于煤气炉和热水器等离网的自供电加热器。长期看来，其潜在的应用价值有：用于

热光伏发电原理与设计

交通工具（新能源汽车、混合动力和军事）、核能（潜艇和太空反应堆）和公共事业部门（离网型、余热发电和混合可再生备用电源）[3]。

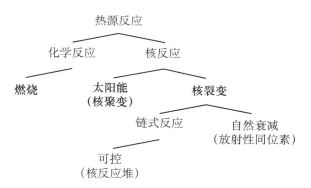

图8-1　按照热源反应类型对热光伏转换进行分类

Krist[4]列举出了热光伏在天然气工业中的潜在应用价值，确定了其主要的应用是自行供电的天然气加热和冷却装置，例如民用和商用炉、吸收冷却器、热水器、工业干燥机和壁炉电力设备（热循环和装饰性原木）。在报告中，有学者认为热光伏系统具有以下优点：可在电力故障时运行、剩余电量可用作备用电源、安装简便（无需连接电网）、现场天然气消耗量较高（天然气销量更高）和现场发电更加节能。长远看来，天然气-电能效率大于20%的热电联产（CHP）系统和用于阴极保护的远程电力系统被认为具有潜在的应用价值。目前还未出现上述系统功率范围的相关报告。

Rose[5]按照功率范围列出了一些具有潜在应用价值的便携式热光伏应用：大于W～kW（电话、家用电器、电脑、导航浮标和士兵系统）；kW～10kW（工具、娱乐车辆、轮椅和驱动）；10～100kW（游艇、远程遥控飞行器、高尔夫车和电动汽车）和大于100kW（先进雷达、航天器、电动公交车和武器）。

Ostrowski等人[6]在对用户需求、市场价值、市场规模、外部资金和竞争技术等方面做出评估后，将热光伏系统分为三种应用类型：

- 近期：休闲（游艇、房车）和军事领域。
- 中期：商业（备用能源）和远程供电（发射机、阴极保护和抽水）。
- 长期：住宅（热电联产）、运输（低排放船队和混合动力）、电力（极限载荷和电网拓展）、航天任务（卫星）。

Johnson[7]预测热光伏转换在5kW以下的应用中具有优势，各种发电技术在5kW以上应用中的竞争十分激烈。为了评估潜在市场，作者定义了一个假设的热光伏装置，假设技术参数如下：可变输出功率为500～5 000W、效率为10%和尺寸为$0.6 \times 0.6 \times 0.9 \text{ m}^3$（最大为15kW/m³）。同时，确定了四组应用：娱乐车辆、离网的家庭用电、不间断电源和军事。

Yamaguchi 等人[8,9]评估了太阳能热光伏、工业高温余热回收、微型热电联产（CHP）和便携式发电机在日本商业市场中的现状，他们在著作中认为便携式电源和微型热电联产（CHP）系统最具发展前景。其中，便携式发电机主要应具备以下特点：较高的功率密度和系统效率、燃料灵活性、噪音小和价格较低。在研究了竞争技术（燃料电池、内燃机发电机、电池）后，他们发现热光伏系统在小于5kW的应用中具有特殊优势（尤其是在燃料灵活性、功率密度和噪音低等方面）。他们还就成本和节能方面建立了一个电功率为1kW、天然气-电能效率为10%~20%的微型热电联产热光伏系统的模型，其中热光伏系统通过使用一个蓄热系统提供全部所需的热量[8,9]。

Bard 提出了五种主要热光伏系统的应用领域[10]，以用于远程通信的中继站为例进行了讨论。德国拥有近6 000个功率约为50W的离网装置。他讨论了太阳能光伏电池系统的成本，并表明了由太阳能光伏、电池和热光伏燃烧发电机组成的混合系统是一种更具成本效益的方案。热电和直接甲醇燃料电池（DMFC）系统是主要的竞争技术。下面列出了其他应用领域：

- 可再生能源（太阳能热光伏、生物质热电联产）。
- 小功率离网供电，<1kW（环境监测、中继站、便携式电源和光伏系统备用）。
- 辅助动力装置（尤其是汽车、娱乐车辆、帆船和卡车，可选热/空气调节）。
- 离网的加热设备（免于与电网连接）。
- 热电联供（住宅和工业发电）。

表8-1总结了几种竞争技术的相关应用。

8.1.3 应用评估的假设

本章在结尾处对具有潜在应用价值的民用热光伏系统进行了评估（表8-5）。下文中讨论了必要的假设。正如第6.5.5节中讨论的那样，由热光伏发电机和其他转换装置组成的级联系统的优势不够明显，因此并没有对此类系统进行讨论。本书主要讲述了热光伏系统在商业和工业领域的应用，所以在评估中并没有深入讨论热光伏系统在太空、军事和核动力领域的应用，仅仅是做了简短的讨论以给出一个综合概述。由于太空放射性同位素发电技术似乎更具发展前景，因此评估包含了这一应用。评估的方法是首先确定目标功率和目标效率范围，随后采用包含四项指标的评分系统比较各个应用。

热光伏发电原理与设计

表 8-1 确定的竞争技术应用总结

技术	应用
内燃机发电机（ICE）[11,12]	照明、电器（例如电视、摄影和笔记本电脑）、公园、林区和施工工具（例如篱笆修剪器、电钻、水泥搅拌机、起重机和升降机、圆锯、焊接），户外活动（例如音乐、商店）、备用电源（例如家用、医疗）和交通工具辅助动力装置（例如船只、卡车）
斯特林热机发电机[13]	人工心脏电源、水下动力设备、太空电源、远程供电电源、军事地面电源、太阳能热力发电机和热电联产（CHP）
电池[14]	娱乐（照明、玩具和游戏、摄影）、交通工具（启动、照明、点火、电动/混合动力、采矿业、娱乐、个人移动性）、个人通信设备（便携式电脑）、电动工具和备用电源（通讯、工业、公共设施相关）
燃料电池[15,16]	1~10W：便携式摄像机、微型卫星、掌上电脑、安全灯和手电筒 10~100W：电池充电器、手持电动工具、移动/可变道路标志、户外/野营供电、便携式电脑、无线电通讯和监控摄像机 100~500W：家用园艺设备、家用备用电源、重型电池充电器、专业电动工具和通信领域设备 1kW~1MW：分布式发电（可选热电联产） 10~200kW：道路交通工具 1~10kW：交通工具辅助动力装置（APUs）、太空（卫星）和军事（潜艇）
热电发电机[17,18]	石油和天然气（阴极保护、管理控制和数据采集、近岸开采）、通信用途（中继站、军事通信和应急服务）、自供电加热装置、车辆尾气发电、余热发电
热离子发电机[19]	太空太阳能系统（30~70kW）、太空核反应堆（20kW~MW）、过去二十年对陆上应用的关注较少。
碱金属热-电转换器（AMTEC）[20]	混合动力汽车、便携式电源（军事、电池充电器）、微型热联产（CHP）、远程供电（照明、住宅民用）、公用电源、娱乐车辆、空调电源、自供电炉和放射性同位素太空供电
太阳能光伏[21]	公用电源、娱乐车辆（例如船只）、偏远住宅、森林和公园、军事、通信、石油和天然气（阴极保护）、高速公路、铁路和海运、农业、户外照明、冰箱、电脑、照明、监控和仪表、偏远气象站、遥测系统、助航设备和抽水

表 8-2 应用评估的效率假设总结。该表中自左向右列出了燃烧效率和燃烧热电联产效率，以及太阳能、放射性同位素和余热电和热电联产效率

	热-电转换（太阳能、余热、放射性同位素）		燃料-电能转换（燃烧）	
	η_{sys}（%）	$\eta_{sys,CHP}$（%）	η_{TPV}（%）	$\eta_{TPV,CHP}$（%）
（系统成本减少）	<5	80	<6	100
已证实	5	80	6	100
近期	10	80	13	100

续表

热-电转换（太阳能、余热、放射性同位素）		燃料-电能转换（燃烧）	
η_{sys}（%）	$\eta_{sys,CHP}$（%）	η_{TPV}（%）	$\eta_{TPV,CHP}$（%）
中期			
15	80	19	100
长期			
20	80	25	100
（不包括）			
>20	80	>25	100

以10为单位的对数比例尺中列出了应用的目标功率范围。目前在研究中的热光伏微型发电机的最小电功率范围为毫瓦（mW）级（参见第6.5.3节）。由于竞争技术在10kW以上的应用中具有更高的效率（大于20%），因此，可以认为10kW是标准功率范围的上限。此外，目前热光伏系统的光伏电池成本较高、数量有限，并且研究证明热光伏系统功率范围最大为千瓦级（kW）。如果发现热光伏转换具有超越其他竞争技术的独特优势，那么其功率范围的绝对上限可提升至1MW。该功率范围的定义不包括电功率大于1MW的应用（例如中央电厂）。

效率的定义通常是有效输出与总输入的比值。有效输出可以是电能或热能和电能（热电联产模式）。两种输入模式可以是：燃烧系统中热值和流量的乘积，所有其他热源（余热、太阳能和放射性同位素）的热通量。这样可得出四种效率分组（表8-2）。

相关研究报告了效率在η_{sys} = 8%左右的燃烧系统[22,23]。本研究将系统运行功率考虑在内并做出谨慎的假设后，得到的实验值η_{sys} = 5%。为了节省成本，对于效率小于5%的应用，应当采用简单的系统设计。假定目标效率为10%（近期）、15%（中期）和20%（长期），将中期目标效率作为选定应用的标准上限。通常，假定热电联产的燃烧效率是$\eta_{sys,CHP}$ = 80%[24]。

从燃烧效率中排除20%的烟气损失（燃烧效率除以80%）后，可得出余热、放射性同位素和太阳能应用中的效率。此外，假设空腔损失和所有的光伏电池热功率都为有效的热功率，则表8-2中热电联产的效率为100%（也可参见图1-2）。该评估中不包括要求效率高于长期效率目标（η_{sys} >20%、η_{TPV} >25%）的应用（例如系列混合动力电动汽车、功率大于100kW的热电联产电厂和中央电厂）。

在迭代评估中确定了四种指标组，对各指标组提出特定问题，并根据答案评分，评分标准为0~3四个分数。在迭代评估中排除了分数为0的应用，确定的分数有：1（负的）、2（均衡）、3（正的）。

第一个指标组"研发工作"的问题是，热光伏系统的技术限制是否阻碍了某一具体应用的使用和研究开发。确定了如下三个分数：（1）负的；（2）均衡；（3）正的。其中，会导致负性评分的因素为：热光伏系统未取得发展、整体设计复杂、在部分负载下运行、在恶劣环境中运行（例如温度、湿度或震动）和要求具有较高的效率（15%~20%）。会得出正性评分的因素为：至少有一家机构发展了热光伏系统，部分证明了热光伏系统运行，效率小于5%，且整体设计完整和简单。

第二个指标组"竞争技术"对热光伏系统的益处做了评估，并和现有应用（现有技术）或新兴（未来技术）的热光伏竞争技术做了比较。评分标准如下：

0. 与一种或多种现有应用的技术相比，热光伏系统存在诸多缺点。
1. 与现有应用的竞争技术的优缺点不相上下。
2. 与现有应用或新兴的竞争技术相比，热光伏具有某些优点。
3. 与现有应用和新兴的竞争技术相比，热光伏占据优势。

下面是与该指标相关的重要因素：

- 噪音。
- 可靠性、维护度、休眠和寿命。
- 模块性和可拓展性。
- 效率、功率密度（W/m^3、W/kg）。
- 热源问题（例如燃料储存或灵活性）。
- 直流或交流电源需求。

第三个指标组"市场和成本"包括三个评分标准：（1）负的；（2）均衡；（3）正的。将下列各方面考虑在内后，总得分为各个正的、均衡和负的分数之和：

- 拥有较大的潜在市场和小众市场。其中，小众市场的客户愿意支付高额的热光伏启动成本。
- 对热光伏系统感兴趣的热光伏团体（市场推动）。
- 存在市场需求（市场拉动）。
- 较长的系统运行时间使具有成本效益的运行成为可能。
- 热光伏系统的成本与应用能够匹配。
- 公共资金是可获得的或是可行的。

第四个指标是"人类影响"。虽然该指标对一次能源节约的可能性给予了特别的关注（或全球 CO_2 减排），但是也考虑了当地人产生的影响。其中，地区性因素包括低污染（SO_x 和 NO_x）、低噪音、供应改善的安全性和用户易用性（例如较低的维护度）。评分标准如下：

0. 热光伏系统运行使现有的人类影响更糟。
1. 热光伏系统运行未对现有的人类影响产生作用。
2. 热光伏系统运行能够改善全球或当地人类影响的因素。

第八章 热光伏发电机的应用

3. 热光伏系统运行能同时改善全球和当地人类影响的因素。

8.2 核能发电机

8.2.1 核热源

利用两个原子核裂变产生的能量进行热光伏转换也是研究热点之一。核裂变的两种类型为：核反应堆[25,26]和半衰期小于天然同位素的同位素[24,27-33]。核能的主要优点之一是具有较高的重量能量密度（MJ/kg）[34-37]，这使得核燃料的换料周期较长，且更适用于偏远地区的供能（例如海军和太空）。核能通常存在成本较高和安全方面的问题，如燃料的加工和运输、运行、关停、废物处理以及可用于制造武器。作为长期能源，放射性同位素系统使用的功率范围从毫瓦到千瓦不等（mW~kW），可以用于太空、偏远地区以及为心脏起搏器供能。潜在的放射性同位素有1 300多种[36]，最常用的核能发电燃料有钚238和锶90。钚238具有较长的半衰期（87年），因此，尽管价格昂贵，它仍是执行航天任务的首选。半衰期为28年的锶90的价格相对便宜，苏联曾使用锶90用于海岸线上远程发电机的燃料[38]。第一份关于热光伏核能太空研究的出版物可以追溯到20世纪80年代。在热光伏文献中报告的放射性同位素温度在1 000~1 200℃之间[24,27-33]，其中标准钚238能源界定了温度上限。

使用的裂变材料的临界质量限制了核反应堆的最小尺寸。为进行太空探索而研发的最小反应堆，其热功率为数十千瓦[35]。功率范围的上限是热功率为吉瓦（GWs）级的民用核电站。核反应堆中的冷却剂除去裂变产生的热量。冷却介质包括（重）水、气体（例如氦气或二氧化碳）、熔融盐和熔融金属（例如钠或铅）。热光伏系统中的冷却剂会循环将热量由反应堆传输到辐射器，有学者提出在热光伏转换中使用熔融金属和气体冷却剂[25,26]。目前，预计气体冷却反应堆的辐射器温度可达到1 800K，如正在发展中的球床反应堆[25]。

8.2.2 核能的应用

在太空应用中，主要要求转换系统在太空环境中具有较高的可靠性、耐受性，以及较高的功率密度和转换效率。后两者要求能够降低发射成本。太阳能和核能是仅有的长期热源[39]，这也是在众多转换技术中考虑使用热光伏系统的原因。在照明条件不适于光伏电池时（例如靠近太阳和外太空）使用核能。有学者认为太空核反应堆的热功率范围为十千瓦到数兆瓦（10kW~MWs）之间[19,35]。核能的竞争转换技术包括斯特林热机[13]、热离子[19]和热电发电机[35]。有学者曾提出采用热光伏太空核反应堆系统,但是该系统还未得到详细验证[3,25]。

热光伏系统太空研究的重点是放射性同位素系统[27-33]。目前,太空中放射性同位素系统使用的是热电转换器,在未来会考虑使用碱金属热—电转换器、斯特林热机和热光伏发电机[20,40]。目前,预计热光伏放射性同位素系统的效率大于20%[24]。热光伏系统的缺点是要求低的散热器(或光伏电池)温度,这就需要在太空中使用大型散热器对电池进行降温,或是要求电池可在更高温度下运行。

核能应用在技术限制和研发工作指标方面被评为负的(1分)。负面因素包括:太空中需要用到散热片给电池降温,并要求系统可在恶劣环境下运行并具有较高的效率。在竞争技术方面,与现有应用(热电发电机)和新兴的技术(斯特林热机、碱金属热-电转换器)相比,放射性同位素热光伏发电机在太空中的应用占据优势。热光伏发电机的效率高于当前使用的热电发电机,其中关键参数为效率和功率密度(W/kg)。虽然热光伏系统和斯特林系统都能达到类似的效率,但前者具有更高的功率密度。文献[41]详细比较了上述技术。因此,与现有应用和新兴的技术相比,热光伏发电机具有某些优势(3分)。市场和成本指标被评为正的(3分)。在市场的作用下,该系统的目标市场是具有高附加值的小众市场。较长的运行时间、可承受的系统成本和支持资金等其他方面都得到了正面的评分。在太空中使用放射性同位素热电发电机不会使人类影响产生重大变化,因此人类影响既没有改善也没有变糟(1分)。

与现在研究的小型发电机相比,陆地中央核电站需要大型热光伏发电机。小型核动力发电机已经用于海军(潜艇和航母)和远程应用(例如中继站和助航设备)。斯特林热机发电机已经用于小功率热-电转换[13]。在那些电池和燃烧系统都难以长期运行的领域,陆上放射性同位素发电机有一些小众市场,例如非常偏远的地区供电(例如极地)和人工心脏供电。这些应用的温度水平不同,热光伏系统比较适用于高温条件,并可以与斯特林热机和热电发电机竞争[13]。

8.3 太阳能发电机

8.3.1 太阳能热源

太阳中的核聚变能够产生强大且持久的热量。太阳可近似为一个半径 $r_s = 696 \times 10^6$ m、温度 $T_s = 5\,800$ K 且不断发出辐射的黑体球体。$4\pi r_s^2 \sigma T_s^4$ 可近似得出太阳发射的功率约为 4×10^{26} W,其中 $4\pi r_s^2$ 是太阳表面积,σT_s^4 是斯蒂芬-玻尔兹曼定律(Stefan-Boltzmann law),入射到地球上的功率约为 2×10^{17} W[42,43]。与之

第八章 热光伏发电机的应用

相比，地球上主要电力需求约为 1×10^{13} W。这些数值表明，只需转换一小部分太阳辐射就能满足地球的能源需求。通过公式 $r_s^2/r_{se}^2\sigma T_s^4$，可以近似计算出地球大气层外的太阳辐射总强度，其中 $r_{se}=150\times10^9$ m 为日地距离，$T_s=5\,800$ K 为黑体温度，计算得出的总辐射强度为 $1\,380$ W/m^2。图 8-2 列出了太阳辐射的光谱依赖性。该图比较了 5 800K 的黑体光谱和大气层外的标准太阳光谱 AM0，可以看出温度为 5 800K 的黑体光谱与 AM0 光谱之间存在密切的匹配关系。随着太阳辐射通过大气层，辐射在被分散和吸收后出现衰减。气团（AM）是指太阳辐射通过地球大气的路径长度。图 8-2 还列出了陆地上 AM1.5 的辐射光谱[44,45]。

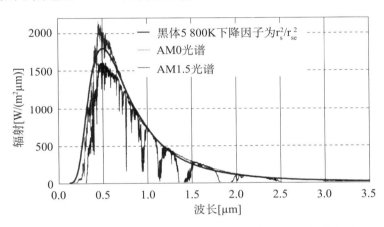

图 8-2　AM0 和 AM1.5 太阳光谱和日地距离 5 800K 黑体辐射

与其他热源（例如燃烧和核能）相比，太阳能热源具有如下优点：免费获得、无污染和不增加重量。其主要缺点有：获取的能量不稳定、强度较低，且由于位置（例如维度）、方向（例如倾斜）、运行环境（例如反射的间接辐射）、云层和不同的周期（太阳、年度、季节和每天），太阳辐射在入射到地球表面时，其辐射光谱、角度和总强度等方面会发生变化。在最佳条件下（无云层且倾斜角度最佳），陆地上太阳能辐射的强度约为 0.1W/cm^2。由于太阳辐射的强度较低，需要使用太阳能聚光器使辐射器达到适合的温度（>1 000℃）。

太阳能聚光器能够增加温度的原理早已为人所知（例如阿基米德）。近来，太阳能聚光器还被广泛用于热力和电力系统[46]。未来，预计太阳能热电厂能够为电力供应做出大量的贡献。这些电厂的核心优势之一是蓄热，因为蓄热比储存电能更加经济。这一论据同样适用于使用高温蓄热的热光伏系统。一般来讲，太阳能聚光器需要安装在直射阳光比例较高的地区。反之，则不适用于散射辐射比例较高的地区。高太阳光直射地区（例如南欧）的太阳能聚光系统可以通过长途电力输送（例如高压直流

热光伏发电原理与设计

线路）向具有散射辐射的低日晒地区（例如北欧）供电[47]。通过这样的方式，太阳能聚光系统就可以向低日晒地区供电。太阳能聚光器可将朝向太阳的开孔面积较大的 A_a 上的太阳辐射聚集到较小的接收面积 A_r 上。公式 8.1 定义了最大的集中浓度 A_a/A_r，其中，日地距离 $r_{se} = 150 \times 10^9$ m、太阳半径 $r_s = 696 \times 10^6$ m，n 为折射率，θ_s 为太阳照射至地球表面的半孔径角。可以看出介电材料可以使辐射浓度增加到 n^2 倍。这需要在系统设计中使用光耦合吸收器和介电聚光器[48,49]。

$$\left(\frac{A_a}{A_r}\right)_{max} = \frac{r_{se}^2}{r_s^2}n^2 = \frac{n^2}{\sin^2\theta_s} = 46448 \cdot n^2 \tag{8.1}$$

太阳表面的黑体温度界定了吸收器的温度上限约为 5 800K[42]。试验证明吸收器的温度高达 3 000℃[46]。太阳能热光伏转换的热力学限制取决于吸收器温度 T_a，其中，公式 8.2 给出了 T_a。假设 $T_s = 5 800$K，$T_c = 300$K，当吸收器温度为 2 478K 时出现最大值 85%。必须指出的是，如果吸收器不是黑体，其效率可能比该值略大[42,50]。有学者还指出该效率在达到最大值时，与 T_a 的关联程度较弱。因此，在吸收器温度较低时，可以实现较高的效率。

$$\eta = \left[1 - \left(\frac{T_a}{T_s}\right)^4\right]\left(1 - \frac{T_c}{T_a}\right) \tag{8.2}$$

太阳能聚光器可大致分为三类：非跟踪型、单轴跟踪型（线聚焦系统）和双轴跟踪型（点聚焦系统）。对于热光伏转换，点聚焦系统具有更好的聚光效果，从而得到更高的吸收器温度。已有研究报告了碟式聚光器[51-55]和菲涅耳（Fresnel）点聚焦[56]聚光器在热光伏中的应用。研究证明了 1 350℃ 的太阳能热光伏系统的吸收器[52,55]。研究报告的太阳能聚光水平在 5 000[57] 到 25 000[58] 范围内。通过以下两种策略或两种策略联合使用，可以克服太阳能热光伏系统在获得太阳能方面的限制。第一种策略是在高温条件下储存热量，当太阳辐射较少或无法获得时，使用存储的热量。第二种策略是使用混合系统，在太阳辐射期较少或无法获得时，使用太阳辐射和一个附加热源（通常为燃烧热源）提供热量[53-55,58-63]。

与使用其他热源的热光伏系统相比，太阳能热光伏系统具有某些优势。当辐射器温度为 2 478K 时接近热力学最佳条件，太阳能系统可在该条件下运行[64-66]。此外，辐射器可以完全在惰性气体或真空条件下运行，这使得系统设计比较简单（与灯泡类似），无需考虑高温密封难题[64-66]。

太阳能热光伏系统可能需要某些额外的部件，例如具有蓄热功能的系统需要用到可控的快门机构，以最大程度降低蓄热时的热损失（参见第 2.6 节）。

8.3.2 太阳能的应用

第一本关于在太空中应用太阳能热光伏的出版物可以追溯到20世纪80年代。在太空应用的多数情况中，太阳能发电要优于核能发电[40]。通常，在间歇性太阳辐射中的应用（例如近地轨道）使用蓄电池储存电能[40]。这些电池在能量密度和寿命等方面存在不足。太阳能热光伏在太空中应用的优势包括具有较高的效率和功率密度，以及较长的寿命的潜力。有学者提出可使用具有高温蓄热功能的太阳能热光伏系统代替光伏电池/电池太空系统[53]。该应用中特有的技术缺陷是光伏电池需要较低的运行温度，在太空中进行冷却是一大难点，可以考虑使用的其他技术包括斯特林热机和热离子发电机[19]。

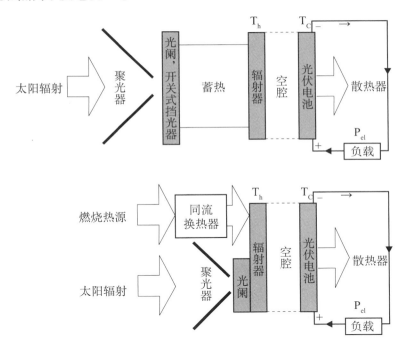

图8-3 太阳能蓄热热光伏系统（上图）和太阳能/燃烧混合热光伏系统（下图）示意图

正如上文所讨论的，在陆地上应用太阳能热光伏系统通常需要适宜的气候条件，即当地太阳辐射中具有较高比例的直射辐射。与太阳能聚光光伏系统相比，太阳能热光伏具有潜在的优势，例如可通过光谱控制得到较高的效率，以及对辐射光谱变化的敏感性较低。目前，在实用的太阳能热光伏系统研究阶段中，研究人员通常面临一些高温工程技术难题。研究证明了同时基于光伏和斯特林发电机设计的太阳能聚光系统具有较高的效率[13,67]。例如，已有研究报告了一种在240sun强度下效率约

热光伏发电原理与设计

为41%的多带隙太阳能光伏聚光电池（镓铟磷/砷化镓/锗）[68]。太阳能热光伏系统应当具有较高的潜在效率。已有研究报告了一种太阳能-电能目标效率为30%的太阳能热光伏系统[23]。同样，欧洲的研究项目全光谱太阳能热光伏系统的效率范围预计为25%~35%[69]之间。目前阶段已证实的效率远低于上述目标。此外，基本的光伏电池效率计算表明，热光伏系统（第4.6.1节）的单带隙锑化镓（GaSb）电池目前还难以获得高于30%左右的热-电效率。这些考察表明，目前使用多带隙电池的太阳能光伏聚光系统要优于使用单带隙电池的太阳能热光伏系统。长远看来，使用多带隙电池太阳能热光伏系统可能更具有竞争潜力。但是，目前这些电池的系统集成仍处于早期研究阶段，因此研究的重点不应仅仅是简单的太阳能热光伏系统，还应关注其他概念。与太阳能光伏聚光系统相比，太阳能热光伏混合或蓄热系统具有某些特殊优势，在评估这些优势时可以将效率因素放到次要位置（图8-3）。

一种可能性是太阳能-燃烧混合热光伏系统（图8-3下图）。已有学者设计出以天然气为燃料的此类系统，其输出电功率约为500W[23]。这一系统也可在热电联产（CHP）模式中运行。有学者评估了在太空中使用具有蓄热系统的太阳能热光伏系统，并且这一系统也可能在陆地上使用。基于蓄热功能的系统具有自动持续提供长时间的热量和电力的潜力（例如无需填充燃料、无运动部件）。短期看来，这一蓄热和混合系统可用于离网应用。小众市场可以接受热光伏系统较高的启动成本，民用应用可能包括远程有人（例如发展中国家）或无人供电（例如中继站、数据采集、气象站和助航设备）。当负载不稳定时，此类系统可能还需要额外的电力储存功能（例如蓄电池）。长远看来，太阳能-燃烧热光伏混合系统可被用于联网的分布式热电联产（CHP）系统[70]。预计蓄热或混合系统具有较长的寿命和较高的可靠性。一般来说，分布式发电将会有十分广阔的市场前景。依据其用途和详细的系统设计，太阳能热光伏混合或蓄热系统可以实现一天24小时运行。

已有学者建立了一个太阳能/天然气热光伏混合系统的原型。从测定值推断出预计的太阳能-电能效率为22%，天然气-电能效率约为16%[23]。该项目将联网的区域（例如超市、医院、体育俱乐部、食品加工、餐馆）作为其广泛的潜在市场，这些地方可采用太阳能/天然气热光伏混合热电联产系统。最终要达到的太阳能-电能效率目标为25%，天然气-电能效率目标约为20%。远程（离网）的应用中可以采用效率较低的系统。例如，小众市场中已经应用了低效率（小于5%）的热电转换器，因此天然气-电能效率大于5%的热光伏系统在某些小众市场应用中具有竞争力。

第八章　热光伏发电机的应用

远程的无人应用可以使用小功率范围的混合或蓄热系统。在偏远的离网地区选择合适的技术时，实地巡视的时间间隔和功率的需求是决定性参数（参见图8-4）。平板光伏电池/电池系统或燃烧驱动型热电发电机也可为小功率应用供电。与热光伏混合或蓄热太阳能系统相比，上述系统的复杂性较低，因此可以认为最小功率为100W的复杂的混合太阳能热光伏系统是合理的。更大的电力装置可能会需要更多的维护和监控，因此可以使用已有的柴油发电机。10kW被认为是最具竞争力的功率值。

与其他热光伏系统相比，太阳能热光伏蓄热/燃烧系统需要克服一些简单的热光伏系统所没有的技术限制，这其中包括复杂的整体设计、恶劣环境下运行和某些应用中的部分负载运行等。如果使用蓄热，还需要做一些传热方面的基本工作（参见第2.6节）。总之，该系统的技术限制、研发工作方面被评为负的（1分）。

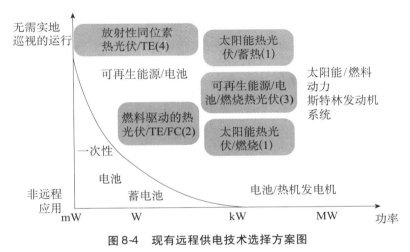

图 8-4　现有远程供电技术选择方案图

虚线框内为热光伏发电机研究的热点领域。研究的四种热光伏方案分别是：(1) 具有蓄热或附加燃烧热源的太阳能热光伏系统；(2) 燃烧热光伏系统；(3) 联合电池或太阳能光伏、风能系统等可再生能源的燃烧热光伏系统；(4) 放射性同位素热光伏发电机。热电发电机和燃料电池的缩写分别为"TE"和"FC"。实地巡视次数较少的应用不纳入远程应用范围内。

与已经应用和新兴的竞争技术相比，太阳能热光伏混合或蓄热系统均具有优势（3分）。已经应用的技术有太阳能光伏/电池系统、柴油发电机和热电发电机。所有这些技术都有各自的缺点，包括寿命和成本（太阳能光伏/蓄电池）、维护和噪音（柴油发电机）或效率（热电发电机）。由光伏电池、电解槽、储氢系统和燃料电池联合组成的系统也具有发展潜力，此类系统复杂且昂贵。单纯从燃料罐中获得燃料的燃料电池系统对燃料的要求较高（大型储罐和频繁的实地巡视）。有学者研究了使用斯特林热机的太阳能/燃烧混合系统，但是本文认为这一系统的功率范围约等于或大于10kW[71]。

市场和成本方面的评分为正的（3分），至少已有热光伏项目得到了资助[23]。此外，该应用具有潜在的小众市场（例如离网供电）和大型的潜在市场（分布式发电）。依靠应用和详细的系统设计，太阳能热光伏混合或蓄热系统能够全天24小时运行。该应用不适用于一些阳光散射比例较高、太阳强度较低、气候寒冷的地区。然而，对于这些地区，该应用提供了大型的潜在出口市场（例如供电不稳或无电网的国家）。在全球和地区的影响因素中，可将人类影响指标评为正的（3分）。

8.4 燃烧发电机

8.4.1 燃烧热源

目前，世界能源消费主要来自化石燃料燃烧，已有学者考虑使用化石燃烧作为较大功率范围热光伏转换的热源。还有学者研究了功率小至1W左右的燃烧系统[72]。对于功率较小的应用，有研究报告了热功率约为100W的电池替代品[1,73-76]。对于功率较大的应用，有学者研究了基于热光伏系统、热功率为100kW～1MW的热电联产（CHP）电厂[65,77]。

总之，燃烧热源可使辐射器达到适合热光伏系统运行的温度（通常为1 000～1 700℃）。燃烧室内的温度取决于燃料类型（例如热值、水分含量或聚集态）、氧化剂类型（例如空气或氧气）、烟气热量回收类型和其他几种因素（例如燃料-氧化剂混合类型）。学者研究了所有主要的烟气热量回收方法在热光伏中的应用，包括使用回热器对空气进行预热[78,79]和蓄热器设备[80-82]，燃料预加热[79]和使用火焰管实现烟气再循环[78,83]。热值较低的燃料常常导致辐射器温度较低，从而限制热光伏的运行。例如，已经有试验证明使用木质粉的辐射器温度为1 400K[65]。通过烟气再循环可能会提高这些燃料的燃烧温度[84]。常规燃料的燃烧温度最高可达到2 500K[84]。然而，在较高温度下必须考虑热力工程技术难题（例如换热器、隔热）和热氮氧化物（NO_x）造成的污染。为了避免产生过多的氮氧化物，热光伏系统设计通常会对温度进行限制。有文献报告了国家规范要求的最大温度范围为1 200～1 500℃[65,85-87]。此外，通常可以使用更加复杂的技术减少氮氧化物排放，包括使用氮氧化物过滤器，使用氧气代替空气，以及非预混合热量再循环燃烧器。

第八章 热光伏发电机的应用

碳氢化合物燃料具有较高的重量能量密度（与蓄电池相比）[88]，这使其在便携式应用方面更具有吸引力（例如汽车中的汽油），同时它们又被认为是相当安全的（例如口袋中的打火机）[89]。但是碳氢化合物燃烧会造成地区和全球污染，严重的地区污染包括氮氧化物引起的污染和硫氧化物（SO_x）造成的酸雨。从全球角度看，发现先前存储的（化石）燃料燃烧会导致二氧化碳（CO_2）含量升高，从而导致气候发生变化。另一方面，可以认为生物质燃料不会增加大气中的二氧化碳。

在生成热量方面，最重要的组分是碳和氢（碳氢化合物），二者可与氧气（通常为空气中的氧气）反应生成二氧化碳和水。在热光伏中，最常用的气体燃料有甲烷（或天然气）、丙烷或丁烷。液体燃料的燃烧通常需要燃料供给系统（例如泵）和雾化器，但这使液体燃料的系统设计比气体燃料更加复杂（气体系统的运行仅需一个增压箱）。在军事领域的应用中，有学者设计了使用液态碳氢化合物燃料（例如煤油、柴油）作为热源的便携式热光伏系统[79,83,90,91]。固体燃料常常涉及复杂的燃烧技术。虽然如此，瑞典太阳能研究中心（SERC）还是将其研究工作的重点放在了利用木质粉实现废热发电上[65]。燃料多样性证明，只要辐射器能达到适宜的温度，热光伏系统就可以使用任何燃料。

表8-3 选取了一些燃料并列出其近似体积和重量能量密度。表中给出了较高的热值。固体的密度不包括孔隙率（例如，粉状或颗粒状填充物的密度较低）。为了进行比较，还列出了一次性电池和蓄电池

燃料/电池	类型	密度（kg/m³）	体积能量密度（MJ/m³）	重量能量密度（MJ/kg）
一次性电池	碳锌电池	2 000	400	0.2
	碱性电池	3 000	1 200	0.4
	氧化银电池	4 500	1 800	0.4
	锂电池	2 500	2 000	0.8
蓄电池	铅酸电池	2 500	250	0.1
	镍镉电池	3 000	300	0.1
	镍氢电池	3 000	600	0.2
	锂离子电池	2 000	1 000	0.5
气体燃料	氢气	0.09	13	142
	甲烷	0.7	40	56
	天然气	0.7~0.9	33~43	41~54
	空气（对照组）	1.3	—	—
	丙烷	1.9	95	50

热光伏发电原理与设计

续表

燃料/电池	类型	密度（kg/m³）	体积能量密度（MJ/m³）	重量能量密度（MJ/kg）
液体燃料	石油类（例如柴油、汽油）	790~970	33 000~42 000	42~47
	液化丙烷	510	25 500	50
	甲醇	790	18 200	23
固体燃料	煤炭（褐煤—无烟煤）	1 100~1 800	28 000~67 000	26~37
	干燥木材	400~900	8 000~18 000	~20

与电池系统相比，碳氢化合物燃料中储存的化学能引起了学者对其作为热光伏系统热源的兴趣。碳氢化合物燃料具有实用性、可长时间储存和运输的优势。液体和气态碳氢化合物燃料具有较高的重量能量密度（表8-3），是蓄电池的100多倍[88]。为了达到与石油类燃料相似的体积能量密度（表8-3），可以将某些气体燃料液化[88,92-94]。这些液体燃料（柴油、煤油、液化丙烷）同时具有较高的体积和重量能量密度，并且已经用于便携式热光伏应用中[83,88,91,95,96]。

虽然一些功率较小的转换器使用氢气作为燃料，但大部分热光伏燃烧系统还是使用碳氢化合物燃料[73]。碳氢化合物燃料的来源广泛，储存、运输和加注简便，还具有较高的重量能量密度[88]。在较小和较大的功率范围内，电池和内燃机（ICE）发电机分别是碳氢化合物-驱动型热光伏发电机的主要竞争技术。在这些应用中，可以认为燃料电池是最具竞争力的新兴技术。

Williams等人[76]证明了在不使用辐射器的前提下，直接使用光伏电池将火焰辐射转换的技术。碳氢化合物火焰的红外辐射主要由约为 $2.7\mu m$ 和 $4.4\mu m$ 的发射光谱[97,98]和火焰（煤烟）内的碳粒子发出的灰体辐射[76,99]组成。辐射传热与燃烧释放的总热量的比值取决于燃料类型、燃烧器设计和其他参数。对于使用天然气的现代化工业燃烧器，这一比值可高达30%[99]，Gaydon在之前的著作中指出该比值为2%~20%[100]。烟气还会污染光学元件，进而降低系统性能，尤其是不够洁净的燃料（例如液体）。由此我们可以得出这样的结论，由于辐射传热与总燃烧热量的比值较小、辐射光谱不匹配以及会造成污染等问题，直接转换火焰辐射通常不适用于热光伏转换。因此，需要采取某些手段增强辐射强度和调整光谱[101]。然而，光伏电池直接转换火焰辐射能够很好地阐释热光伏概念的原理。

有学者已经研发出可用于照明和加热的辐射燃烧器。由于增强用于照明的可见光辐射的机理同样可用于增强热光伏转换的近红外辐射，因此学者对用于照明的光

第八章　热光伏发电机的应用

谱选择性辐射燃烧器的发展历程进行了研究。1826 年，Thomas Drummond 使用氢气/氧气火焰冲击将一整块氧化钙（石灰光灯）加热至发出白炽光的温度，其中的氧化钙可以增强可见光辐射[101]。随后的研究集中在不同辐射器材料和几何尺寸上[101]。在 19 世纪 90 年代早期，Carl Auer（Baron von Welsbach）通过使用由重量分数分别为 99.3% 的氧化钍（ThO_2）和 0.7% 的三氧化二铈（Ce_2O_3）组成的直径约为 10 μm 的纤维完善了材料组分和几何结构。这一结构被称为韦尔斯巴赫灯罩（Welsbach mantle），该结构仍然是目前使用的最有效的气体燃烧-可见光转换器，如在露营灯中使用[101,102]。韦尔斯巴赫灯罩在可见光谱范围内为光学厚，在红外范围内（1~8 μm）为光学薄[102]。除了某些光谱频带主要在 2.7μm 和 4.3μm 左右的光谱外，大部分燃烧火焰的光谱范围是光学薄，因此韦尔斯巴赫灯罩发射的大部分辐射位于可见光范围内，且在该光谱范围内为光学厚。在物理上，较小的纤维直径可以达到接近火焰和燃烧产物的温度，因为物理直径较小的纤维具有较高的传热速率。细小的纤维可以承受热应力并快速升温[101]，然而试验证明韦尔斯巴赫灯罩在按比例放大后比较易碎[103]。

　　从广义上，可将用于加热的辐射燃烧器分为直接辐射燃烧器和间接辐射燃烧器。间接加热燃烧器在空间上和光学上将燃烧和加热区域隔开，而直接加热燃烧器则没有将这两个区域隔开。或者，也可以根据氧化剂和燃料的预混类型对燃烧过程进行分类。预混燃烧器在燃烧前将氧化剂和燃料混合，而非预混燃烧器则是同时将二者混合并燃烧。

　　直接辐射燃烧器可作用于火焰冲击或在燃烧区域使用多孔结构。物理孔径较小的多孔结构在热光伏中的应用引起了学者的兴趣，可以对这种结构进行设计以得到更高的温度和更高的燃料-辐射转换效率。

　　物理孔径较小的多孔结构的优势是它们与火焰的关系密切[104]。在燃烧气体和这些结构之间可以得到较高的传热速率，因此这些多孔结构可以达到很高的温度。另一方面，间接辐射燃烧器在燃烧气体和辐射器之间必定会产生较大的温度梯度。用于直接辐射燃烧器的材料通常为氧化物陶瓷型。有学者将热光伏辐射燃烧器设计为由镱和铒氧化物组成的改进型韦尔斯巴赫灯罩。这种设计通常可以实现适合的高温运行（高于 1 700K）和较高的选择性光谱辐射[103]。然而，改进型韦尔斯巴赫灯罩同样具有放大和易碎的问题，因此学者对复合纤维和泡沫组成的替代结构进行了实验。这种结构能够克服韦尔斯巴赫灯罩在这方面的问题，但这是以牺牲光谱选择性为前提的。使用金属（例如金属丝）的直接辐射燃烧器已经被用于热光伏系统

热光伏发电原理与设计

中。与陶瓷氧化物相比，由于在火焰气氛中存在氧化问题，所以金属常常被限制在较低的温度。所有的直接辐射燃烧器的通病是燃烧产物会污染光伏电池的表面，因此通常需要使用透明护罩（例如熔融石英）保护光伏电池。虽然这些燃烧产物的杂质会影响防护罩的透明度，但是文献中没有找到燃烧产物长期污染防护罩的研究。直接辐射燃烧器的另一个缺陷是发射的光谱（在 $2.7\mu m$ 和 $4.3\mu m$）中有一些固有的不匹配的火焰辐射。常见的光伏电池不能转换这种辐射。此外，用于直接辐射燃烧器的光学薄辐射器通常不能用于其他非燃烧热源的热光伏系统。目前，市场上看似还没有能与光伏转换性能（较高的效率和选择光谱）相匹配的直接辐射燃烧器。

在空间结构上，间接辐射燃烧器包围着燃烧区域，且在热光伏系统中得到了应用。市场上的这些燃烧器主要为金属或陶瓷型，采用气体碳氢化合物燃料并用于空间和工业加热。学者的研究兴趣是陶瓷燃烧器在热光伏系统中的应用，因为它们具有更高的运行温度。这些燃烧器常常具有不同形状的管状结构，包括 U 型、W 型、P 型、双 P 型、A 型或单管[105]。单管燃烧器的类型包括直通式、单端再生式或单端循环再生式[99,106]。后者由碳化硅（SiC）制成，并常用于热光伏系统中。这些燃烧器既可以在市场上购买[78]，也可以向厂家定制[83]。额外的镀层可以实现光谱选择性发射。第 2 章中讨论了多种选择辐射器方案[104]。

另一个主要的工程技术方面是将烟气的余热回收用于燃烧气体的预热。两种常规公认的烟气余热回收方法是恢复和再生。再生或蓄热式加热是基于具有蓄热功能的配套燃烧系统的周期性加热。由于蓄热器具有不稳定性，并常用于大型系统，因此该方法不适用于热光伏转换。可能的话，可以使用配有回转式再生换热器的单一（稳定）燃烧器。

主要的换热器类型有交叉式、平流式和逆流式。热光伏转换中常使用的是逆流式换热器，已有学者研究了几种相关设计。逆流式换热器具有不同的温度区域，在高温区域必须采用碳化硅或堇青石等陶瓷材质；在低温区域，可使用不锈钢等简单的建造材料。有效的换热器可将约 80% 的化学能转换为辐射能（也可参见图 8-2 能量平衡）[24]。优化后的逆流换热器的模拟和试验效率可以超过 90%[86,107]。某些热光伏应用重点在加热而非较高的电效率。此时，系统对换热器的需求不那么强烈，或者此类系统不使用换热器[108]，也可以使用其他的配置。例如，Qiu 等人提出一种具有两个温度区域的级联式辐射燃烧器，在高温区域使用硅（Si）电池，在低温区域使用锑化镓（GaSb）电池[109]。

完整的热光伏系统不仅需要具有燃烧器和光伏电池转换器，还需要几个辅助部件，包括空气和燃料调节部件（例如泵、鼓风机、雾化器），以及燃烧器点火和控制装置。便携式系统需要燃料箱和光伏电池散热装置（例如泵、空气换热器）。例如，热电联产系统可能包括用于储存热水的蓄热箱。这些示例表明，从试验论证到自动化运行系统之间还有较大的发展空间。

下面的 5 个小节重点介绍了便携式电源、不间断电源、远程供电、交通部门和热电联产等领域中不同的燃烧应用。

8.4.2 燃烧应用：便携式电源

便携式发电机的热光伏研发包括电功率为 500W 的多燃料（柴油、煤油）发电机[79,83,91,110]、功率为 100~150W 的丙烷发电机[111]、功率为 5~20W 的便携式发电机[112]、功率为 20~25W 的电池替代品[1,113]和功率为 1~3W 的具有手电筒功能的电池充电器[88]。最近，其功率范围拓展到了更低的电功率（参见第 6.5.3 节）应用，但因为还处于早期研究阶段，本文不再讨论此类小功率系统。我们将讨论功率范围在 1W~1kW 之间且与热光伏概念相关的应用。在较低的功率范围内，电池占据主要地位，在低于 1W 时表现出众；便携式热机发电机在较高的功率范围内具有优势，在高于 1kW 时表现出众。Yamaguchi 及其同事也将 1kW 确定为上限[8,9]。

在美国，从热光伏早期研究阶段到撰写本书时，研究人员一直关注着便携式电源发电机在军事上的用途[114-117]。热光伏在军事应用中的相关优势有：噪音低、功率密度高、无运动部件、燃料灵活、可热电联产、耐低温、启动简单、优秀的休眠性能和可直接输出电流[3,6,7,10,12,13,20,117,118]。热光伏在军事应用中的挑战有：效率较低、高温运行引起的热特性、对温度变化敏感（需要控制温度）、系统经验较差、辐射器强度和升级[117]。

Yamaguchi 等人总结得出，民用便携式发电机是最有前景的热光伏应用之一[8,9]。学者认为在 10~100W 中等功率范围（在 1W~1kW 检验范围内）且能长时间运行的便携式发电机的发展前景尤为广阔，原因是其他技术在该功率范围内的竞争力不足。应用实例有电池充电器、照明设备、便携式电子设备（例如笔记本电脑、电视和摄影）、电动工具（例如园艺、农业、林业和建筑业）、露营、临时户外活动（例如商店和音乐会）和可移动道路标志[5,15,16]。

为了使加注燃料的时间间隔较长，具有较高转换效率的系统比较合适。便携式碳氢化合物驱动型热光伏系统的效率（燃料-电能）只有百分之几，但由于碳氢化合物燃料（MJ/kg，MJ/m³）具有较高的能量密度，在整体能量密度方面，该类型

热光伏发电原理与设计

热光伏系统要优于目前的一次性电池和蓄电池[88]。除燃料之外，将热光伏转换器重量考虑在内，假设能量密度与上述电池相比也得到了提高，最小的效率目标为5%。

便携式电源在技术限制和研发工作指标方面被评为均衡。一些机构已经或部分证明了使用该应用的热光伏系统运行[79,83,91,110]。然而，多用途发电机需要在不同环境下运行（部分负载、不利环境）。通过配备附加的蓄电池和在开/关模式中使用热光伏系统可获得高效的部分负载运行，但是相关的研究较少。

在较小的功率范围内便携式电源的主要竞争技术是蓄电池，在大功率范围内则是内燃机（ICE）发电机。内燃机发电机具有维护性较高、冷启动和噪音等缺点。蓄电池的主要缺点有：寿命较短、休眠性能较差、充电较慢和容量有限（或体积和重量能量密度较低）。燃料电池（新兴）的优点有：具有较高的效率和较好的部分负载性能。另一方面，与燃料电池相比，热光伏发电机预计在功率密度、使用寿命和燃料灵活性方面表现优异[8,9]。可以得出结论，便携式热光伏发电机在某些方面优于现有应用（蓄电池，内燃机发电机）和新兴（燃料电池）的技术。

小众市场对便携式电源有特殊的要求，如较低的维护性、较低的噪音和重量，以及较长的运行时间。整个电池和热机发电机市场都是该应用潜在的长期市场。热光伏团体一直关注着便携式电源发电机在军事和民用领域的应用（正面的市场推进）。由于目前的蓄电池常常限制了系统的运行时间（例如笔记本电脑），因此便携式应用也有普遍的市场需求（正面的市场拉动）。对民用便携式发电机发展进行投资看似不可能，但是可将整体的市场方面评为正的。地区的人类影响被评为正的。电池不但笨重，而且难以加注燃料，与热机发电机相比，热光伏发电机的噪音较小，持续燃烧常常也更清洁。由于无法预计该应用的市场是否会减少主要的CO_2排放，这对全球人类影响起到负面作用，因此整体的人类影响被评为均衡。

8.4.3 燃烧应用：不间断电源

不间断电源（UPSs），也被称为备用电源或紧急供电电源，常用于以下领域：电脑、通信（例如电话网络）、家庭、军事、安全（例如银行和电梯）、工业（例如电源故障关键程序）、医疗、紧急情况和照明（例如机场）[6,7,11,12,14-16]。一项工业研究表明，不间断电源应用的功率范围广泛，包括低于1kW（例如单片机）到高于100kW（例如工业生产）。用于大型计算机房的不间断电源的功率甚至为兆瓦级（MWs）[119]。热光伏技术尤其适用于较低的功率至10kW之间的应用。当应用的功率高于10kW时，其他技术比热光伏更具竞争力。在较低的功率范围内，电池常作

第八章　热光伏发电机的应用

为不间断电源在建筑物内部运行。对于在室内运行的碳氢化合物热光伏不间断电源，常常需要抽除烟气，假设该电源输出功率小于100W，那么还要带动烟气抽除装置就显得不合理了。人们认为平时可采用电网供电，在偶然故障时再使用热光伏不间断电源。在出现供电故障后，热光伏不间断电源能够重新加注燃料。这一运行模式不可能要求热光伏具有较高的系统效率，且假设目标范围为5%~15%。成本和可靠性可能是更需要考虑的方面。

由于复杂的整体设计，热光伏不间断电源在技术限制和研发工作指标方面被评为负。热光伏不间断电源的系统设计包括逆变器（直流系统则不需要）、开关、电网监测手段和缓冲电池。热光伏团体中也没有在不间断电源系统的发展方面达成一致。

热光伏不间断电源在较小的功率范围内主要的竞争技术是蓄电池，在大功率范围内则是内燃机发电机。在之前的便携式发电机应用（参见第8.4.2节）中已经讨论了这两种设备各自的缺点。对于不间断电源，蓄电池常常能立即提供几分钟的电量，并带有一个作为长期备用的柴油发电机[120]。与热机发电机连接的飞轮或电容器也可用作短期蓄电[119]。使用燃料电池的不间断电源技术已经出现，由于运行时间较短（仅在供电故障时运行），所以燃料电池的寿命不是关键问题。因此，热光伏不间断电源系统在某些方面优于现有的技术，但是与燃料电池相比，其应用的优势还是有限的。

总之，不间断电源的市场广阔并处于增长之中。固态热光伏不间断电源具有可靠、噪音低和燃料灵活等特点，因此存在潜在的小众市场。某些使用冗余不间断电源的供电故障关键应用也可能是热光伏的市场，但还没有发现热光伏团体做出市场推进。因此，市场和成本指标被评为均衡。由于不间断电源可以改善地区污染和保证供电安全，因此将地区人类影响评为正的。此外，热光伏系统更容易使用（例如，无需像热机发电机或电池那样需要常规检查）且运行安静，由于短期使用，预计对全球人类的影响很小。

8.4.4　燃烧应用：远程供电

对于未来需要采用燃料驱动完成的航天任务，有学者指出要发展氢气储藏从而满足这一要求。也有学者提出使用热光伏系统代替燃料电池在太空中的应用[121]。然而，大多数关于热光伏在太空应用的研究重点为放射性同位素而非燃烧系统（参见第8.2.2节）。

热光伏发电原理与设计

对于陆地上的远程供电应用，由于发电机处于固定运行，所以功率密度不是关键因素。通常假定较小功率范围内的负载是恒定的（例如通信中继器），而较大功率范围内的负载是变化的（例如无电网连接的家庭）。用于偏远地区热光伏燃烧系统的燃料应当能够在当地获得（例如天然气和石油勘探）或通过定期实地视察供给。热光伏发电机能够像现场热电发电机[17]那样实现长期稳定的运行。偏远地区的发电机常常要在不利环境下运行（例如温度、湿度）。

第8.3.2节中的图8-4总结了可用于远程供电的几种潜在选择。目前，一次性电池可为功率较低且长时间运行的应用供电（例如电池驱动型无线温度传感器），蓄电池适用于功率较高且短时间运行的应用供电（例如电动轮椅或模型制作）。对于同时要求较高功率和长时间运行且难以接近的应用，常常使用可再生能源（例如太阳能光伏和风能）为蓄电池充电。稍微偏远的应用可以使用加注燃料的热机发电机。除了具有直接转换功能的燃料电池外，上述发电机通常使用燃烧作为热源（例如热电、热机、斯特林和热光伏）。热电发电机在具有以下有利因素的应用中具有优势：燃料可在现场取得（例如天然气和石油勘探）、可再生能源难以获得、要求具有较高的可靠性或较长的运行时间。热光伏发电机的效率有望高于小众市场中的热电发电机，因此远程供电（又名为无人远程供电）具有取代热电发电机成为远程热光伏应用的潜力[图8-4，(2)]。

可再生能源和现场燃料在非常偏远地区的应用（例如极地、深海或太空）会受到限制。此外，电池寿命过短以及难以定期加注燃料。在此类应用中已有同时采用放射性同位素源和热电或热光伏发电机的做法[图8-4(4)，参见第8.2.2节]。

另一种适用于偏远地区且能长时间自动运行的系统是具有蓄热功能的太阳能热光伏系统[图8-4(1)]。该系统不受电池寿命的限制，且（储存）热量可被直接热-电转换装置（例如热光伏）或外部热机（例如斯特林）转换为电能。斯特林发动机被认为适用于功率范围在约为10kW或以上的应用。对于较小的系统，这些发电机在复杂性方面与热光伏系统相比存在许多缺点。此外，斯特林发动机的效率在较小的功率范围内会出现下降（参见第7.2.2节）。热机发电机可用于稍微偏远的应用（图8-4，右下），该应用中的定期维护不是关键因素。在1kW左右的中等功率范围内确定了两种热光伏系统配置，第一种配置是太阳能热光伏转换[图8-4，(1)]，第8.3.2节对其做了更加详细的讨论。

第二种配置[图8-4，(3)]由一个可再生能源发电机（例如太阳能光伏和风能）联合一个蓄电池和一个燃烧驱动型发电机（例如热机和热光伏）组成。与仅使用可

第八章 热光伏发电机的应用

再生能源/蓄电池配置相比，这种配置的优势是可以显著减小可再生能源输出功率和电池容量。这种情况中，只有可再生能源无法获得时，燃烧发电机才可起到备用电源的作用。本文在无人远程供电（2）和远程可再生能源-热光伏混合系统（3）之后进行了详细的讨论。

无人远程供电应用包括供水领域（例如监控和泵）、石油/天然气勘探和分布（例如阴极保护、阀门运行和数据采集）、固定通信（例如中继器）、环境监测（例如天气、空气质量和科学测量）和导航辅助设备（例如飞机、船运、道路和铁路信号）[4-6,15,16,18]。这些应用通常具有恒定的负载，其可靠性要视具体应用而定。这些应用的大部分可以由可再生能源发电机和蓄电池组成的混合系统供电。然而，那些由燃烧热电发电机供电的应用也会是热光伏研究关注的小众应用。

通过竞争技术文献[13,16,17]确定了该系统的功率范围约为 1W～1kW。在小型小众市场中，热电发电机是主要的直接竞争技术，因此假设其最小效率与目前燃烧驱动型热电发电机（参见第 7.4.1 节）的效率一样是 3%。效率如此低的系统可用于燃料廉价易得的场合，如石油/天然气勘探和分布。选定近期效率上限的目标为 10%，实现这一目标需要对现有热电发电机效率做出 3 倍的改进，届时将会打开新的市场。

远程供电在技术限制和研发工作指标方面被评为负的。对效率的要求较低被评为是正面的，但负面方面起到主要作用，因为还未发现该应用的热光伏系统进展。在不利环境中运行也获得了负面评价。与现有和新兴的竞争技术相比，其整体的竞争性和益处方面被评为正的。试验证明，热光伏系统的效率高于热电系统（现有应用）。虽然燃料电池的效率被证实高于热光伏，但是学者认为热光伏的优势可以超过燃料电池。热光伏在燃料灵活性和储存方面，以及较长的潜在使用寿命方面占据优势。远程供电在市场和成本方面被评为均衡。热光伏团体将无人远程供电定位为适合小众市场[6]，但是未发现相关的系统进展。缺乏资金支持可能是该应用发展的另一个限制因素。潜在的优势是具有较长的运行时间和市场可以承受较高的资金成本。可将便携式发电机和不间断电源看作具有相似而广泛的潜在市场。预计在这一应用中热光伏取代热电发电机不会显著改善人类影响。因此，对无人远程发电机的评分为既不好也不坏。

另一种引人关注的配置是偏远地区可再生能源-热光伏混合系统[图 8-4（3）]。可再生能源（例如太阳能光伏、风能和水能）的主要缺点是输出功率具有波动性（例如每天和每季度），因此在使用可再生能源和蓄电池联合系统为无电网连接的地区供电时，需要用到大型蓄电池和可再生能源以随时满足电功率的供需波动。使用额外的燃烧驱动型发电机可能是一种解决办法。假设负载和中欧的气候恒定，如果每年仅有10%的电量需求是由燃烧发电机提供的，则学者模拟出混合光伏系统的尺寸可以缩小到仅采用光伏电池系统的三分之一。有学者指出这一冗余设计也能改善整体的可靠性[2]。

我们将燃烧热光伏发电机的目标功率范围确定为100W～10kW。可再生能源发电机的功率常常大于热光伏发电机。当低于这一功率范围时，可再生能源混合系统在部件数量、各部件的尺寸优化和能量管理等方面的复杂性成为阻碍因素。在功率大于10kW时，主要的竞争技术是热机发电机（例如内燃机和斯特林发电机）。混合远程供电应用可能与先前讨论的无人远程发电机类似。除了这些无人应用之外，较大功率的应用可包括偏远地区的住宅（例如发展中国家）或较大的电讯装置。蓄电池可满足变化的负载需要。燃烧热光伏系统也可使用现场燃料（例如生物质）实现运行，不可能简单地使用生物质燃料实现燃料电池系统的运行。

与先前讨论的无人远程应用相比，采用的混合远程供电系统的效率范围上限为5%～15%。有人认为功率范围较高时会使现场巡视加注燃料的次数和燃料成本成为更重要的方面。

远程供电系统的复杂性使其技术限制和研发工作指标方面被评为负的。尽管有学者提议在这一应用中使用热光伏[2]，但是没有发现相关的系统进展。与先前讨论的无人远程供电一样，这一系统在竞争方面被评为具有优势。市场和成本方面被评为均衡，除了运行时间较短（负的）和市场较大（正的）外，其他方面与先前的应用相似。目前，补充用燃烧发电机很可能是内燃机驱动型，因此热光伏系统可以改进地区人类影响（例如，减少由持续燃烧引起的污染、较低的噪音和维护性）。在发展中国家使用该配置具有节约主要能源的潜能。因此，在人类影响方面的评分最高。

8.4.5 燃烧应用：交通部门

在撰写本文时，常见的工业国家中交通部门消耗的能源约占一次能源消耗总量的四分之一。提高能源效率是减少交通部门能源消耗的主要途径。例如，汽车发动机将燃料能转换为有用功（最大制动热效率）的效率通常不会高于30%（奥托发动机）至40%（柴油机）[122]。这些数值还是在最佳负载条件下得出的，在普通运行条件下还会更低。电池和混合动力电动汽车被认为是可以改进推进效率的主要技术选择。在美国[123,124]和欧盟资助的项目中（ΓÇ£ The REVΓÇø）[125]，有学者检验了

第八章 热光伏发电机的应用

功率范围在 6~10kW 之间，可用于系列混合动力汽车的热光伏发电机，与内燃机和燃料电池相比，热光伏发电机在噪音、燃料灵活性、功率密度、可靠性和维护性方面具有潜在的优势。混合动力车辆中使用热光伏发电机的主要挑战是要具有较高的效率。例如，上述欧盟项目中燃料-电能转换效率目标被设定为 35%[125]，可将其视作热光伏转换的长期目标，有待通过某些技术进步来实现。

通常电力是通过推进发动机的轴功率产生的，因此收集废气热量并将其转换为电能也可以改进推进效率。热电发电机被认为是可将热机的废气热量转换为电能的主要技术选择[18,126]。有学者已经设计出可将燃气轮机的废气热量转换为电能的热光伏系统。有相关报告指出，此处的问题是要使辐射器温度达到 1 300℃ 左右[127]，而汽车的烟气温度最高约为 1 000℃[126]。可以看出，如果能在辐射器温度较低的热光伏转换系统制造方面取得进展（例如，微米-间隙系统或有效的滤波器概念），废热发电将会是未来的研究热点之一。目前，由于废热的温度常常过低，因此本评估中未包括废气热发电。

此处详细讨论的两种应用为小功率的推进和辅助动力装置。总之，在交通部门中，对部件和系统的要求是一个挑战，这就要求系统能在不利的环境中（例如温度、湿度和震动）可靠地运行以及具有较低的重量和维护性。

特别是在陆地、空中和水上的小型交通工具应具有较低的噪音、较高的可靠性和较低的复杂性等特点。热光伏发电机能够满足这些需求，且在较小的功率范围内具有竞争力。包括如下示例[3,5,14,128,129]：

- 陆地（例如电动轮椅、电动自行车/三轮车、电动助力自行车、行李/液压搬运车、电瓶车、休闲车、清扫车、单脚滑行车、高尔夫球车、铲车、剪草机、机动雪橇、全地形车、机场车辆、站内车辆、机器人和遥控飞行器）。
- 空中（例如小型飞机和无人机）。
- 水上（例如小型船只、水上摩托车和无人潜艇）。

目前，上述交通工具常联合使用蓄电池和电动机或是使用内燃机作为动力。在较大的功率范围常使用热机，电池则用于较小的功率范围。此处假设 100W~10kW 为中等功率范围，两种动力设备在这一范围内都有各自的缺点。电池在能量密度（重量、运行范围）、充电（或加注燃料）、低温运行和使用寿命方面存在缺陷。另一方面，热机在噪音、维护性、地区污染和启动可靠性等方面存在缺陷，因此我们可以认为燃烧热光伏发电机结合电动机在用于推进时要优于现有的上述两种设备。还可以选择将蓄电池用于提供最大推进动力和储存回收的制动能。总之，由于较高

热光伏发电原理与设计

的效率能减少运输的燃料,因此需要热光伏转换具有较高的效率,从而实现较长的运行时间。电动推进马达以及可能装备的电池会增加额外的重量,因此本评估中将其效率目标范围设定为最高(15%~20%)。

该应用的技术限制和研发工作常常不容乐观,我们没有发现专门为小型推进动力设计的热光伏系统,该应用需要较高的效率。其他负的方面有:整体设计要求复杂(能源管理、电池和动力电子设备)和在多变的环境下运行。我们在上文讨论了热光伏在某些特定方面优于现有的竞争技术(电池和热机),燃料电池被认为是其主要的新兴竞争技术。通常认为热光伏在某些方面(燃料储存和灵活性,以及较高的功率密度)优于具有较高效率的燃料电池。广阔而多样的市场可以接受高成本的小众应用,成本较低的应用则存在更大的潜在市场。在市场方面,负性的评估占据优势,这其中包括热光伏团体的关注度较低、较短的运行时间以及无法获得资金支持,因此将这方面评为负的。地区人类影响则被评为正的。目前的往复式热机具有噪音大和污染问题(热光伏使用持续的燃烧),且电池不容易使用(充电、运行范围受限、安全性)。另一方面,小众市场应用中难以实现较大的节能。

交通部门中还存在大量多样的使用辅助动力(非机动推进)的用户,这些辅助动力常用于舒适、安全和控制功能。此处的研究热点是辅助动力装置(APUs)。使用该类电力的应用有:点火、照明、起动机、导航设备、电锚机、报警系统控制、风扇、车窗加热、电视、广播和线控技术(例如电传操纵、电传制动和线控转向)[3,6,12,14,116]。用于上述应用由推进发动机耦合或解耦提供电力。

耦合系统通常需要用到发电机和推进式热机的轴功率,可将其看作是以发电机为主部件的一种简单配置。其他的耦合系统可能用到推进式发动机的余热,这有利于整体效率,但是还未广泛用于较小的功率范围(例如汽车)。使用大型轮船的燃气轮机或热电发电机进行余热转换比较少见。很明显耦合系统只能在推进式发动机运行时发电,因此常见到推进式发动机会为了发电而怠速空转(例如卡车),但这会产生不必要的燃料消耗和噪音。蓄电系统只能部分克服上述怠速空转问题。在交通部门,蓄电池概念在能量密度、自充电、较低的温度性能和不变的"点火开关"负载供电等方面存在缺陷。例如,当最先进的汽车处于长期停放状态时(例如停放在机场数周时间),汽车中"点火开关"负载供电(例如无钥匙门禁、防盗警报和防盗锁)足以耗尽车载电池的能量[130]。在某些应用中,供电安全则是另一个要关注的方面。与推进式热机耦合的系统容易受到推进式发动机故障的影响。基于上述原因,推进中的非耦合(辅助)发电成为研究热点。

第八章 热光伏发电机的应用

可用于辅助动力装置（APUs）的技术选择有：往复式引擎发电机、燃料电池或直接热-电转换设备等。需要较大功率的交通应用可能会将诸如燃气轮机等作为辅助动力装置（例如飞机、船舶）。正如上文所讨论的，功率较小的应用常常依靠耦合推进发动机发电（例如汽车、卡车）。一般将最高为 $10kW_{el}$ 的小功率范围定位为热光伏的潜在市场。热光伏辅助动力装置在低至数瓦的更小功率范围内为汽车"点火开关"负载供电也引起了学者的关注[130]。与推进功率相比，"点火开关"功率很小且运行时间可能有限（例如在机场暂停），所以可以将效率视为次要因素，常见的热电发电机效率下限为3%。

交通部门的应用在技术限制和研发工作方面被评为均衡。麻省理工学院（MIT）与一家汽车联盟曾考虑使用热光伏辅助动力装置[131]。此处的另一个正面方面是对较小功率的效率要求较低（燃料可在现场获得）。主要的挑战是要求该系统能在严酷的环境中运行（例如处在温度和湿度范围较大以及震动环境中的汽车）。燃料电池是主要的新兴竞争技术。有人认为热光伏在某些方面优于具有较高效率的燃料电池，特别是在推进燃料的灵活操作方面。在较小的功率范围内，已经用于小众市场的热电发电机具有一些竞争力，但是这些系统的效率较低。因此热光伏在某些方面优于已经应用和新兴的技术。市场和成本方面被评为均衡。总之，市场需要可靠的辅助动力装置。汽车市场是一个大型的潜在市场[130]，同时还存在某些小众市场（例如，卡车怠速空转时在热电联产模式下工作的热光伏发电机）。另一方面，相关研发不太可能得到公共资金的支持。总之，由于具有节能潜力，混合动力车辆的研发更有可能得到资金支持。由于预期地区的污染、噪音、供电安全和用户友好性能够得到改善，所以将地区人类影响评为正的。由于预期不能实现节约主要能源，所以将全球人类影响评为负的。

8.4.6 燃烧应用：热电联产

热电联产（CHP）也被称为废热发电或总能量，是指能够同时产生热量和电能[132,133]。虽然热电机械联产和热电冷联产也被定义为热电联产，但在此不做深入讨论。热电联产整体效率的定义是输出的有用热量和电能与输入燃料能量的比值，由于具有较高的整体效率（通常为80%~90%），热电联产在节约能源方面非常有吸引力。这一效率值可与化石燃料中央电厂的低效比较，后者向环境中释放了大量的余热。性价比高的热电联产系统需要每年运行数千小时，决定性的经济因素有热电联产系统的资金成本，以及燃料和电力价格[134]。

热光伏发电原理与设计

热电联产产生的热量由低级热量（例如用于空间加热的热空气或热水）到高级热量（例如用于工业应用的蒸汽）不等。目前，由于热量源于光伏电池冷却，所以热光伏系统被限制为只能产生低级的热量。有研究报告了电池运行温度高达90℃的热光伏系统[135]，但是目前热电联产模式中常见的电池温度约为60℃。通常可使用附加的换热器将离开热光伏系统的剩余烟气热量用于提高这一热量[8,9]，因此未来可能实现效率高于本评估中假设的80%以及高于60℃的供热温度。

通常，长距离运输热量的难度较大，因此热电联产系统常常是就地建造，以及与热量负载匹配。可以使用热能储存系统桥接短期内随时间变化的热量需求。100℃以下的水是一种简单有效的热能储存介质，同时还可作为热量载体（不需要使用换热器），水的获取来源广泛，是环境温度下具有最高显热的液体之一[136]。在热电联产系统中通常使用水冷却光伏电池，在传统集中供暖系统中水的显热可以储存在水箱中。长期的需求变化常常难以实现所有情况的供需匹配，这使得热电联产系统的尺寸较大且运行时间较短。一个著名的例子就是随着季节而变化，在夏季，要使用大型的热电联产系统满足空间加热需求。由于电力可以在当地消费掉或多余的电力可输出到电网中，因此电力输出常常不像热量输出那么重要。传统热电联产电厂的输出电功率范围通常为100kW～100MW，此类电厂使用的主要原动力有蒸汽轮机、燃气轮机或往复式引擎与发电机联合使用[132]。最近，几种新兴技术可以实现输出电功率小至1kW左右的小型系统。最小的系统被称为微型热电联产（Micro-CHP）[134,137,138]。

表8-4总结了文献报告的热电联产热光伏研究状况，列出了研发工作的状态、光伏电池材料、热量和电力输出功率、效率和文献来源。标有"#"的效率和功率值已在本文中计算出。

表8-4　不同机构的热电联产热光伏系统发展状况

应用	机构	研发现状	光伏电池	输出功率	效率目标	文献来源
微型热电联产	JX-Crystals，美国 WS GmbH，德国	部分建成	锑化镓	$1.5kW_{el}$ $12.2kW_{th}$	$\eta_{el} = 12\%$ $\eta_{sys} = 80\%$	[78, 110]
自行供电加热（Midnight Sun®）	JX-Crystals，美国	20个装置β测试	锑化镓	$7.3kW_{th\#}$ $0.1kW_{el}$	$\eta_{el} \sim 1-2\%$	[24, 139]
集中供热和工业加热	JX-Crystals，美国	部分建成	锑化镓	$147kW_{th\#}$ $20kW_{el\#}$	$\eta_{el} \sim 10-15\%$	[77, 140]
自行供电加热	Quantum Group，美国	已验证	硅	$0.2kW_{el}$ $19.2kW_{th\#}$	$\eta_{el} \sim 1\%\#$ $\eta_{sys} > 83\%$	[141]

第八章 热光伏发电机的应用

续表

应用	机构	研发现状	光伏电池	输出功率	效率目标	文献来源
自行供电加热、微型热电联产	PSI, Hovalwerk AG	部分建成	硅	$0.2 \sim 1.5 kW_{el}$ $10 \sim 20 kW_{th}$	$\eta_{el} = 1-5\%$	[85]
微型热电联产	ISE，弗莱堡	部分建成	锑化镓	$0.13 kW_{el\#}$ $1.1 kW_{th\#}$	$\eta_{el} = 7\%$ $\eta_{sys} = 60\%$	[142]
备用、微型热电联产	ISET，卡塞尔	已验证	锑化镓	$60 W_{el}$ $1.2 kW_{th\#}$	$\eta_{el} = 4\%$ $\eta_{sys} = 86\%$	[143]
微型热电联产	荷兰能源研究中心（Dutch Energy Research Found.）	N/A	硅	N/A	N/A	[144]
热电联产	英国天然气研究＆技术中心（British Gas Research & Techn. Centre）	N/A	N/A	$0.3 kW_{el}$	N/A	[144]
微型热电联产、集中供热	SERC，瑞典	部分建成	钢镓砷锑化镓	$10 \sim 1\,000 kW_{th}$	N/A	[93]

　　在目前的评估中确定了三组应用组，一种是自行供电的加热设备（第8.5.2节中已讨论），还有功率级别不同的两种热电联产应用：微型热电联产（功率较小），集中供暖和工业热电联产（功率较大）。

　　微型热电联产系统主要是为了取代住宅中的传统锅炉，能够为独户住宅同时提供电能和热量。为了使热电联产成为合适的替代品，需要减小传统热电联产系统的尺寸，要求微型热电联产系统具有较高的可靠性、较小的地区污染、较低的噪音和成本[134,145]。美国和欧洲的研究都将燃料-电力转换效率的范围定在10%~25%，将整体效率目标确定为80%或更高[134,145]，在评估中将10%的电效率作为最低目标。通常现有应用的技术都难以满足上述所有要求。目前，有学者正在积极研究几种微型热电联产技术，这些技术各有优劣。在撰写本文时，这些小尺寸热电联产系统仍然处于研发和验证阶段[146]。

　　在传统的热电联产技术中，使用往复式内燃机系统的传统热电联产系统的输出功率最小。为了改善噪音、地区污染和维护性等方面的问题，正在研发合适的往复式引擎发电机。欧洲市场上出现了一些输出功率为$5 kW_{el}$的系统，一些更小型的系统似乎也即将出现。在使用低热值燃料时，常见小型内燃机的热效率为60%，电效

热光伏发电原理与设计

率约为25%[146]。小型斯特林发动机系统已经在市场上出现且正处于完善阶段。与往复式内燃机相比，斯特林发动机的优势在于燃烧更加清洁，燃料的灵活性更大。电效率由大型装置（~30%，50kW）降到了微型热电联产装置（~10%，1kW）。此外，电功率为1千瓦至数千瓦的朗肯系统的研发也处于结束阶段[145]。传统的大规模集中发电主要使用蒸汽轮机。对于微型热电联产，使用有机流体［有机朗肯循环（ORC）］代替水/蒸汽作为工作流体。这一系统的优势与斯特林系统类似（二者都是热机）。与斯特林系统和具有相似电效率（~10%）的小型系统相比，用于微型热电联产朗肯系统被认为仍处在发展不足的阶段。目前，有学者考虑将两种主要的燃料电池类型用于微型热电联产中。两种燃料电池为固体聚合物燃料电池（SPFC）和固体氧化物燃料电池（SOFC）（参见第7.3.2）[145]，二者均进行了现场试验。与其他微型热电联产技术相比，燃料电池的主要优势是具有较高的电效率（30%~40%），而主要的缺陷是资金成本、整体的效率（例如固体聚合物燃料电池）和使用寿命[146,147]。此外，也有学者提出在微型热电联产系统中使用碱金属热电转换器[20]。还有学者考虑将热电系统用于电效率较低的系统（自行供电运行）[70]。如果热电系统的效率在未来能取得进展，那么也可能实现在微型热电联产中运行。

从评估的竞争系统中确定了微型热电联产-热光伏加热系统的目标功率范围为1~10kW。典型热光伏系统的输出功率定位为1kW左右，在10kW附近的功率范围内其他技术更具竞争力[9]。

未发现该系统存在主要的技术限制。不止一家机构正在开发技术原型，系统性能也能得到部分证实。我们在先前的太阳能光伏系统部分评价了逆变器和电网连接问题，同时证实了该问题也适用于热光伏运行[148]。

除了先前讨论的几种新兴技术之外，还未出现完全部署的微型热电联产竞争技术。目前，这些竞争对手主要有内燃机、斯特林、有机朗肯循环、固体聚合物燃料电池和固体氧化物燃料电池系统[146]。固态运行被认为是热光伏的长期优势，这使建筑物内微型热电联产系统与现有锅炉具有同样的维护性要求和可靠性性能。建筑物的长期能量效率可能会得到改进，因此需要尺寸较小的系统。然而尺寸较小时，热机效率常会下降，热光伏系统更易于被缩放到各种尺寸。燃料电池也是固体设备，同时也证明了其较高的效率和尺寸可灵活地缩放。然而，用于微型热电联产的燃料电池，即使是能够克服目前所有的问题（例如寿命、经济性），基于石油和生物质的微型热电联产-热光伏系统也仍然会长期占据市场，因为燃料灵活性是燃料电池的另一挑战。该讨论指出了热光伏具有某些新兴竞争技术没有的特殊优势。另一方面，市场上也即将出现一些新兴技术,这些技术要优于某些热光伏的优势,因此我们认为在面对新兴的竞争技术时,热光伏系统从整体上看并不具有优势。

微型热电联产存在广阔的市场,例如英国和德国拥有大规模的燃气锅炉市场,这将是微型热电联产的潜在市场[138]。重要的市场方面包括:较高的集中供暖住宅存量、广泛的天然气分配网络、较高的锅炉年销量、自由的天然气和电力市场、适宜的供热负载和促进嵌入式发电并网的规章制度[134]。离网连接的系统和自行供能的锅炉也是该系统的小众市场,这些应用能够接受较高的资金成本。由于在节省主要能源方面的前景引起了政府的关注(例如在欧洲),因此,该系统常常可得到资金支持。热光伏的成本估计表明热光伏可与燃料电池和热机竞争[85],因此市场和成本方面被评为正的。

我们将该系统的人类影响评为非常正面(3分)。如果能取代大量的集中供暖锅炉,那么微型热电联产就具有显著节约主要能源的潜力[134]。与现有的传统锅炉相比,微型热电联产系统会略微增加地区能源消费(或地区污染),但我们并没有将此视为主要的劣势。长期运行的微型热电联产系统能够节省成本,虽然燃料成本会略微增加,但是主要能为用户节约电费。微型热电联产也具有作为备用电源的潜力,备用电源独立于电网可在电源故障时使用。

除了微型热电联产(1~10kW)之外,更大尺寸的热光伏系统也是研究热点之一。有学者提出可用于公寓供暖、集中供暖和工业加热的热光伏系统,这些系统的热功率超过100kW,甚至高达1 000kW[77,93,140]。假设与微型热电联产(10%~15%)的效率相同,上述热功率能得出的电功率范围约为10~100kW。按比例增加热光伏的输出功率还未得到证明。然而,Fraas等人提出热光伏系统可以实现模块化运行[77],因此可以预期此类系统的技术限制与微型热电联产相似。现有和新兴的技术都会与其竞争。往复式内燃机热电联产系统已经可以在市场上获得。与微型热电联产系统相比,发动机的维护性和噪音(例如,通常可安装在单独的房间)问题在大型热电联产应用中是可以接受的。以微型燃气轮机为代表的小型燃气轮机是一项新兴的技术,输出功率为数十千瓦的斯特林发动机是另一项新兴技术[149]。可以得出结论,现有的技术和新兴的技术都是该系统的竞争技术,并且使用热光伏的整体效益还未明确(1分)。

具有前景的小众市场是在一整年内都有稳定热量需求的应用,例如游泳池、休闲中心、工业加热过程[150]。该技术行业和热光伏公司(ABB和JX-Crystals)已经有过某些合作研究。该技术在节省主要能源方面应当能够吸引资金支持。在单位输出功率的资本系统成本方面，需要考虑到内燃机系统在输出更大功率时的价格更低。热光伏系统的应用很可能取决于光伏电池的成本，因此热光伏系统的输出功率增加时，预计单位输出功率成本会相对稳定。一个正的方面是工业和分布式供热热电联产系统的运行时间较长，在经济上要优于微型热电联产系统。整体的市场和成本指标被评为均衡。人们一直认为除了某些成本限制之外，通常存在合适的市场条件。在人类影响方面的考虑与微型热电联产相似。

8.5 余热回收发电机

8.5.1 余热来源

根据本文中的定义，余热应用的主要目的是供热而非发电。热光伏系统在此类应用中能将一小部分余热转换为电能。使用余热的应用具有能够获得免费或低价热能的优势，例如日夜运行的工业高温操作过程中可以源源不断地提供热能。此类应用不论在何种情形下都能产生热能，所以最终效率并不是关键因素。我们确定了两种应用，即自行供电加热（参见第8.5.2节）和工业余热回收（参见第8.5.3节）。

8.5.2 余热应用：自供电加热

当发生严重电力故障或无法获得公共用电时，自供电加热引起了学者们的关注。碳氢化合物燃烧产生的热能可用于空间加热、热水和干燥等，如自供电的中央供热装置、集中供热装置、带有风扇的空间加热器、便携式加热器、帐篷加热器、独立的车用加热器或自供电火炉[3,4,18,20,139]。如果公共电网发生故障，现代中央供暖装置就不能工作，因此独立于公共电网的自供电应用引起了学者们的兴趣。已有研究报告了工作电功率范围为 10W~10kW 的热光伏系统。此类应用包括野营加热器和发电机联合装置[151]、离网型火炉[139]、自供电中央供热装置[85,141]和公寓大楼供热装置[77,140,152]。同理，为了保证在发生电力故障时仍能运行，关键的工业加热过程可能需要配备额外的备用电源系统。此时，将热光伏余热回收系统用于工业加热过程中的自供电具有某些优势。

加热装置的热功率通常要远大于电功率需要。电力最终常用于控制系统和热能分配。热能通常使用强制对流的方式实现分配（例如泵、风扇）。假定最小的热功率为 1kW 左右，家用吹风机的热功率大约与之相当。热功率高达 1MW 的集中供暖装置也有离网运行的需要，我们将其假设为功率范围的上限。从不同的文献中[85,139,141]可以清楚地了解到此类设备的电力需要通常是总热耗的 1% 左右，因此从热能范围计算出电功率的范围为 10W～10kW。

此外，还可实现低于 10W 的电功率。Goldstein 和 DeShazer[153-155] 以及作者[156]证明了通过具有热稳定性的介电固体辐射引导可以提取热辐射（参见第 6.3.4 节）。在该配置中，介电固体导光管的一端位于高温热源环境中，辐射可耦合进入导光管后照射另一端温度较低的光伏电池。通过全内反射作用实现辐射导向。例如，热电发电机常常通过传导作用将热能传递到热电模块。热传导和温度梯度相关，为了得到较高的热端温度，通常将热电模块安装到靠近热源的位置。另一方面，光导向在长距离传递辐射时的损耗很小。热光伏系统腔体的高温反射镜设计具有挑战性，辐射导向与之相比要简单许多。光导向装置可以嵌入到任何具有适宜温度的高温过程。此类装置似乎也可将少量（余热）热能转换为电能。可行的应用包括自供电加热装置（例如显示器或恒温控制器供电）、自供电传感器和用于野营的火能转换器。Goldstein 还提出了使用介电固体导光管将喷气发动机的热能转换为电能[154]。

潜在应用和技术选择的多样性使得该应用的功率范围较广（mW～10kW）。同理，可以预计效率要求的范围也很宽。最低限度的效率就足以驱动小型传感器（例如，10W 热功率可得到 10mW 电功率）。另一方面，自供电的高温过程可能具有较高的效率要求。例如，功率为 $1MW_{th}$ 的高温过程要求能将 1% 的热能转换输出为电能（$10kW_{el}$）。假设某个热光伏效率 $\eta_{TPV} = 13\%$ 时得到 $67kW_{th}$ 低级热能。这类低级热能可能被利用，也可能不能被利用。该发电机将能提取 $77kW_{th}$ 或大约 8% 总热功率的热能。示例表明，除非需要用到低级热能，高温过程中自供电运行的热光伏发电机应当具有较高的效率。然而提取总热能的 8% 看上去是可行的，且短期最大效率目标被设定为 13%。如果可以利用低级热能，如暖房加热系统，这将大大降低对热光伏效率的要求。例如，某个热功率为 $20kW_{th}$ 的自供电中央供热装置能将 $10kW_{th}$ 传送到热光伏系统。热光伏系统能将总输入热功率的 1% 或该热功率的 2% 转换为 $200W_{el}$ 的电功率，可以直接利用来自光伏电池的热功率为 $9.8kW_{th}$ 的低级热能，也可用剩余的 $10kW_{th}$ 提高其级别。

自供电加热在技术限制和研发工作指标方面被评为正面的。正面因素有：（在一定程度上具有）较低的效率要求、简单的整体设计（例如导光管驱动的传感器）和 Midnight Sun® 炉的 β 测试[139]。在小众市场无法使用现有的竞争技术，有一些自供电加热系统使用了热电发电机[157]。热电发电机在效率方面受到限制，目前还难以设计出效率大于 3% 的热电发电机[17]，因此热光伏转换在这一配置中优于其竞争技术，市场和成本指标被评为正的。自供电加热装置在小众市场使用时，较高的资本成本也是合理的。从长期看，该应用可以成长为较大的微型热电联产和工业余热回收市场。美国燃气研究所将自供电装置确定为热光伏系统未来的主要市场[4]，热光伏团体（例如 Midnight Sun®体系）普遍表现出对该应用的关注，因此市场和成本方面被评为正的。热光伏能够改善电力故障时的供电安全，因此在地区人类影响方面被评为正的。由于发电的比例较小，能源消耗总量大体上不受影响（全球人类影响因子为负的）。

8.5.3 余热应用：工业高温过程

在较大的功率范围内，Coutts 提出了使用热光伏系统回收工业高温余热[158]。工业余热回收中，主要引人关注的一点是可以免费获得持续稳定的热能，产生的电能常用于工业现场。如果需求明确，热光伏系统产生的低级热能还可用于空间加热。潜在的高温余热回收工业部门包括钢铁、有色金属、制砖、耐火材料、水泥、陶瓷和玻璃等，尤其是有学者建议在玻璃工业中应用该系统[140,152]。一家美国公司（JX-Crystals）在美国能源部支持下部分研发出输出功率达到 $5kW_{el}$ 单个热光伏发电管[77,140,152]，可将这些管子用于高温过程或插入具有低级热能的热水中发电。有学者提出两种应用，即制造业中的高温余热回收和用于公寓大楼的热电联产[77,152]。Yamaguchi 等人[8,9]评估了余热回收在日本的发展潜力。他们发现大型工业过程中烟气余热的回收已经用于燃气轮机系统的大型炉膛，因此当他们将注意力转向小型炉膛后发现其内温度过低，不能用于热光伏运行。然而他们指出可以通过额外的燃烧过程产生的优质热能提高小型烟气余热的级别。在文章中他们并未研究烟气之外的热回收[8,9]。作者评估了在英国高温工业的热回收中使用热光伏的潜力[159]。研究发现在这些工业部门中，热光伏的整体评估很复杂，主要是高温过程的差异较大，需要针对不同的过程对热光伏进行评估。因此详细评估了三种主要热损失位置中每个位置发生的一个过程，主要的位置和特定过程有：弯曲连铸机的产品热回收、再生玻璃窑炉的烟气余热回收和三相交流电弧炉的余热回收。

几乎所有的高温过程都符合常见的过程类型（图 8-5）。进入处理室的能量来源有：电热、燃烧、热原料或上述热源的任意组合。处理室内的温度超过 1 000℃。燃烧和原料/产品有时也能产生相互作用，例如在玻璃成型反应过程中形成的 CO_2，以及使用焦炭作为高炉的原料和燃料。可以采用不同的原料进给方式，包括整批型、分批或连续进给型。原料可以是原材料、再生产品或二者的混合物。使用再生产品的过程通常在单位能量消耗（SEC）方面要低于使用原材料的过程。确定某个工业高温工程的重要参数有：加工温度和压力、燃料要求、隔热损失和热效率，以及加工过程中的质量和能量流[160]（可在桑基图中看到能量流）。因此该图可用于在可能的热回收位置确定主要的热损失。

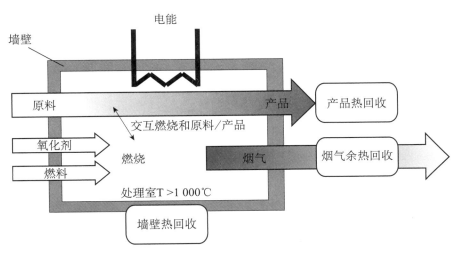

图 8-5　常见的工业高温过程类型示意图

在研究的常见工业高温过程类型（图 8-5）中有三个主要进行热回收的位置：（1）产品；（2）烟气；（3）墙壁热回收。现有的热回收方法最常用的是烟气回收位置（例如玻璃熔炉蓄热器、生铁高炉）以及之后的产品和副产品（例如水泥熟料冷却器、高炉矿渣回收[161]）回收位置。

热光伏系统也可利用产品/副产品的显热和潜热。已有其他回收技术利用副产品的热值，例如钢铁工业中的炼焦炉、高炉和氧气顶吹转炉产生的气体[162]。隔热损失很少被回收，一个罕见的例子是从水泥回转窑外壳中回收辐射损失[162]。

一旦明确了潜在的余热来源，就需要考虑回收能量的最终用途。在同一处理过程（例如燃烧空气预热、原料预热）中使用回收的热能有几个优点，例如可以使单位能量消耗降至最低，避免了长距离热传输以及经常性的能量供给与能量需求之间的暂时性匹配[163]。然而，余热利用在处理过程中不一定总是可行的，因此这类热能可用于外部（例如空间加热、发电）。按照能量的转换类型可将能量的外部用途分为：热能—热能（例如产生蒸汽和热水）、热能—化学能（例如高炉矿渣中形成甲烷）或热能—电能。热能—热能转换大多与换热器有关，具有简易性，但是仅限在热回收和需求一致的情况下使用，因为热能只能被传输到有限的范围内。另外，换热器可能还有泄漏、低效和烟气污染等问题，尤其是当温度高于 1 000℃时更是如

热光伏发电原理与设计

此[163,164]。由于电能在传输时的损失低于热能,同时电能还可被高效地转换为其他形式的能量,因此可以发电的热回收技术具有更大的灵活性。

有学者指出在免费的余热转换中,热电系统的低效不是严重的缺陷,单位瓦特的资本成本才是决定性的经济因素[164]。这些考虑也适用于热光伏,因此根据已证明的效率(非燃烧系统为6%)假设了较低的效率目标范围。

有学者提出在玻璃熔炉中使用200根,每根为5kW的发电管[152],这将得到1MW的输出功率。在评估中,我们将该数值假设为功率范围上限。小型高温熔炉可能也会用到自供电运行,假设100kW热炉的1%转换为电能,可得到的最小电功率为1kW。

一项已得到部分证明的热光伏系统表明,该应用不存在主要的技术限制[77]。此外,热光伏热回收系统不需要设计出高效的燃烧装置,这就简化了系统设计。在工业过程中整合热光伏系统需要进一步考虑到其他方面(例如,与处理过程温度级别和时间变化的适应性),因此将其技术限制和研发工作方面的指标评为均衡。

工业高温过程的竞争技术为外燃机和热-电直接转换器。外燃机系统的热动力循环有朗肯循环或斯特林循环,这些循环可使用不同的工质,既可能是开放式循环,也可能是闭合式循环,这使得使用外燃机的潜在回收系统具有多样性[165,166]。此处的关注重点在于高温余热来源(高于1 000℃),热机的进气温度常常低于1 000℃。这其中有很多原因,包括转换中导致高温工程技术的难题和冷却(例如,因为热机运行时的进气温度较低)。此外,通常还需将热能输送到热机,这样就不可避免地导致一些收集和管道热损失与热能降级。一项已经应用的竞争技术组合可将烟气中的热能转换为电能。该组合包括换热器、高压蒸汽锅炉、凝汽式汽轮机和发电机[163,165]。然而,该方法的复杂性在于较高的资本和维护成本限制其只能在使用烟气余热的大型工业工厂中应用。另一方面,热光伏系统可以应用到较宽的功率范围。此外,热光伏系统不仅能够回收烟气余热,还要能够转换在离开处理过程后产品的热能和墙壁的热损失。新兴的竞争技术包括:基于朗肯循环[166]、斯特林[167]和空气后置循环[165]的热机。热机通常被局限在烟气余热转换。使用外燃机常常不能将产品和墙壁热损失转换为电能。

与热机相比,热-电直接转换装置具有较低的维护度、较高的可靠性和拓展性以及较低的复杂性等优点。此外,它们还能直接利用任意来源的热能(烟气、墙壁、产品),从而避免收集和管道损失。目前热-电直接转换装置的主要研究方向是热电发电机[164,168],然而此类发电机只能转换热端温度约为400K或更低温度的低级热能[164,168,169]。高温热电发电机具有可行性但仍需克服一些工程技术难题(参见第7.4.1节)。对于高温热电发电机,难以实现充分且可靠的电气接触和机械性能[169],因此热电发电机可以回收低温热能(<400K),热光伏可以回收高温热能(>1 300K)。二者的技术进步可能会使电-热直接转换装置能够回收全部温度范围的热能，因此可以认为热电式发电机与热光伏发电机之间不是竞争关系，而是互补关系。

依据用途分类，如英国在1999年能源消耗总量的四分之一被用于高温过程，并且这一过程可以按照部门进一步细分。上述部门中大多具有温度高于1 300K的能源密集型处理过程，这正好适宜热光伏运行[160]。这表明工业余热回收拥有巨大的市场。工业中的自供电熔炉和备用电源是小众市场。在美国，相关研究已经获得资金支持[152]，并且相当长的运行时间应该能够保持短的回收期。基于上述考虑，该应用在市场和成本方面的指标被评为正的，地区和/或全球人类影响也被评为正的。热光伏运行后可以节省主要能源，且无额外的污染。预计热光伏发电需要的维护成本低，其环境优势是电力可在现场使用。

8.6 总 结

本次评估是一个迭代的过程，其中考虑了不同热源的可用性、热光伏和/或竞争转换技术的性能以及应用要求。根据热源和热电联产模式，对应用进行了分类。表8-5给出了最终评估结果，其中明确了各应用的效率和输出电功率的品质因子范围。4项指标分组的评分在1~3分之间。通过总结各应用的4项指标，确定了最具发展潜力的应用（表8-5）。该评估的本质是假设对结果具有决定性影响。总之，可以指出热光伏系统具有可用于所有12种确定的应用领域的潜力。人类影响考虑了如下因素：节约一次能源、低氮氧化物（NO_x）、低噪音、能源供给安全的改善和易用性。

表8-5 按照热源和热电联产模式对热光伏潜在的应用进行分类。给出了每个应用中电效率和功率范围的品质因子。最终总结了4项指标

	品质因子		研发工作	竞争&效益	市场&成本	人类影响	最终得分
	电效率（%）	电功率					
燃烧-非热电联产							
便携式发电机	5~15	1W~1kW	2	3	3	2	10
不间断电源	5~15	100W~10kW	1	2	2	2	9
无人远程供电	3~15	1W~1kW	1	2	2	1	6
远程可再生能源混合系统	5~15	100W~10kW	1	2	2	3	8
小型车辆推进	15~20	100W~10kW	1	3	1	2	7
车辆辅助动力装置	2~15	1W~10kW	2	3	2	2	9
燃烧-热电联产							
微型热光伏	10~15	1kW~10kW	3	2	3	3	11
区域/工业热光伏	10~15	10kW~100kW	3	1	2	3	9

热光伏发电原理与设计

续表

	品质因子		研发工作	竞争&效益	市场&成本	人类影响	最终得分
	电效率（%）	电功率					
太阳能							
太阳能热光伏蓄热/燃烧	13~25	100W~10kW	1	3	3	3	10
核能							
太空放射性同位素发电机	19~25	10W~1kW	1	3	3	1	8
余热							
自供电加热装置	<13	1mW~10kW	3	3	3	2	11
工业余热回收	6~19	1kW~1MW	2	3	3	3	11

碳氢化合物燃料的来源广泛，储存、运输、加注简单且具有较高的能量密度，将其燃料特性和热光伏技术能力结合后，可得到几种潜在的应用。此类应用的竞争技术在较小功率范围内大多是电池，在较大功率范围内则是内燃发电机。在未来，燃料电池是主要的竞争技术。在本组中，便携式电源被确定为最具前景的应用。军事应用和另一项日本的热光伏评估也表明了热光伏的潜力。热光伏团体对独立于车辆推进的辅助动力装置的关注较少，但也将其视为一个具有较高潜力的应用领域，尤其是具有低噪音、高可靠性和低复杂性要求等特点的应用更具前景。

可以同时输出热能和电能的热电联产系统已经得到应用。微型热电联产系统旨在取代住宅使用的常规锅炉，本评估将其确定为最适宜的热光伏应用之一。西欧和美国给了微型热电联产较多的关注。热光伏的技术性能通常能够满足微型热电联产的要求，即较高的可靠性、较低的维护成本和较低的噪音。目前有几种新兴技术还处于现场试验阶段，它们具有与热光伏相似的性能，将成为热光伏发展面临的主要挑战。工业和分布式热电联产系统具有更长的运行时间，从而提高其经济性，因此也被确定为具有前景的应用之一。

目前太阳能聚光光伏系统在效率方面的表现要优于太阳能热光伏系统，可以得出的结论是，即使不能证明太阳能热光伏系统具有潜在的高效率，该系统也仍然拥有某些独特优势。太阳能热光伏系统可以使用蓄热或额外的碳氢化合物燃烧从而避免太阳能波动造成的影响，以保证灵活可靠的电力供应。该系统也可用于热电联产运行和生物质能利用，尤其是无电网连接的小型自动运行系统更是引起了人们的关注。

经近太阳飞行任务和深空飞行任务供电是放射性同位素发电机的小众市场。与其他技术（例如热机、斯特林发动机和碱金属热电转换器）相比，热光伏发电机在使用寿命、功率密度和效率等方面具有独特优势，并能满足高价值小众市场的要求。

第八章 热光伏发电机的应用

自供电加热应用被认为是理想的近期市场，尤其适用于那些诸如空间供热等对热能级别要求较低的应用。这导致系统对效率的要求较低，同时试验也证明了该应用的低效率。长远看来，该小众市场可成长为更大的节约一次能源的市场，例如工业余热回收和微型热电联产。热光伏高温工业余热回收也被确定为一项非常合适的应用。由于可得到免费或低成本的输入热能，上述应用主要的潜在优势有：节约一次能源、较长的运行时间、与其他技术的竞争少以及适中的效率要求。此外，许多高温过程容易受到电力故障的影响，热光伏可作为备用电源。热光伏热回收系统可利用这一高价值的备用市场作为其市场化过程的突破口。

参考文献

[1] Doyle EF, Becker FE, Shukla KC, Fraas LM (1999) Design of a thermophotovoltaic battery substitute. 4th NREL conference on thermophotovoltaic generation of electricity, Denver, Colorado, 11—14 Oct 1998. American Institute of Physics, pp. 351~361

[2] Steinhüser A, Hille G, Kügele R, Roth W, Schulz W (1999) Photovoltaic-Hybrid Power Supply for Radio Network Components. Proceeding of the Intelec'99, Kopenhagen, 6—9. Juni

[3] Ralph EL, FitzGerald MC (1995) Systems/marketing challenges for TPV. Proceeding of the 1st NREL conference on thermophotovoltaic generation of electricity, Copper Mountain, Colorado, US, 24—28 July 1994. American Institute of Physics, pp 315~321

[4] Krist K (1995) GRI research on thermophotovoltaics. Proceeding of the 1st NREL conference on thermophotovoltaic generation of electricity, Copper Mountain, Colorado, 24—28 July 1994. American Institute of Physics, pp 54~63

[5] Rose MF (1996) Competing technologies for thermophotovoltaic. Proceeding of the 2nd NREL conference on thermophotovoltaic generation of electricity, Colorado Springs, 16—20 July 1995. American Institute of Physics, pp 213~220

[6] Ostrowski LJ, Pernisz UC, Fraas LM (1996) Thermophotovoltaic energy conversion: technology and market potential. Proceeding of the 2nd NREL conference on thermophotovoltaic generation of electricity, Colorado Springs, 16—20. July 1995, American Institute of Physics, pp 251~260

[7] Johnson S (1997) TPV Market Review. Proceeding of the 3rd NREL conference on thermophotovoltaic generation of electricity, Denver, Colorado, 18—21 May 1997. American Institute of Physics, pp xxv ~ xxvii

[8] Yamaguchi H, Yamaguchi M (1999) Thermophotovoltaic potential applications for civilian and industrial use in Japan. Proceeding of the 4th NREL conference on thermophotovoltaic generation of electricity, Denver, Colorado, 11—14 Oct 1998. American Institute of Physics, pp 17 ~ 29

[9] Yugami H, Sasa H, Yamaguchi M (2003) Thermophotovoltaic systems for civilian and industrial applications in Japan. Semicond Sci Technol 18: 239 ~ 246

[10] Bard J (2005) Thermophotovoltaics—applications and markets, Presentation, 1st conference for thermophotovoltaics: SCIENCE to buisness, 27 Jan, Berlin

[11] Honda generators (2010) [Online] Available at: http://www.honda-uk.com/. Accessed 5 May 2010

[12] Power Solutions (2010) Kohler Power Systems, US, [Online] Available at: http://www.kohlerpower.com/. Accessed 14 May 2011

[13] West C (1986) Principles and applications of stirling engines. Van Nostrand Reinhold, New York

[14] List of contents (2009) Batteries to 2012—market research, market share, market size, sales, demand forecast, market leaders, company profiles, industry trends, Freedonia Group Inc., US [Online] Available at: http://www.freedoniagroup.com/Batteries.html. Accessed 8 May 2010

[15] Williams MC (2000) Fuel cell handbook, 5th edn. U.S. Department of Energy, Office of Fossil Energy, National Energy Technology Laboratory, DE – AM26 – 99FT1675

[16] Weston M, Matcham J (2002) Portable power applications of fuel cells, report. Department of Trade and Industry, UK, ETSU F/03/00253/00/REP

[17] Thermoelectric generator (2010) Global Thermoelectric, Canada [Online] Available at: http://www.globalte.com/. Accessed 8 May 2010

[18] Technical Papers (2010) Hi-Z Technology Inc., US [Online] Available at: http://www.hi-z.com/. Accessed 8 May 2010

[19] Overview of the technology (2001) In: Thermionics Quo Vadis, an assessment of the DTRAs advanced thermionics researchand development program, Chap. 3. National A-

cademy Press, pp 15~32, [Online] Available at: http://books.nap.edu/ Accessed 8 May 2010

[20] Lodhi MAK, Vijayaraghavan P, Daloglu A (2001) An overview of advanced space/terrestrial power generation device: AMTEC. J Power Sources 103 (1): 25~33

[21] Solar Applications (2002) BP Solar International, US [Online] Available at: http://www.bpsolar.com/. Accessed 22 Sep 2004

[22] Volz W (2001) Entwicklung und Aufbau eines thermophotovoltaischen Energiewandlers (in German), Doctoral thesis, Universität Gesamthochschule Kassel, Institut für Solare Energieversorgungstechnik (ISET)

[23] Horne E (2002) Hybrid thermophotovoltaic power systems. EDTEK, Inc., US, Consultant Report, P500-02-048F

[24] Fraas LM, Avery JE, Huang HX, Martinelli RU (2003) Thermophotovoltaic system configurations and spectral control. Semicond Sci Technol 18: 165~173

[25] Regan TM, Martin JG, Riccobono J (1995) TPV conversion of nuclear energy for space applications. Proceeding of the 1st NREL conference on thermophotovoltaic generation of electricity. Copper Mountain, Colorado, 24—28 July 1994. American Institute of Physics, pp 322~330

[26] Vicente FA, Kelly CE, Loughin S (1996) Thermophotovoltaic (TPV) applications to space power generation. Proceeding of the 31st intersociety energy conversion engineering conference, IEEE, pp 635~640

[27] Schock A, Kumar V (1995) Radioisotope thermophotovoltaic system design and its application to an illustrative space mission. Proceeding of the 1st NREL conference on thermophotovoltaic generation of electricity. Copper Mountain, Colorado, 24—28 July 1994. American Institute of Physics, pp 139~152

[28] Schock A, Or C, Mukunda M (1996) Effect of expanded integration limits and measured infrared filter improvements on performance of RTPV system. Proceeding of the 2nd NREL conference on thermophotovoltaic generation of electricity, Colorado Springs, 16—20 July 1995. American Institute of Physics, pp 55~80

[29] Day AC, Horne WE, Morgan MD (1990) Application of the GaSb solar cell in isotope-heated power systems. Proceeding of the 21st IEEE photovoltaic specialists conference, IEEE, pp 1320~1325

[30] Schock A, Mukunda M, Or C, Summers G (1995) Analysis, optimization, and assessment of radioisotope thermophotovoltaic system design for an illustrative space mission. Proceeding of the 1st NREL conference on thermophotovoltaic generation of electricity, Copper Mountain, Colorado, 24—28 July 1994. American Institute of Physics, pp 331~356

[31] Schock A, Or C, Kumar V (1996) Small radioisotope thermophotovoltaic (RTPV) generators. Proceeding of the 2nd NREL conference on thermophotovoltaic generation of electricity, Colorado Springs, 16—20 July 1995. American Institute of Physics, pp 81~97

[32] Schock A, Or C, Kumar V (1997) Design and integration of small RTPV generators with new millennium spacecraft for outer solar system. Acta Astronautica 41(12): 801~816

[33] Murray CS, Crowley CJ, Murray S, Elkouh NA, Hill RW, Chubb DE (2004) Thermophotovoltaic converter design for radioisotope power systems. Proceeding of the 6th international conference on thermophotovoltaic generation of electricity, Freiburg, Germany, 14—16 June 2004. American Institute of Physics, pp 123~132

[34] Cassedy ES, Grossman PZ (1998) Nuclear fission technology, Chap 7; and The nuclear fuel cycle, Chap 8. In: Cassedy ES, Grossman PZ (eds) Introduction to energy—resources, technology, and society, 2nd edn edn. Cambridge University Press, Cambridge, pp 169~229

[35] Bryan K, Smith MS (2003) Definition, expansion and screening of architectures for planetary exploration class nuclear electric propulsion and power systems, MSc thesis, Massachusetts Institute of Technology

[36] Foster AR, Wright RL Jr (1983) Radioisotope application. In: Foster AR, Wright RL (eds) Basic Nuclear Engineering, Chap 7. Allyn and Bacon, Newton, pp 168~194

[37] Kulcinski G (2001) Lecture 21-nuclear power in space [Online] Available at: http://silver.neep.wisc.edu/neep533/FALL2001/lecture21.pdf. Accessed 28 April 2010

[38] Aldo da R (2009) Fundamentals of renewable energy processes. Elsevier Science, Amsterdam

[39] Massie LD (1991) Future trends in space power technology. IEEE Aerospace Electron Syst Mag 6 (11): 8~13

[40] Adams LJ (1994) Spacecraft electric power. In: Adams LJ (ed) Technology for small spacecraft, Chap 4. National Academy Press, Washington

[41] Wilt D, Chubb D, Wolford D, Magari P, Crowley C (2007) Thermophotovoltaics for space power applications. Proceeding of the 7th world conference on thermophotovoltaic generation of electricity, Madrid, 25—27 Sept 2006. American Institute of Physics, pp 335~345

[42] Würfel P (1995) Physik der Solarzellen (in German), 2nd edn. Spektrum Akademischer Verlag, Heidelberg

[43] Meschede D (2002) Gerthsen Physik (in German), 21st edn. Springer, Heidelberg

[44] AM0 ASTM E-490-00 (2004) Renewable Resource Data Center, supported by the National Center for Photovoltaics at theNational Renewable Energy Laboratory, US [Online] Available at: http://rredc.nrel.gov/solar/spectra/. Accessed 28 April 2010

[45] AM1.5 ASTM G33-03 (2004) Renewable resource data center, supported by the National Center for Photovoltaics at theNational Renewable Energy Laboratory, US [Online] Available at: http://rredc.nrel.gov/solar/spectra/. Accessed 28 April 2010

[46] Dang A (1986) Concentrators: A review. Energy Convers Manag 26 (1): 11~26

[47] Nitsch J (2008) Lead study 2008—Further development of the "Strategy to increase the use of renewable energies" within the context of the current climate protection goals of Germany and Europe, Report, German Federal Ministry for the Environment (BMU)

[48] Winston R, Cooke D, Gleckman P, Krebs H, OGallagher J, Sagie D (1990) Sunlight brighter than the sun. Nature 346: 802

[49] Gordon JM (2007) Concentrator optics. In: Luque A, Andreev V (eds) Concentrator Photovoltaics, Chap 6. Springer, Heidelberg, pp 113~132

[50] Luque A (2007) Solar thermophotovoltaics: combining solar thermal and photovoltaics. Proceeding of the 7th World conference on thermophotovoltaic generation of elec-

tricity, Madrid, 25—27 Sept 2006. American Institute of Physics, pp 3 ~ 16

[51] Swanson RM (1979) A proposed thermophotovoltaic solar energy conversion system. Proc. IEEE 67 (3): 446 ~ 447

[52] Stone KW, Leingang EF, Kusek SM, Drubka RE, Fay TD (1994) On-Sun test results of McDonnell Douglas' prototype solar thermophotovoltaic power system. Proceeding of the 24th IEEE Photovoltaic Specialists Conference, IEEE, pp 2010 ~ 2013

[53] Stone KW, Kusek SM, Drubka RE, Fay TD (1995) Analysis of solar thermophotovoltaic test data from experiments performed at McDonnell Douglas. Proceeding of the 1st NREL conference on thermophotovoltaic generation of electricity, Copper Mountain, Colorado, 24—28, July 1994. American Institute of Physics, pp 153 ~ 162

[54] Stone K, McLellan S (1996) Utility market and requirements for solar thermophotovoltaic system. Proceeding of the 2nd NREL conference on Thermophotovoltaic Generation of Electricity, Colorado Springs, 16—20 July 1995. American Institute of Physics, pp 238 ~ 250

[55] Fatemi NS (1996) A solar thermophotovoltaic electrical generator for remote power applications, Final Report, Essential Research Inc., Cleveland, US, NAS3 – 27779

[56] (2004) Thermophotovoltaic Research, Presentation, Space Power Institute, Auburn University, [Online]. Accessed 10 May 2004

[57] Chubb DL, Good BS, Lowe RA (1996) Solar thermophotovoltaic (STPV) system with thermal energy storage. Proceeding of the 2nd NREL conference on thermophotovoltaic generation of electricity, Colorado Springs, 16—20 July 1995. American Institute of Physics, pp 181 ~ 198

[58] Yugami H, Sai H, Nakamura K, Nakagawa N, Ohtsubo H (2000) Solar thermophotovoltaic using $Al_2O_3/Er_3Al_5O_{12}$ eutectic composite selective emitter. Proceeding of the 28th IEEE photovoltaic specialists Conference, IEEE, pp 1214 ~ 1217

[59] Guazzoni GE, Rose MF (1996) Extended use of photovoltaic solar panels. Proceeding of the 2nd NREL conference on thermophotovoltaic generation of electricity, Colorado Springs, 16—20 July 1995. American Institute of Physics, pp 162 ~ 236

第八章 热光伏发电机的应用

[60] Demichelis F, Minetti-Mezzetti E (1980) A solar thermophotovoltaic converter. Solar Cells 1 (4): 395~403

[61] Davies PA, Luque A (1994) Solar thermophotovoltaics: Brief review and a new look. Sol Energy Mater Sol Cells 33: 11~22

[62] Stone KW, Chubb DL, Wilt DM, Wanlass MW (1996) Testing and modelling of a solar thermophotovoltaic power system. Proceeding of the 2nd NREL conference on thermophotovoltaic generation of electricity, Colorado Springs, 16—20 July 1995. American Institute of Physics, pp 199~209

[63] Stone KW, Fatemi NS, Garverick LM (1996) Operation and component testing of a solar thermophotovoltaic power system. Proceedings of the 25th IEEE photovoltaic specialists conference, IEEE, pp 1421~1424

[64] Imenes AG, Mills DR (2004) Spectral beam splitting technology for increased conversion efficiency in solar concentrating systems: a review. Sol Energy Mater Sol Cells 84: 19~69

[65] Fraas L, Avery J, Malfa E, Venturino M (2002) TPV tube generators for apartment building and industrial furnace applications. Proceeding of the 5th conference on thermophotovoltaic generation of electricity. Rome, 16—19 Sept 2002. American Institute of Physics, pp 38~48

[66] Sarraf DB, Mayer TS (1996) Design of a TPV Generator with a durable selective emitter and spectrally matched PV cells. Proceeding of the 2nd NREL conference on thermophotovoltaic generation of electricity, Colorado Springs, 16—20 July 1995. American Institute of Physics, pp 98~108

[67] Mills D (2004) Advances in solar thermal electricity technology. Sol Energy 76: 19~31

[68] Green MA, Emery K, Hishikawa Y, Warta W (2009) Solar cell efficiency tables (Version 33) short communication, progress in photovoltaics. Res Appl 3: 85~94

[69] Andreev VM, Khvostikov VP, Khvostikova OA, Rumyantsev VD, Gazarjan PY, Vlasov AS (2004) Solar thermophotovoltaic converters: efficiency potentialities. Proceeding of the 6th international conference on thermophotovoltaic generation of electricity, Freiburg, Germany, 14—16 June 2004. American Institute of Physics, pp 96~104

[70] Butcher T (2003) MicroCHP the next level in efficiency, presentation, national oilheat research alliance technology symposium, New England fuel institute convention, Boston, 9 June 2003 [Online] http://www.bnl.gov/est/files/pdf/No_03.pdf. Accessed 28 April 2010

[71] Laing D, Pålsson M (2002) Hybrid dish/stirling systems: combustor and heat pipe receiver development. J Sol Energy Eng 124: 176~181

[72] Nielsen OM, Arana LR, Baertsch CD, Jensen KF, Schmidt MA (2003) A Thermophotovoltaic Micro-Generator For Portable Power Applications. Proceedings of the 12th international conference on solid state sensors, actuators and microsystems, Boston, June 8—12 pp 714~73

[73] Yang WM, Chou SK, Shu C, Xue H, Li ZW (2004) Development of a prototype micro-thermophotovoltaic power generator. J Phys D Appl Phys 37: 1017~1020

[74] Yang W, Chou S, Shu C, Xue H, Li Z (2004) Effect of wall thickness of micro-combustor on the performance of micro-thermophotovoltaic power generators. Sens Actuators, A 119 (2): 441~445

[75] Yang WM, Chou SK, Shu C, Li ZW, Xue H (2003) Research on micro-thermophotovoltaic power generators. Sol Energy Mater Sol Cells 80: 95~104

[76] Williams DJ, Fraas LM (1996) Demonstration of a candle powered radio using GaSb thermophotovoltaic cells. Proceeding of the 2nd NREL conference on Thermophotovoltaic Generation of Electricity, Colorado Springs, 16—20 July 1995. American Institute of Physics, pp 134~137

[77] Broman L, Marks J (1994) Development of a TPV converter for co-generation of electricity and heat from combustion of wood powder. Proceeding of the 24th IEEE photovoltaic specialists conference, IEEE, pp 1764~1766

[78] Fraas L, Avery J, Malfa E, Wuenning JG, Kovacik G, Astle C (2003) Thermophotovoltaics for combined heat and power using low NOx gas fired radiant tube burners. Proceeding of the 5th conference on thermophotovoltaic generation of electricity, Rome, 16—19 Sept 2002. American Institute of Physics, pp 61~70

[79] DeBellis CL, Scotto MV, Scoles SW, Fraas L (1997) Conceptual design of 500 watt portable thermophotovoltaic power supply using JP-8 fuel. Proceeding of the 3rd NREL conference on thermophotovoltaic generation of electricity, Denver, Colorado,

18—21 May 1997. American Institute of Physics, pp 355~367

[80] Hanamura K, Kumano T (2003) Thermophotovoltaic power generation by super-adiabatic combustion in porous quartz glass. Proceeding of the 5th conference on thermophotovoltaic generation of electricity, Rome, 16—19 Sept 2002. American Institute of Physics, pp 111~120

[81] Hanamura K, Kumano T (2004) TPV power generation system using super-adiabatic combustion in porous quartz glass. Proceeding of the 6th international conference on thermophotovoltaic generation of electricity, Freiburg, Germany, 14—16 June 2004. American Institute of Physics, pp 88~95

[82] Kumano T, Hanamura K (2004) Spectral control of transmission of diffuse irradiation using piled AR coated quartz glass filters. Proceeding of the 6th international conference on thermophotovoltaic generation of electricity, Freiburg, Germany, 14—16. June 2004. American Institute of Physics, pp 230~236

[83] Horne WE, Morgan MD, Sundaram VS, Butcher T (2003) 500 watt diesel fueled TPV portable power supply. Proceeding of the 5th conference on thermophotovoltaic generation of electricity, Rome, Italy, 16—19 Sept 2002. American Institute of Physics, pp 91~100

[84] Weinberg F (1996) Heat recirculating burners: principles and some recent developments. Combust Sci Technol 121: 3~22

[85] Palfinger G, Bitnar B, Durisch W, Mayor J-C, Grützmacher D, Gobrecht J (2003) Cost estimate of electricity produced by TPV. Semicond Sci Technol 18: 254~261

[86] Mattarolo G (2005) High temperature recuperative burner, Presentation 1. Conference for thermophotovoltaics: science to buisness. 27 Jan, Berlin

[87] Coutts TJ, Wanlass MW, Ward JS, Johnson S (1996) A review of recent advances in thermophotovoltaics. Proceeding of the 25th IEEE photovoltaic specialists conference, pp 25~30

[88] Nelson R (2003) TPV Systems and state-of-the-art development. Proceeding of the 5th conference on thermophotovoltaic generation of electricity, Rome, 16—19 Sept 2002. American Institute of Physics, pp 3~3

[89] Weinberg F (1986) Advanced combustion methods. Academic Press, London

[90] Fraas L, Minkin L (2007) TPV History from 1990 to Present and Future rends.

Proceeding of the 7th world conference on thermophotovoltaic generation of electricity, Madrid, 25—27 Sept 2006. American Institute of Physics, pp 3~23

[91] DeBellis CL, Scotto MV, Fraas L, Samaras J, Watson RC, Scoles SW (1999) Component development for 500 watt diesel fueled portable thermophotovoltaic (TPV) power supply. Proceeding of the 4th NREL conference on thermophotovoltaic generation of electricity, Denver, Colorado, 11—14 Oct 1998. American Institute of Physics, pp 362~370

[92] Stöcker H (2000) Taschenbuch der Physik (in German), 4th edn. Verlag Harri, Deutsch

[93] Broman L, Marks J (1995) Co-generation of electricity and heat from combustion of wood powder utilizing thermophotovoltaic conversion. Proceeding of the 1st NREL conference on thermophotovoltaic generation of electricity, Copper Mountain, Colorado, 24—28 July 1994. American Institute of Physics, pp 133~138

[94] Osborn PD (1985) Handbook of energy data and calculations: Including directory of products and services. Butterworth-Heinemann, London

[95] Schroeder KL, Rose MF, Burkhalter JE (1995) An experimental investigation of hybrid kerosene burner configurations for TPV applications. Proceeding of the 1st NREL conference on thermophotovoltaic generation of electricity, Copper Mountain, Colorado, 24—28 July 1994. American Institute of Physics, pp 106~118

[96] Liley PE, Thomson GH, Friend DG, Daubert TE, Buck EB (1997) Section 2: Physical and chemical data. In: Perry RH (ed) Perry's chemical engineers' handbook. McGraw-Hill, New York

[97] Adair PL, Rose MF (1995) Composite emitters for TPV systems. Proceeding of the 1st NREL conference on thermophotovoltaic generation of electricity, Copper Mountain, Colorado, 24—28 July 1994. American Institute of Physics, pp 245~262

[98] Siegel R, Howell J (2001) Thermal radiation heat transfer, 4th edn. Taylor and Francis, London

[99] Baukal CE (2000) Heat transfer from burners. In: Baukal CE (ed) Heat transfer in industrial combustion, Chap 8. CRC Press, Boca Raton, pp 285~343

[100] Gaydon AG (1974) The spectroscopy of flames, 2nd edn. Chapman and Hall, London

[101] Nelson RE (1995) Thermophotovoltaic emitter development. Proceeding of the 1st NREL conference on thermophotovoltaic generation of electricity, Copper Mountain, Colorado, 24—28 July 1994. American Institute of Physics, pp 80~96

[102] Nelson RE (1992) Fibrous emissive burners Selective and Broadband. Annual Report, Gas Research Inst., GRI~92/08

[103] Bitnar B, Durisch W, Mayor J-C, Sigg H, Tschudi HR (2002) Characterisation of rare earth selective emitters for thermophotovoltaic applications. Sol Energy Mater Sol Cells 73: 221~234

[104] Palfinger G (2006) Low dimensional Si/SiGe structures deposited by UHV-CVD for thermophotovoltaics. Doctoral thesis, Paul Scherrer Institute

[105] Wünning JG (2003) FLOX-flameless combustion, Thermprocess Symposium, Düsseldorf, Verband Deutscher Maschinen- und Anlagenbau e. V. (VDMA)

[106] Dryden IGC (1975) The efficient use of energy. IPC Science and Technology Press, Guildford

[107] Mattarolo G (2007) Development and modelling of a thermophotovoltaic system, Doctoral thesis, University of Kassel

[108] Carlson RS, Fraas LM (2007) Adapting TPV for use in a standard home heating furnace. Proceeding of the 7th World conference on thermophotovoltaic generation of electricity, Madrid, 25—27 Sept 2006. American Institute of Physics, pp 273~279

[109] Qiu K, Hayden A (2004) A novel integrated TPV power generation system based on a cascaded radiant burner. Proceeding of the 6th International conference on Thermophotovoltaic Generation of Electricity, Freiburg, Germany, 14—16 June 2004. American Institute of Physics, pp 105~113

[110] Fraas L, Minkin L, She H, Avery J, Howells C (2004) TPV power source using infrared-sensitive cells with commercially available radiant tube burner. Proceeding of the 6th international conference on thermophotovoltaic generation of electricity, Freiburg, Germany, 14—16 June 2004. American Institute of Physics, pp 52~60

[111] Becker FE, Doyle EF, Shukla K (1999) Operating experience of a portable thermophotovoltaic power supply. Proceeding of the 4th NREL conference on Thermophotovoltaic generation of electricity, Denver, Colorado, 11—14 Oct 1998. American Institute of Physics, pp 394~412

[112] Rumyantsev VD, Khvostikov VP, Sorokina O, Vasilev AI, Andreev VM (1999) Portable TPV generator based on metallic emitter and 1.5-amp GaSb cells. Proceeding of the 4th NREL conference on thermophotovoltaic generation of electricity, Denver, Colorado, 11—14 Oct 1998. American Institute of Physics, pp 384~393

[113] Doyle E, Shukla K, Metcalfe C (2001) Development and demonstration of a 25 Watt thermophotovoltaic power source for a hybrid power system. Report, NASA, TR04~2001

[114] Basu S, Chen Y-B, Zhang ZM (2007) Microscale radiation in thermophotovoltaic devices— A review. Int J Energy Res 31 (6~7): 689~716

[115] Nelson RE (2003) A brief history of thermophotovoltaic development. Semicond Sci Technol 18: 141~143

[116] Energy sources and systems (1997) In: Energy-efficient technologies for the dismounted soldier, Chap 3. National Academy Press

[117] Hess HL (2002) Front end analysis of mobile electric power research and development for the 2015~2025 time frame, Report, Fort Monmouth, US [Online]. Available at: http://www.ee.uidaho.edu/ee/power/hhess/FrontEndAnalysis.pdf. Accessed 21 Aug 2004

[118] Kruger JS (1997) Review of a workshop on thermophotovoltaics organized for the army research office. Proceeding of the 3rd NREL conference on thermophotovoltaic generation of electricity, Denver, Colorado, 18—21 May 1997. American Institute of Physics, pp 23~30

[119] Aubyn J, Platts J, Aubyn JD (1992) Uninterruptible power supplies, IEE Power Series 14, Peter Peregrinus

[120] Brownlie GD (1998) Battery requirements for uninterruptible power-supply applications. J Power Sources 23 (1~3): 211~220

[121] Baker AM (2002) Future power systems for space exploration—executive summary, Report, QinetiQ UK [Online] http://esamultimedia.esa.int/docs/gsp/completed/comp_sc_00_S54.pdf. Accessed 28 April 2010

[122] Milton BE (1995) Thermodynamics, combustion and engines. Stanley Thornes Pub Ltd, England

[123] West EM, Connelly WR (1999) Integrated development and testing of multi-kilo-

watt TPV generator systems. Proceeding of the 4th NREL conference on thermophotovoltaic generation of electricity, Denver, Colorado, 11—14 Oct. 1998. American Institute of Physics, pp 446~456

[124] Morrison O, Seal M, West E, Connelly W (1999) Use of a thermophotovoltaic generator in a hybrid electric vehicle. Proceeding of the 4th NREL conference on thermophotovoltaic generation of electricity, Denver, Colorado, 11—14 Oct 1998. American Institute of Physics, pp 488~496

[125] Mazzer M, de Risi A, Laforgia D, Barnham K, Rohr C (2000) High Efficiency Thermophotovoltaics for Automotive Applications. Proceeding of the world congress of the engineerung society for advanced mobility land sea air and space (SAE), Detroit, Michigan, 6—9 Mar 2000-01-0991

[126] Vázquez J, Sanz-Bobi MA, Palacios R, Arenas A (2002) State of the Art of Thermoelectric Generators Based on Heat Recovered from the Exhaust Gases of Automobiles. Proceeding of the 7th European workshop on thermoelectrics, Pamplona, Spain, Oct. 2002, Paper 3

[127] Erickson TA, Lindler KW, Harper MJ (1997) Design and construction of a thermophotovoltaic generator using turbine combustion gas. Proceeding of the 32nd intersociety energy conversion engineering conference, IEEE, pp 1101~1106

[128] Tompsett GA, Finnerty C, Kendall K, Alston T, Sammes NM (2000) Novel applications for micro-SOFCs. J Power Sources 86: 376~382

[129] Nelson R, Doyle E, Hurley J (1997) Utility thermophotovoltaic cogeneration, Final Report, Gas Research Institute, US, GRI-97/0416

[130] Kassakian JG (2000) Automotive electrical systems-the power electronics market of the future. Applied power electronics conference and exposition, New Orleans, 6—10 Feb 2000

[131] Kassakian J (2006) Team plugs into fuel-efficiency. MIT Tech Talk 50 (27): 4~6

[132] Caton JA, Turner WD (1996) Cogeneration. In: Kreith F, West RE (eds) CRC handbook of energy efficiency, Chap 3. CRC Press, Boca Raton, pp 669~711

[133] Combined heat and power (1994) In: An appraisal of UK Energy Research, Development, Demonstration & Dissemination. ETSUR83, Her Majestys Stationery

Office (HMSO), pp 465~480

[134] Micro-map mini and micro CHP, market assessment and development plan (2002) Summary Report, A study supported by theEuropean commission SAVE programme, DGTREN, FaberMaunsell Ltd, UK

[135] Iles P, Hindman D (1995) Workshop 4: converter cooling & recuperation. Proceeding of the 1st NREL conference on thermophotovoltaic generation of electricity, Copper Mountain, Colorado, 24—28. July 1994, American Institute of Physics, pp 3~22

[136] Dincer I (2002) Thermal energy storage systems as a key technology in energy conservation. Int J Energy Res 26: 567~588

[137] Graham G, Cruden A, Hart J (2002) Assessment of the implementation issues for fuel cells in domestic and small scale stationary power generation and CHP applications, Report F/03/ 00 235/REP, DTI/Pub URN 02/15, Department of Trade and Industry (DTI), UK, Energy Technology Support Unit (ETSU), Harwell UK

[138] Crozier-Cole T, Jones G (2002) The potential market for micro CHP in the UK, Report to theEnergy Saving Trust (EST), Edinburgh [Online] Available at: http://www. energysavingtrust. org. uk/uploads/documents/aboutest/Potential_market_ for_ micro_ CHP_ 2002. pdf. Accessed 14 May2011

[139] Fraas L, Ballantyne R, She-Hui, Shi-Zhong Ye, Gregory S, Keyes J, Avery J, Lamson D, Daniels B (1999) Commercial GaSb cell and circuit development for the Midnight Sun (R) TPV stove. Proceeding of the 4th NREL conference on thermophotovoltaic generation of electricity, Denver, Colorado, 11—14 Oct 1998. American Institute of Physics, pp 480~487

[140] Fraas LM, Avery JE, Daniels WE, Huang HX, Malfa E, Testi G (2001) TPV tube generators for apartment building and industrial furnace applications. Proceeding of the 3rd European photovoltaic solar energy conference, Munich, 22—26 Oct 2001. WIP, p 2304

[141] Kushch AS, Skinner SM, Brennan R, Sarmiento PA (1997) Development of a cogenerating thermophotovoltaic powered combination hot water heater/hydronic boiler. Proceeding of the 3rd NREL conference on thermophotovoltaic generation of

electricity, Denver, Colorado, 18—21 May 1997. American Institute of Physics, pp 373~386

[142] Aicher T, Kastner P, Gopinath A, Gombert A, Bett AW, Schlegl T, Hebling C, Luther J (2004) Development of a novel TPV power generator. Proceeding of the 6th international conference on thermophotovoltaic generation of electricity, Freiburg, Germany, 14—16 June 2004. American Institute of Physics, pp 71~78

[143] Mattarolo G, Bard J, Schmid J (2004) TPV-Application as small back-up generator for standalone photovoltaic systems. Proceeding of the 6th international conference on thermophotovoltaic generation of electricity, Freiburg, Germany, 14—16 June 2004. American Institute of Physics, pp 133~141

[144] Schubnell M, Gabler H, Broman L (1997) Overview of European activities in thermophotovoltaics. Proceeding of the 3rd NREL conference on thermophotovoltaic generation of electricity. Denver, Colorado, 18—21 May 1997. American Institute of Physics, pp 3~22

[145] The micro-chp technologies roadmap—Meeting 21st century residential energy needs (2003) Report, United States Department ofEnergy, Office of Energy Efficiency and Renewable Energy, Distributed Energy Program, US

[146] Brown M (2009) Small-scale cogeneration in Europe: Technology status and market development, Presentation, Delta Energy and Environment, UK, Cogen Espana National Conference, Barcelona, 3 Nov

[147] Pehnt M, Praetorius B, Schumacher K, Fischer C, Schneider L, Cames M, VoB J-P (2004) Micro CHP-a sustainable innovation, Transformation and innovation in power systems (TIPS). Socio-ecological Research Framework, Germany

[148] Durisch W, Grob B, Mayor JC, Panitz JC, Rosselet A (1999) Interfacing a small thermophotovoltaic generator to the grid, 4. NREL conference on thermophotovoltaic generation of electricity, Denver, Colorado, 11—14 Oct 1998. American Institute of Physics, pp 13~U4

[149] Future Practice Report No. 32 (1993) A Technical and Economic Assessment of Small Stirling Engines for Combined Heat and Power, Energy Technology Support Unit (ETSU), Harwell UK

[150] Good practice Guide 3 (1995) Introduction to small—scale combined heat and

power, Energy Technology Support Unit (ETSU), Harwell, UK

[151] Durisch W, Bitnar B, Roth F, Palfinger G (2003) Small thermophotovoltaic prototype systems. Sol Energy 75: 11~15

[152] Keyes, JB (2001) Glass project fact sheet: Thermophotovoltaic electric power generation using exhaust heat, US. Department of Energy, Office of Industrial Technologies [Online] Available at: http://www.oit.doe.gov/inventions. Accessed 25 Sept 2001

[153] Goldstein M. K, DeShazer LG, Kushch AS, Skinner SM (1997) Superemissive light pipe for TPV applications. In: Proceeding of the 3rd NREL conference on thermophotovoltaic generation of electricity, Denver, Colorado, 18—21 May 1997. American Institute of Physics, pp 315~326

[154] DeShazer LG, Kushch AS, Chen KC (2001) Hot Dielectrics as Light Sources for TPV Devices and Lasers, NASA Tech Briefs, Photonics Tech Briefs, June [Online] Available at: http://www.techbriefs.com. Accessed 5 May 2011

[155] Goldstein MK (1996) Superemissive light pipes and photovoltaic systems including same, Quantum Group Inc., US Patent 5500054 see http://www.freepatentsonline.com/5500054.html

[156] Bauer T (2005) Thermophotovoltaic applications in the UK: Critical aspects of system design, PhD thesis, Northumbria University, UK

[157] Theiss TJ, Conklin JC, Thomas JF, Armstrong TR (2000) Comparison of prime movers suitable for USMC expeditionary power sources, report, Oak Ridge National Laboratory, US, ORNL/TM-2000/116

[158] Coutts TJ (1999) A review of progress in thermophotovoltaic generation of electricity. Renew Sustain Energy Rev 3 (2~3): 77~184

[159] Bauer T, Forbes I, Pearsall N (2004) The potential of thermophotovoltaic heat recovery for the UK industry. Int J Ambient Energy 25 (1): 19~25

[160] Brown HL (1996) Energy Analysis of 108 Industrial Processes. Fairmont Press, New York

[161] de Beer J, Worrell E, Blok K (1998) Future technologies for energy-efficient iron and steel making. Ann Rev Energy Environ 23: 123~205

[162] An appraisal of UK energy research, development, demonstration and dissemina-

tion (1994) Energy Technology Support Unit (ETSU), Report R83, vol 2, London: Her Majestys Stationery Office (HMSO)

[163] Good Practice Guide 13 (1999) Waste heat recovery from high temperature gas streams, Energy Technology Support Unit (ETSU), Harwell, UK

[164] Rowe DM, Gao M (1998) Evaluation of thermoelectric modules for power generation. J Power Sources 73: 193~198

[165] Korobitsyn M (2002) Industrial applications of the air bottoming cycle. Energy Convers Manag 43: 1311~1322

[166] Larjola J (1995) Electricity from industrial waste heat using high-speed organic Rankine cycle (ORC). Int J Prod Econom 41: 227~235

[167] Product PowerUnit^{TM} (2010), Stirling Biopower, US [Online] Available at: http://www.stirlingbiopower.com/. Accessed 5 May 2010

[168] Wu C (1996) Analysis of waste heat thermoelectric power generators. Appl Therm Eng 16: 63~69

[169] Lambrecht A, Böttner H, Nurnus J (2004) Thermoelectric energy conversion—overview of a TPV alternative. Proceeding of the 6th international conference on thermophotovoltaic generation of electricity, Freiburg, Germany, 14—16 June 2004. American Institute of Physics, pp 24~32